另类数据

理论与实践

王 闻　孙佰清 ………… 著

ALTERNATIVE DATA

Theory and Practice

02
数字经济
·系列·

世界图书出版公司
北京 · 上海 · 广州 · 西安

图书在版编目（CIP）数据

另类数据：理论与实践 / 王闻，孙佰清著. — 北京：世界图书出版有限公司北京分公司，2023.1
ISBN 978-7-5192-9769-5

Ⅰ.①另… Ⅱ.①王… ②孙… Ⅲ.①数据处理—研究 Ⅳ.①TP274

中国版本图书馆CIP数据核字（2022）第149027号

书　　名	另类数据：理论与实践 LINGLEI SHUJU: LILUN YU SHIJIAN
著　　者	王　闻　孙佰清
责任编辑	夏　丹
封面设计	陈　陶
出版发行	世界图书出版有限公司北京分公司
地　　址	北京市东城区朝内大街137号
邮　　编	100010
电　　话	010-64038355（发行）　64033507（总编室）
网　　址	http://www.wpcbj.com.cn
邮　　箱	wpcbjst@vip.163.com
销　　售	新华书店
印　　刷	三河市国英印务有限公司
开　　本	710mm × 1000mm　1/16
印　　张	21
字　　数	336千字
版　　次	2023年1月第1版
印　　次	2023年1月第1次印刷
国际书号	ISBN 978-7-5192-9769-5
定　　价	78.00元

出版说明

数字经济是指以数据资源作为关键生产要素、以现代信息网络作为重要载体、以信息通信技术的有效使用作为效率提升和经济结构优化的重要推动力的一系列经济活动。

近年来，数字经济发展速度之快、辐射范围之广、影响程度之深前所未有，正在成为重组全球要素资源、重塑全球经济结构、改变全球竞争格局的关键力量。人类社会正在进入以数字化生产力为主要标志的新阶段，数字经济已经成为引领科技革命和产业变革的核心力量。

世界图书出版公司是中国出版集团旗下唯一的科技类出版社，多年来为我国科技和教育的发展做出了重要贡献。当此人类经济丕变之局，世图公司推出"数字经济系列"，拟编选有关互联网、大数据、云计算、元宇宙、人工智能、另类数据、能源转型、数字制造、数字化治理、数字新基建等一系列主题的优秀原创著作，开阔知识视野，启迪管理思维，促进产业转型，引领社会进步，共襄时代盛举。

世界图书出版公司

2023年1月

序

另类数据，英文名称是alternative data。顾名思义，它是用来描述有别于传统数据的数据。这个词最早出现在美国的对冲基金和资产管理行业，后来延展到包括信贷和保险在内的整个金融领域。就投资过程而言，传统上使用的数据包括金融市场的量价、公司财报以及政府部门披露的宏观经济指标这三大类。随着大数据、人工智能、云计算等金融科技新时代的到来，一些非传统的数据也开始引起了投资者的关注，比如文本、卫星图像、传感器等。美国的一位学者，后来也成为另类数据产业的创业者，Gene Ekster在2014年正式提出了这个概念。

另类数据一经问世，就在美欧投资圈得到了广泛的关注。正如《金融时报》全球财经记者Robin Wigglesworth在2020年所说：“另类数据是当今投资管理行业最热门的话题之一。无论是用于实时预测全球经济增长，或是用比公司季报更精细的方式解剖公司，还是用于更好地理解股市行为，另类数据都是资产管理领域每个人需要掌握的。” 在这个背景下，各大金融机构、另类数据服务商以及学界纷纷出版各种相关的报告和白皮书。比较有代表性的包括摩根大通(JP Morgan)在2017年发布的长达280页的《大数据和人工智能策略：投资中的机器学习和另类数据方法》报告；德勤（Deloitt）从2017年开始发表的一系列行业报告；另类数据服务商Eagle Alpha不断更新的《另类数据用例》报告；量化分析师Tony Guida邀请学界和业界的一众专家在2019年编辑出版的《量化投资中的大数据和机器学习》；以及英国的Alexander Denev和Saeed Amen在2020年出版的《另类数据之书：献给投资者、交易者和风险管理者的指南》。

这些报告、白皮书以及专业书籍勾勒出另类数据这个概念和相关方法，在全球投资领域正在快速发展并且不断深化。相较而言，另类数据引进到我国的时间不是很长，同时在学界和业界引发的关注还比较有限。特别是针对另类数据进行系统论述的专著目前还没有。我们写作这本书以及其姊妹篇——《另类数据：投资新动力》的目的就是要填补这个空白。通过综合当前有关另类数据的行业报告、学术文献和书籍，我们将向国内的业界和学界读者，特别是资产管理行业的从业人员，全方位地介绍另类数据及其在金融市场中的应用。

本书总共有八章。第一章用一个学界和一个业界的故事作为开篇，让读者了解另类数据产生的背景和重要意义。第二章将介绍另类数据这个概念以及相关的行业现状，其中特别说明了另类数据和大数据之间的区别和联系。第三章从不同角度对另类数据进行了分类，考虑到另类数据这个概念的内涵和外延是在不断变化的，所以另类数据的分类也将是与时俱进的。第四章介绍了在应用另类数据中遇到的挑战和风险，包括个人隐私、重大非公开信息这些法律问题，处理另类数据需要解决的实体匹配等技术问题，以及在应用另类数据方面领先者和落后者所面对的不同风险。第五章讨论了把另类数据应用到决策过程时的流程，这一章对于资产管理团队在引进另类数据时具有很强的实操含义。第六章讨论了各种对另类数据进行估值的方法，它可以帮助金融机构在引进另类数据时进行合理有效的价值评估。第七章对当前已经得到应用的另类数据按照类别进行了介绍。考虑到环境、社会和治理（ESG）这个概念的重要性，我们把涉及ESG的另类数据单独放到第八章进行了讨论。

我们希望本书和《另类数据：投资新动力》可以令读者了解到另类数据对于金融投资的巨大价值，逐步将另类数据应用到资产管理中，提高决策力，最终获得更好的经济效益。同时，我们也希望本书和《另类数据：投资新动力》的出版能够为读者提供更多的交流机会，共同加快另类数据产业在中国的发展！

王闻　孙佰清

2022年5月10日

目录

图目录

表目录

第一章

地震和闲聊

这是一本有关另类数据及其在金融投资中应用的图书。另类数据对于很多金融从业人员和研究学者来说还不是一个广为人知的概念。在正式引出另类数据这个概念之前，我们先讲述两个故事。第一个是在2007年8月发生的特殊的地震，这就是所谓的“宽客地震”（quant quake），[1] 另外一个故事关于名为“闲聊”（Prattle）的公司。用它们作为本书的开篇，我们将引导本书的读者开启这段发往投资处女地的航程。

在开启这段新旅程之前，我们假定读者是对金融投资有一定了解的，因此本章涉及的一些技术性名词，出于简洁的考虑，我们不做详细的讨论和解释。

一、宽客地震

2007年7月，美国金融体系出现了后来被称为次贷危机的先兆。在这个月份，很多采用量化策略的基金业绩表现不佳，但是还不算特别异常。一个月后，当时间来到8月7日、8日和9日，从周二到周四连续三个交易日，这些量化基金经历了巨大的损失。一些记录显示损失幅度在概率上达到了超过12倍标准差的程度，换句话说，如果我们统计基金业绩达到10^{32}次，这几天投资亏损发生的次数不会超过2.15次。如此巨大的损失可谓是前所未闻。这时候一些量化基金经理，也就是所谓的宽客，虽然平时神神秘秘，也开始相互沟通，了解到底发生了什么事情。

在这几个混乱的日子里，几乎每个基金经理都要面临如下的残酷选择，要

1　宽客是对量化基金中的分析师和工程师的戏称。这些人负责的工作包括但不限于量化交易建模、风险管理、金融衍生产品定价，涵盖的资产类型包括股票、债券、大宗商品和外汇等。

么削减本金用来止损，从而把浮亏变成实亏；要么在面临破产清算风险的情况下坚持下去，等待市场可以很快反弹回来。有些以月为单位计算业绩的对冲基金不会被投资者强制平仓，所以在发生浮亏的时候还可以等待，但是管理自营账户的基金经理就不会享有这种优势了。

8月10日，这些量化基金的业绩出现了强劲反弹。事后Khandani/Lo（2011）对此事件的分析表明，到了这周的周末，那些在地震期间没有平仓的投资者基本上回到了最初的损益水平，这样他们在这个月的回报率就没什么异常之处。但是还有一些人就不那么幸运了，他们没有在黑暗中坚持到看到光明的那一刻，而是减少资本，抑或降低杠杆率，严重的就只好把基金关闭了。

到底当时发生了什么事情？后来华尔街的量化投资圈子对此逐渐形成了共识，并且Khandani/Lo （2011）的分析报告也支持了如下的观点：市场上有一只多策略基金，它同时使用量化交易策略和某些流动性差的交易策略。当时这个基金在流动性差的账簿上遭遇了损失，这就迫使基金在股票量化账簿进行平仓，以弥补前者由于亏损所导致的追加保证金的损失。这家基金的量化策略和其他很多基金的量化策略具有相似的数据来源，同时也采用了相似的分析方法，进而形成了相似的仓位结构。当这家基金对股票仓位进行平仓时，就会给这些股票带来下行压力，从而对其他采用相似量化策略的基金经理产生影响。这些基金经理在出现损失的时候根据量化信息也进行了平仓操作，由此产生多米诺骨牌效应。

另类数据服务商ExtractAlpha首席执行官Vinesh Jha （2019a）对这次宽客地震做了更为深入的分析。他使用了三个拥挤因子（crowed factors）和三个不太拥挤的因子（less crowed factors）。在股票投资中，因子可以简单地理解为刻画和区分高回报股票和低回报股票的变量。当发现一个因子之后，我们可以用它对股票进行排序，然后按照相同的股票数目进行分组。[2] 这个时候一个简单的投资

---

2 排序是按照从小到大还是从大到小排序依据的是因子变量较大的股票还是较小的股票可以获得更高的回报率。以基于市值的规模因子为例，因为小盘股通常比大盘股的回报率高，因此把股票按照规模进行排序就是从小到大进行；而基于账面收益率（book-to-market ratio）的价值因子，因为账面收益率高的股票通常回报率较高，所以把股票按照价值因子进行排序就是从大到小进行。

思想就是分别对最高分组和最低分组中的所有股票构造一个组合，构造组合可以是以等权重的方式也可以是按照市值加权的方式进行。接下来在高分组股票组合上进行多头买入，然后在低分组股票组合上进行做空，这样就构造了一个市场中性（market“neutral”）的股票投资策略。这里市场中性实际上是资金中性的意思，也就是说用做空低分组股票组合获得的资金去购买高分组的股票组合，由此在投资期初就很少有资金投入。

在Jha的分析中，三个拥挤的因子在2007年已经在投资圈内广为人知，它们分别是盈余收益因子、动量因子（基于过去12个月的股价表现）和反转因子（基于过去5天的价格表现）。而另外三个不太拥挤的因子在2007年投资者还不太熟悉，因为它们都是在2006年之后发表的学术文章中出现的：

- 时节性（seasonality）因子：一只股票在某个日历时点上过去的历史表现。[3]
- 交易量（volume）因子：一只股票上认沽期权和认购期权成交量以及期权和股票成交量之间的比率。[4]
- 偏斜（skew）因子：虚值认沽期权的隐含波动率。[5]

表1.1给出了每个因子形成的市场中性股票组合的年化回报率，其间股票组合的仓位是每日调整一次。从这张表中可以看出，在宽客地震发生之前的7年，当时广为人知的拥挤因子表现得很好，而不为人所熟知的三个因子则绩效一般，平均回报率只是拥挤因子的一半左右。但是和拥挤因子相比，这三个不太拥挤的因子在宽客地震中发生的损失或者说回撤却很少。从投资组合的理论上来说，我们可以把后面三个不太拥挤的因子看作是对冲拥挤因子风险的工具。而且如果在宽客地震期间投资者希望平仓的话，那么不太拥挤的因子组合也会具有较强的流动性。

宽客地震给我们带来的启示是，如果量化经理采用相似的数据源以及相似的分析方法，那么当市场稍有风吹草动，就会出现哪怕是暂时性的系统性失灵。为了避免这种风险，基金经理就需要寻找新的数据源，并且采用新颖的方

3　这个因子源于Heston/Sadka（2008）的分析。

4　这个因子源于Fodor et al.（2011）和Pan/Poteshman（2006）的分析。

5　这个因子源于Xing et al.（2010）的分析。

法进行分析，从而产生独特的投资思想。在上面的分析中可以看到，三个拥挤因子变量是常见的市场交易和财报数据，这些数据广为市场投资者所知，所以可以看作是传统或者常见的数据。而三个不太拥挤的因子变量则在投资者圈内了解它们的人较少，同时这些数据在2007年也不是很常用，因此我们可以说当时它们就是非传统的，或者简单地说就是“另类”的。

表1.1　宽客地震：拥挤因子对比不拥挤因子

	拥挤因子				不拥挤因子			
	盈余收益	动量	反转	平均	时节	交易量	偏斜	平均
2001—2007	11.00	14.76	35.09	20.28	8.64	3.60	17.10	7.78
2007年8月因子回报率								
7日	-1.06	-0.11	-0.34	-0.50	-0.06	0.33	-0.85	-0.19
8日	-2.76	-4.19	0.23	-2.24	-0.21	-0.04	0.21	-0.01
9日	-1.66	-3.36	-3.41	-2.81	-0.29	-1.27	-0.23	-0.60
10日	3.91	4.09	12.45	6.82	0.71	-0.01	1.70	0.80

资料来源：Jha（2019a）。

二、闲聊公司

2016年6月，英国在全民公投中决定“脱欧”。路透社报道：英格兰银行将降息以缓冲脱欧对经济的影响，而且时任行长马克·卡尼（Mark Carney）也发出了降息的明确信号。[6] 当时的利率期货市场显示，英格兰银行有75%的可能性在接下来7月14日的政策公告中宣布降息。这个时候，有一家名为“闲聊”的美国公司却唱起了反调。通过对英格兰银行通告的文字进行分析，特别是对卡尼行长在7月5日讲话的分析，闲聊公司认为英格兰央行将维持利率稳定。事后来看，英格兰央行的确没有修正利率，这并不符合市场的主流预期，但是和闲聊

6　资料来源：Reuters, ‘Bank of England poised to cut rates to cushion Brexit hit to UK’, 14 July 2016, available at http://www.reuters.com/article/britain-eu-boe-idUSL8N19Z4QD

的看法却保持了惊人的一致。

2017年6月，时任欧洲央行行长德拉吉（Mario Draghi）在欧洲央行论坛做了一次讲话。市场认为他的讲话预示着利率要上升，但是一天之后市场就恢复了平静。和市场相比，闲聊公司在德拉吉讲话后很快就捕捉到其中希望利率稳定的情绪，并且抢在市场回稳之前发布了这样的信息。闲聊公司究竟是如何挖掘到聪明的市场所没有意识到的情绪呢？

闲聊公司是两位博士Evan Schnidman和Bill MacMillan在2014年创立的，同时也上线了公司网站。当然这两位博士设立闲聊公司的目的并不是为人们东拉西扯的聊天提供便利和服务，而是另有更为重大的目标。

Schnidman和MacMillan在2015年一起撰写了《美联储如何推动市场》（*How the Fed Moves the Market*）一书。对于他们来说，除了数字能够传递信息，人类的语言也可以传递有价值的信息。市场投资者都知道各个主要经济体的央行，特别是美联储，对全球金融市场有着重大影响。长久以来，金融市场的分析师们只能从主观上对美联储的各种公告和官员讲话进行判断，而无法对这些语言文字进行量化分析。利用21世纪初在计算机学科中兴起的自然语言处理（natural language proccesing/NLP）技术，闲聊公司开发了一种算法，可以用来分析全球主要央行的通告、公告和官员讲话这些文字对市场的量化影响。

就闲聊央行评分系统来说，闲聊公司基于市场反应给每个目标央行设计了一个专门词典，用来分析特定央行公开发表的语言信息，然后给出一个介于-2到+2之间的分数，由此表明各家央行通告对市场的可能影响。在闲聊评分系统中，负分表示鸽派情绪，这意味着央行很可能维系利率稳定或者降息，以支持经济成长；而正分则表示鹰派情绪，也就是央行可能要提高利率以应对通货膨胀。闲聊公司发布的央行评分系统覆盖了全球很多国家的央行，包括美国、加拿大、澳大利亚、日本、韩国、印度、俄罗斯、土耳其，以及德国、法国、意大利、波兰等诸多欧盟国家。

前面我们讲了英格兰银行和欧洲中央银行的故事，那么闲聊公司给美联储的打分效果如何呢？旧金山联储的两位学者Nechio和Regan在2016年9月的一篇文章中分析了这个问题。自从2012年以来，在每次联邦公开市场委员会议（Federal Open Market Committee/FOMC）之后，美联储都会发布一份经济预测摘要（Summary of Economic Projections/SEP），其中包含了与会成员对未来经济的预测。经济预测摘要中会有一张点图（dot plot），它刻画了在各个时间点联储官员们对于未来利率变化的看法。图1.1给出了从2013年9月到2014年6月期间经济预测摘要中有关2016年联邦基金目标利率的预测，这是一个针对未来两到三年的中期利率预测。[7]

图1.1　联储官员针对2016年联邦基金目标利率的预测

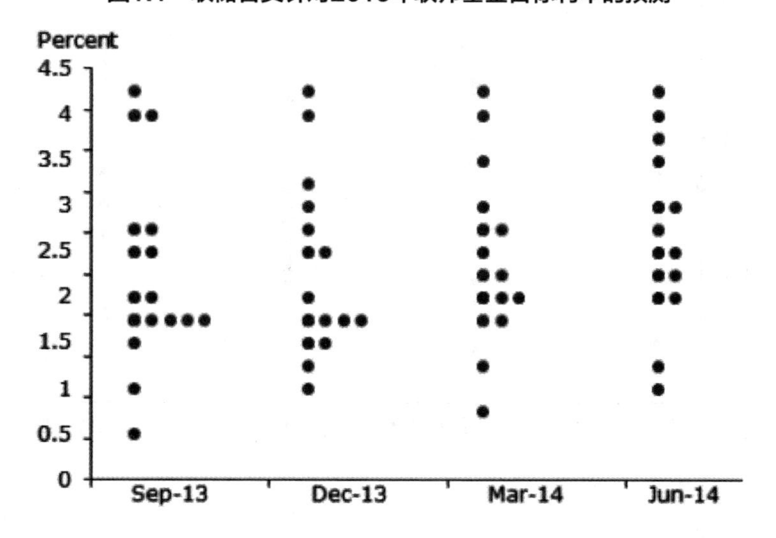

资料来源：Nechio/Regan（2016）。

接下来我们看闲聊公司对美联储的文字分析结果。在图1.1中涉及2013年9月、2013年12月、2014年3月以及2014年4月四个时点。图1.2给出了在这个时点

7　在金融圈内，联邦基金利率是一个经常产生歧义的名词，它具有不同的含义。确切来说，联邦基金利率（federal funds rate/FFR）是商业银行之间就存款准备金进行隔夜无抵押拆借的利率，这个利率将通过借贷双方银行之间的商议确定，而所有此类交易形成的加权平均利率就被称为联邦基金有效利率（federal funds effective rate），它反映了大型金融机构之间基于信用关系的无风险拆借利率。最后，联邦基金目标利率是由联邦公开市场委员会（FOMC）定期召开的会议所确定的利率，这样的会议通常每年8次，每隔7周进行一次。美联储通过公开市场操作，可以让联邦基金有效利率遵从联邦基金目标利率。而美联储确定的联邦基金目标利率可以影响货币供应，进而影响美国经济。

一周之前联邦公开市场委员会成员发言的情绪得分。之所以选取一周之前的发言，是因为在联邦公开市场委员会做出决定之前的一周，联储会官员不能公开发表任何相关的评论或谈话。

图1.2　针对联储官员事前言论的闲聊评分

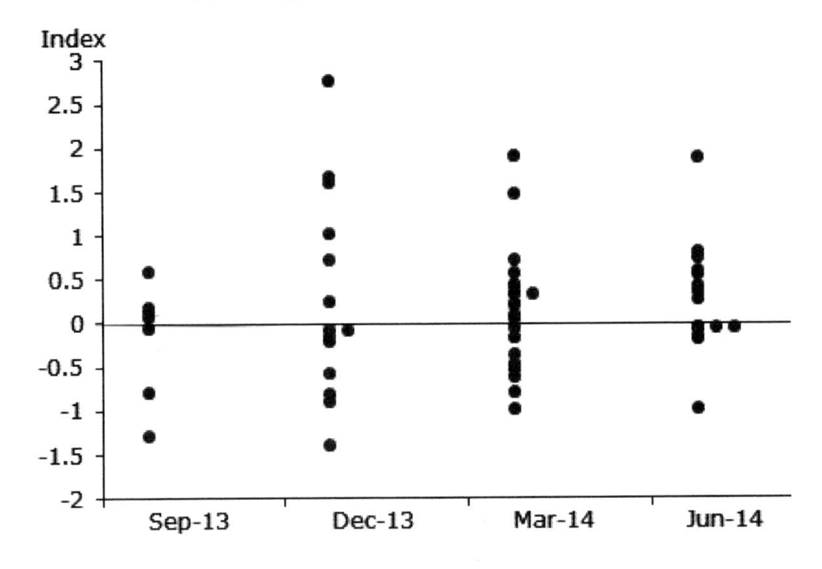

资料来源：Nechio/Regan（2016）。

图1.1和图1.2看上去是不是很像？Nechio/Regan（2016）进一步比较了联储会官员们的中期利率预测和闲聊公司对这些官员事前言论评分之间的关系。他们把这些官员在不同时点针对2016年利率预测的中位数放在纵轴，把闲聊公司给这些官员事前评分的中位数放在横轴，由此就得到了图1.3中的散点，以及两者之间的回归曲线。从中可以看出，这两个数据之间存在着明显的正向关系，而这种正向关系表明，在平均意义上，在联储公开市场委员会开会之前发表强硬的讲话，那么未来的中期利率会更高。

图1.3　联储官员利率预测和闲聊评分之间的关系

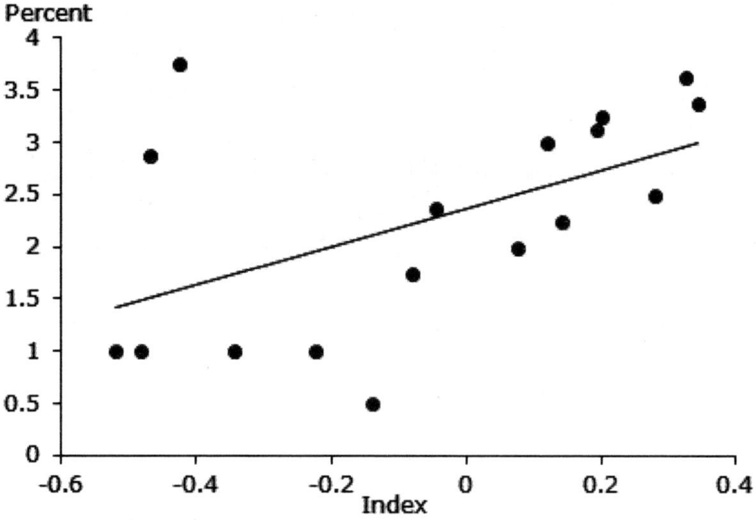

资料来源：Nechio/Regan（2016）。

闲聊公司有没有预测失误的时候呢？当然有，因为任何数据和算法都是有局限的。一个经典的例子出现在2016年7月的土耳其，当时这个国家经历了一次未成功的政变，因为各国央行的通告中从来没有涉及政变这样的名词，所以闲聊的算法对于土耳其央行的通告也就无所作为了。

在这个小节的最后，我们注意到闲聊公司所覆盖的全球央行中，恰恰欠缺了一个全球重要的央行，这就是我们国家的中国人民银行。是不是也应该有一个中文的“闲聊”公司呢？

第二章

另类数据：投资的新水源

一、什么是另类数据

作为一本讨论另类数据的图书，我们需要回答什么是“另类数据”。

数据（data）是我们日常生活中经常碰到的概念，但是要给它一个简单清晰的定义却不容易。根据维基百科，数据是通过观测得到的通常以数字表示的特征或信息。[1]这个定义是有缺陷的，首先特征或信息都是抽象名词，用它们来定义数据并不令人满意。其次，在这个定义中要求数据通常是以数字表示的，可是在当今时代，语言文字、声音图像这些非数字性的符号也被认为是数据了。在百度百科中，数据被定义为事实或观察的结果，是对客观事物的逻辑归纳，是用于表示客观事物未经加工的原始素材。[2]这个定义也有缺点。数据是一个动态的概念。在大数据时代来临之前，声音和图像都很难被认为是数据，因为我们并没有记录它们的设备。只是在有了智能手机、数码相机和各种传感器和探测仪设备之后，我们才有了记录声音和图像的手段，从而这些素材也被看作是“数据”了。同时再来看看新闻报道和各种文本类公告，显然很长时期以来我们只能对它们进行暂时性的主观判断，而无法进行一致性的量化分析，因此也很难把它们看作是数据。但是自从新世纪以后，计算机领域出现了自然语言处理（natural language processing/NLP）这种技术，由此我们就可以对诸如新闻、演讲、公告、社交媒体贴文等各种文本进行分析，此时这些记录事实或者观察的资料也就被看作是数据了。综上所述，我们可以把数据定义如下：当代技术可以记录的事实或者观察结果，是用于表示客观事物并且可用于分析的原始资料。

1　资料来源：https://en.wikipedia.org/wiki/Data

2　资料来源：https://baike.baidu.com/item/%E6%95%B0%E6%8D%AE/5947370?fr=aladdin

在很多应用领域，数据是和信息联系在一起的。当数据在投资场景下得到审视或者分析，进而会和金融市场发生关联，这些数据就转化为对投资有价值的信息了。在金融市场中，各种参与者，从相对简单的个人投资者到复杂的机构投资者，都尽可能地获取各种数据，希冀从中挖掘出市场尚未吸收的信息，进而获取高额回报。因此获取数据就成为获取投资竞争优势的关键手段。

在传统意义上，投资者可以获取的数据主要包括以下三类：

- 金融市场（包括场内和场外）的交易数据，主要是交易价格和交易量；
- 监管要求披露的公司财务报表；
- 政府公布的各种宏观经济数据。

在我们进入所谓的“大数据”（big data）时代以后，一些非传统的数据开始进入金融投资者的视野之中，比如社交媒体、物联网、卫星成像等。在2014年，Gene Ekster创造了“另类数据”（alternative data）这个概念，并用它来统一描述这些在投资过程中有别于传统或常用的数据。[3] 仅仅过去数年，现在另类数据就成为投资业界的一个流行概念，而且也开始吸引学者的注意。[4]

需要指出的是，虽然另类数据这个概念形成只是近几年的事情，但是它的出现可以追溯到远古的巴比伦时代。Lo/Hasanhodzic（2010）就指出，当时商人们就知道通过度量幼发拉底河的深度和流量来决定各种商品的交易，因为他们意识到这些自然变量会影响到市场供应。近年来，随着越来越多的另类数据提供商的出现，对冲基金可以获得大量新的数据源，如卫星图像、社交媒体趋势和消费者的购物行为。根据Denev/Amen（2020）的描述，现在四分之三的资管机构拥有另类数据团队，同时90%的资管机构开始实施另类数据战略。

前面我们说数据是一个随着时代变化其内容和范围会不断变化的概念。显然动态性质同样也适用于另类数据。我们今天认为是“另类的”数据，经过世代演变，可能就在将来某个时刻变为传统的或者经常使用的数据，从而脱去“另类”的标签，而被简单地称之为“数据”。现在我们可以把本书所讨论的

3 参见Ekster（2014）和Ekster/Kolm（2020）。

4 较早一篇引发关注的学术论文是Bollen et al.（2011），他们探讨了推特（Twitter）上的推文对股市的影响。

“另类数据”定义如下：在时代所允许的技术手段下，金融市场参与者可以使用的非传统的并且具有潜在投资含义的数据。

根据上述有关另类数据的讨论，下面列举出一些另类数据有别于传统数据的特征，我们可以看到另类数据至少具有其中一项特征：

- 少有金融市场参与者使用；
- 数据收集成本以及由此带来的数据购买价格更高；
- 数据通常来源于金融市场的外部；
- 数据历史往往较短；
- 使用数据的风险和挑战比较大。

当然以上对传统数据和另类数据从特征的划分并不是十分清晰的。举例来说，现在投资者都会把从金融数据终端上下载的股票收盘价日序列看作是传统数据。但是这些年随着高频交易的兴起，时间间隔无限短的日内高频数据就为这类交易者所用。当然高频数据的获取成本很高，不大容易成为普通的散户投资者选择的对象，但是对于机构投资者，特别是诸如私募基金这些要获取投资竞争优势的资管机构，[5] 它们就很可能要购买这样的数据。从这个意义上，高频数据虽然是金融市场的数据，但是也可以看作是另类的。

这些年来，随着科学技术的进步，产生另类数据的设备和过程不断增加，前者如智能手机和各种传感器，后者如电子商务和物联网。同时科技进步也让存储数据的成本不断下降。这些因素导致另类数据的范围时刻都在扩大。

另类数据通常并不是针对金融业务而产生的，相反，它们通常是从个人、商业机构或者政府的日常活动中产生，由此就形成了所谓的“遗存数据”（exhaust data）或“数据遗存”（data exhaust）的概念。Noyes（2016）甚至把另类数据和遗存数据直接等同起来。根据维基百科的定义，遗存数据是互联网或其他计算机系统用户在线上各种行为和活动中所留下的数据痕迹。[6]用户访问过的网站、点击过的链接、甚至鼠标悬停都会被记录下来，从而留下一条条

5　我国所说的“私募基金”其实涵盖了两类不同的投资机构，一类是私募股权基金，与之对应的国外机构是私募（private equity），另外一类是私募证券投资基金，这些机构对应的国外机构就是对冲基金（hedge fund）。

6　资料来源：https://en.wikipedia.org/wiki/Data_exhaust。

数据线索。这个过程可以产生大量原始数据，包括网络跟踪文件、临时文件、日志文件、可存储选择等。遗存数据实际上是商业机构在业务过程中产生的副产品，它们并不是用户故意创建的。投资中最典型的遗存数据就是市场交易数据。所有交易者在交易场所进行交易，他们在进行报价、竞价或者成交时，都会留下相应的价格和交易量的数据点，由此这些数据就成为交易活动的"副产品"而被记录下来，交易所会把这些数据出售给投资者用于投资决策。除此之外，社交媒体的贴文，智能手机的地理位置以及电商平台上的评论，都可以看作是遗存数据。当然我们不能把遗存数据和另类数据等同起来，因为我们看到另类数据的应用场景是在金融投资领域。所以我们可以这样说，当遗存数据用于投资决策的时候，它们也就成为了另类数据。而且随着时间的推移，它们可能转化为投资者广泛使用的数据。

需要指出的是，越来越多生产和记录遗存数据的公司开始考虑在组织外部把这些数据货币化（monetization），也就是让不能产生收入的资产产生收入的过程。[7] 然而，大多数的遗存数据尚未得到充分利用，也没有被货币化，因此Laney（2018）将这些数据称为"黑暗数据"（dark data）。如果把数据比作是新世代的石油，那么大量的石油就还储藏在"地下"。

二、另类数据是大数据吗

近些年来，大数据（big data）一词已经走入千家万户。很多投资者和创业者都言必称大数据，否则感觉自己就要落伍了。王汉生（2017）用《大时代之"皇帝的新装"》对此进行了批判。那么大数据究竟是什么？它和我们本书要讨论的另类数据又是什么关系？

有些金融机构的研究报告，包括贝莱德集团（BlackRock）分析师Savi et al.

7　从广义上说，货币化就是把某种东西转化为货币的过程。在不同的金融场景它有着不同的含义。比如在银行业中，货币化就是指将某物转化为法定货币的过程。更详细的介绍可以参考维基百科的相关词条（https://en.wikipedia.org/wiki/Monetization）.

（2015）、摩根大通分析师Kolanovic/Krishnamachari （2017）以及Neudata公司的Lipuš/Smith （2019）都把这两个概念等同起来。从科普的角度来讲，我们可以接受这样泛泛的认知，但是如果进行更深入的讨论，我们就会意识到另类数据并不等同于大数据。

大数据这个词是由谁发明的有不同的说法。Diebold （2019）的脚注6对此做了比较完整的溯源。根据Diebold的说法，现在业界比较公认的是，把大数据作为一种现象在科技界进而让社会大众周知的是美国硅图公司（Silicon Graphics）前首席科学家John Mashey，他在1998年的一份题为《大数据和科技基础设施的下一波浪潮》（*Big Data and the Next Wave of InfraStress*）的报告中，明确把大数据作为一个现象提了出来。[8] [9]进入到21世纪之后，Laney （2001）提出了用3V来刻画大数据，它们分别是体量（volume）、速度（velocity）和型式（variety）。体量涉及数据的规模，速度涉及处理数据的时效，而型式则涉及数据的结构化方式。具体来说大数据的特征就是：

- 体量大：通过交易、表格、文件、影音资料等收集和存储的数据规模非常大，而且针对所谓“大”的主观判断在持续地修正数据规模的下限。[10]
- 速度快：数据可以通过批处理方式串流或接收，进而以实时或者接近实时的方式获取，这样就可以在希望的时间内进行处理和分析。
- 型式多：数据接收的格式是多样的，其中包括
    - 结构化数据（structured data），就是可以用SQL表格或CSV文件呈现的

8　资料来源：http://static.usenix.org/event/usenix99/invited_talks/mashey.pdf

9　朱扬勇（2020）认为是Cox/Ellsworth （1997）最早提出了“大数据”这个术语。当时这两位学者指出：当数据量大到内存、本地磁盘甚至远程磁盘不能处理的时候，这类数据可视化问题就称为大数据。

10　就数据规模而言，朱扬勇（2020）指出在当前的技术条件下，大数据的数据量需要达到PB（Petabyte/千万亿字节）的规模。IDC分析师Reinsel et al. （2017）的报告中指出，在2016年全球大约产生了16.3ZB（zettabyte/十万亿亿字节）的数据，这意味着每个人每天产生了1.5GB（gigabyte/千兆字节）的数据。到2025年，IDC预计全球数据规模将达到163ZB。

数据；[11][12]

- 半结构化数据（semi-structured data），就是以诸如JSON或者XML格式打上标记的数据；[13][14]
- 非结构化数据（unstructured data），就是诸如文本、音频和图像这样没有任何格式的数据。[15]

图2.1很好地刻画了Laney（2001）给出的大数据3V特征：

11　SQL就是指“结构化查询语言”（Structured Query Language）。它是一种有特殊目的的编程语言，是一种数据库查询和程序设计语言，用于存取数据以及查询、更新和管理关系数据库系统。它是高级的非过程化编程语言，允许用户在高层数据结构上工作。它不要求用户指定对数据的存放方法，也不需要用户了解具体的数据存放方式，所以具有完全不同底层结构的不同数据库系统，可以使用相同的结构化查询语言作为数据输入与管理的接口。结构化查询语言语句可以嵌套，这使它具有极大的灵活性和强大的功能。

12　CSV就是“逗号分隔值文件格式”（Comma-Separated Values），有时也称为字符分隔值，因为分隔符号也可以不是逗号。CSV文件以纯文本形式存储表格数据（数字和文本）。纯文本意味着该文件是一个字符序列，不含必须像二进制数字那样被解读的数据。CSV文件由任意数目的记录组成，记录间以某种换行符分隔；每条记录由字段组成，字段间的分隔符是其他字符或字符串，最常见的是逗号或制表符。CSV文件格式的通用标准并不存在。

13　JSON指的是“JS对象简谱”（JavaScript Object Notation），是一种轻量级的数据交换格式。它基于欧洲计算机协会制定的js规范的一个子集，采用完全独立于编程语言的文本格式来存储和表示数据。易于人阅读和编写。同时也易于机器解析和生成，并有效地提升网络传输效率。

14　XML指的是“可扩展标记语言”（Extensible Markup Language），是一种用于标记电子文件使其具有结构性的标记语言。在电子计算机中，标记指计算机所能理解的信息符号，通过此种标记，计算机之间可以处理包含各种的信息比如文章等。XML可以用来标记数据、定义数据类型，是一种允许用户对自己的标记语言进行定义的源语言。 它非常适合万维网传输，是互联网环境中跨平台的、依赖于内容的技术，也是当今处理分布式结构信息的有效工具。

15　我们也可以把非结构化数据称为无结构数据。

图2.1 大数据的3V特征

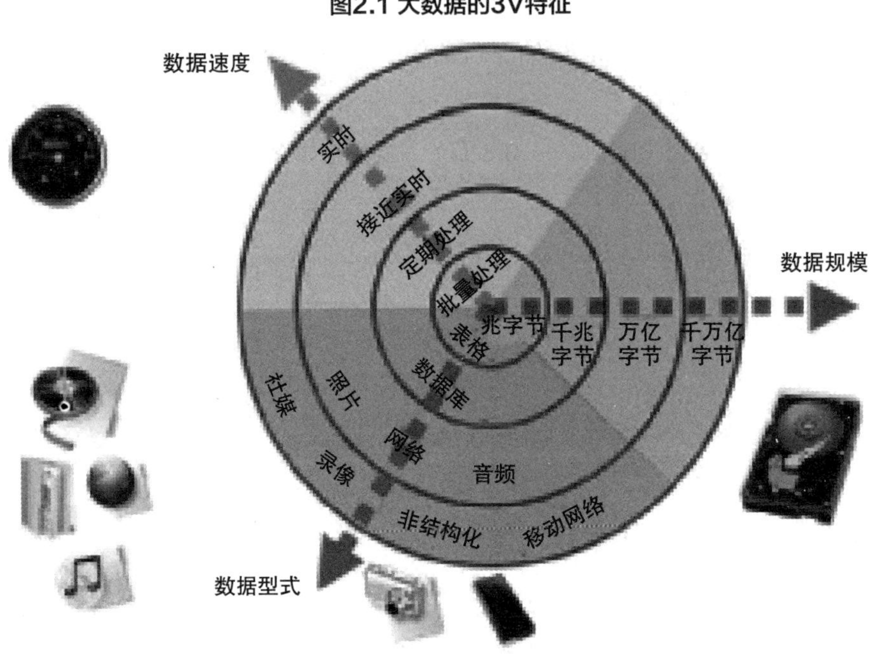

资料来源：https://en.wikipedia.org/wiki/Big_data.

我们可以看到，大数据的3V特征表明了在处理数据的各个流程，包括获取、清洗、转换和汇总等，所面临的不断增加的技术性和分析性挑战。显然3V更多是和大数据的技术问题而不是应用性问题相关。近些年来，在3V的基础上，一些学者又提出了其他一些以V开头的字母来侧重大数据在应用方面的特征，Denev/Amen（2020）总结如下：[16]

- 可变性（variability）大：数据在规则性和质量上存在着不一致性，这意味着随着生成数据的场景发生变化，数据含义在不断地变化，我们可以把这个特性理解为前面大数据在速度快和型式多两方面特征带来的结果。
- 真实性（veracity）低：数据可能是杂乱无章的、不确定的、有缺失值的，甚

16　除了以V开头的特征之外，还有一些学者提出了其他的一些特征，其中包括穷尽性（exhaustivity）、细粒度（fine-grained）、关系性（relationality）、拓展性（extensionality），参见Kitchin/McArdle（2016）。

至是有错的。这样评估数据的真实性就变得困难起来，从而降低了对数据本身的信任度。

- 准确性（validity）差：就数据的使用用途而言，数据并不精确，例如在狭窄街道上GPS信号就可能不够精确。
- 价值（value）大：可以从数据中提取很多有价值的见解，从而对业务决策产生影响，这是进行数据分析的最终目的。当然数据的价值性还有另外一个角度，这就是知识密度低，数据是广泛存在的，但是缺乏从中获取知识和洞见的能力。

从特征定义大数据并不是一种好的方法，因为一个定义需要从其内涵和要素出发才更为合理。我们会注意到，在讨论大数据的时候会有三种不同的人群：第一个人群是拥有大数据的，第二个人群是做大数据的，第三个人群则是应用大数据的。拥有大数据的人经常讨论的是数据资源，做大数据的人经常讨论的是处理大数据的技术，而用大数据的人则讨论的是大数据带来的智能化决策。就此而言，朱扬勇和熊赟（2015）就把大数据定义为给决策问题提供服务的大数据集、大数据技术和大数据应用的通称；其中大数据集是指某个决策问题用到的所有可能数据，通常数据量巨大，来源和类型多样；大数据技术是指获取大数据资源、存储管理、挖掘分析、算力支持、可视化展现等技术；最后大数据应用就是使用大数据集和大数据技术来支持决策活动，是新型决策方法。简单地说，就大数据的三个要素而言，数据隐含价值，技术发现价值，最后应用实现价值。和上述定义相似，西方学者De Mauro et al.（2016）大体给出了相似的定义："大数据是由规模大、速度快和型式多所刻画的信息资产，它们需要特定的技术和分析方法才能转换为价值"。在这个定义中，作者强调了大数据在信息、技术、方法和影响这四个维度上的特征。

伊利诺伊大学香槟分校的华人学者叶茂（Mao Ye）在2018年美国国家经济研究院（NBER）做了关于"金融中的大数据"（big data in finance）的主旨演讲，[17]其中谈到了金融大数据和工程领域定义的大数据有所不同的特征。这三

17　后来叶茂和Goldstein以及Spatt合作，把这个演讲整理成文章发表在2021年第7期的《金融研究评论》（*Reivew of Financial Studies*）上。

个特征就是规模大、维度高和结构复杂。从规模的角度来看，金融大数据意味着在绝对或者相对意义上都是很大的。从绝对意义来看，交易层面的市场微观结构数据规模就很大。就美国市场来说，一天的期权交易数据就可以达到2TB（Terabyte/万亿字节）的规模。在相对意义上，金融大数据也可以从“小数据”的角度来理解：现在很多数据集因为来自于更大数据集的自己，所以它们是“小”的。通过分类样本或者截取一段时间序列数据，这样大数据集就可以分割为数个小数据集。如果采用更大的数据集可以克服小数据集面临的选择偏误，亦或者是发现未知的重要经济行为，那么在金融研究中选择大数据就是合理和必要的。金融大数据的第二个特征就高维度，也就是涉及的变量多，变量之间存在着非线性关系或者是交互关系。面对这个特征，机器学习和人工智能开始在经济和金融的研究中大行其道。第三个特征就是金融大数据往往不是传统的行列的格式，而是具有非结构化的特征。

就大数据和另类数据的关系来看，我们首先会注意到大数据可以应用到经济和商业的各个领域。而另类数据是在国外对冲基金行业中最先提出来的，因此应用场景也相对局限在金融投资领域。其次另类数据主要是相对于传统和主流的数据集而言的，因此随着时间的推移另类数据可能会成为主流数据，这就无涉大数据的含义。同时就体量而言，另类数据并不总是大数据，另类数据集有可能相对比较小，比如只有MB（megabtye/兆字节）级别，从而和GB（gigabyte/千兆字节）、TB甚至PB（petabyte/千万亿字节）级别的大数据规模相距甚远。我们有可能将某个原始的另类数据集存储在Excel电子表格中。最后，如前所述，另类数据还是围绕数据集本身的特征进行定义的，而大数据则体现了数据、技术和应用的综合。

三、为什么要使用另类数据

现在我们已经知道什么是另类数据了，那么接下来就要回答为什么要在金融投资中使用另类数据，也就是另类数据有哪些价值，特别是商业价值。按照王汉生（2020）的说法，数据对于企业的商业价值体现在三个方面，这就是增加收入、减少支出和控制风险。对于投资机构而言，增加收入和减少支出就体现在一个简单的概念上，获取超额回报。在金融圈中，超额回报就用希腊字母alpha来表示。就alpha而言，学界和业界对它的理解有些不同。对alpha本身的讨论并不是本书写作的主旨，希望对此进一步了解的读者可以参考石川等（2020）所作的精彩论述。

另类数据这个概念是在2014—2015年在美国对冲基金行业提出并且逐渐开始应用的。要讨论使用另类数据的原因就必须结合当时美国资产管理行业的变化以及由此带来的挑战。

从主动转向被动

简单来说，主动投资（active investing）就是指投资者通过积极的证券选择（业内通常称为“选股”）或者时机选择（业内通常称为“择时”）来努力获取alpha。坚持这种投资理念的投资者认为市场经常是错误的，因此可以通过投资能力打败市场（或者相关基准）。这些投资者往往会在市场中积极地进行交易，着眼于个股或者某个股票组合。可以说自从人类创造了金融投资活动以来就有了主动投资。与之不同，被动投资（passivie investing）是半个多世纪以来金融学术研究的产物，支撑这个概念的理论基础是一众诺贝尔经济学奖得主的贡献，包括Markowitz （1952）的投资分散化理论、Sharpe （1964）的资本资产定价模型（CAPM）以及Fama （1970）的有效市场假说（EMH），其主要理念是：市场是有效的，因此也是很难被打败的，或者说很难获得alpha。被动投资着眼于市场指数，注重资产类别，很少关注个券，这样通常投资于指数化产品。被动投资获取的是市场收益，或者说基准收益，并且同时承担市场风险。交易所交易基金（ETF）的兴起和发展就代表了被动投资理念在实务中的应用。

根据穆迪分析师Tu/Pinto（2017）的一份市场报告，被动投资管理在过去十年中有了很大的普及，当时在全球范围内管理着6万亿美元的资产。这份报告预测：不到10年，被动型基金在美国资管行业中的规模将从28.5%达到50%以上。

投资者从主动型基金转向被动型基金，背后驱动力是主动型基金业绩不佳。标普分析师Poirier et al.（2017）的一份报告指出，从2007年1月到2016年12月的10年期间，大多数主动型基金没有跑赢各自的基准。例如在17个投资类别中，只有大盘股价值基金有超过一半的经理跑赢标普500价值指数；而小盘股成长基金居然有92%的经理没有击败标普小盘600指数。如果考虑主动型基金还会收取更高的管理费，这就让问题变得更为严重了。晨星分析师Oey（2017）有关基金管理费的报告指出，2016年美国主动型基金加权平均管理费是0.75%，而被动型基金只有0.17%，两者之间相差4.4倍。在大盘股基金中，如果不扣除管理费用，那么有68%的基金经理表现不佳，在扣除管理费后，这个比例会激增到85%。

业绩不佳的原因

主动型基金业绩不佳可以从基金收入、成本、市场结构变化以及投资组合管理决策几方面进行分析。

从收入的角度来看，首先在发达市场中技术进步提升了传统数据发布的速度，并且降低了获取这些数据的成本。因此市场对这些数据方面的信息做出反应的效率就很高，由此减弱了获取alpha的能力。其次就传统的金融市场数据和财务信息而言，投资者获取它们的成本已经很低，同时分析这些数据的方法也已经广为人知。甚至一些有经验的散户，也能够用这些传统数据进行较深入的分析。这样在数据源和方法论相近的情况下，不仅会发生我们在第一章中出现的宽客地震现象，而且也会让投资者从传统数据中获取alpha变得更加困难。

在成本方面，首先，为了维持行业内的竞争力，资产管理公司需要寻找新的投资理念和策略，开发新的产品，这些都需要大量的分析和研发，从而增加公司成本。其次，在基金销售方面，资产管理公司越来越依赖线上渠道进行客户沟通以及销售，这样就增加了客户维持和IT方面的成本。第三，资产管理公司面临的监管环境也在发生变化，它们被要求披露更多的信息，并且承担更多的尽职调查职责。对于欧洲公司而言，随着2018年1月正式执行《金融工具市场指令II》（*Markets in Financial Instruments Directive II/MiFID II*），它们将面临更多的合规挑战，其中一个主要问题就是资产管理公司需要证明购买外部研究

（卖方研究）的合理性，这就增加了资产管理公司在合规和内控方面的成本。[18]最后是在人力资源上的投入。投资研究是一项依赖于人的过程，单个分析师获取alpha的能力是有限的。为了寻找并分析新的投资机会，资产管理公司就需要雇佣专业人才，由此抬升了劳动力成本。

市场结构和投资者偏好的变化也影响到主动型基金经理的业绩。例如，Mooney（2017）就曾指出，随着金融科技的发展，年轻投资者对于投资专家的信任度很低，更喜欢线上的投资方案。而Kehoe（2017）的一篇相似报道也指出，千禧一代更偏向于接受由软件和算法做出的投资决策，包括智能投顾。

除了以上的原因，还有一些人认为主动型基金经理在投资组合管理决策方面遇到的障碍也是业绩不佳的原因。作为一家基金公司的CEO，Howard（2016）就认为主动型经理依然是优秀的投资者，只不过他们无法控制三个问题。首先是资产膨胀（asset bloat），它意味着当某只基金管理资产规模过大时，基金经理就不得不去投资那些可能不符合投资标准或者流动性有问题的股票。因为主动型基金经理的薪酬是和资产规模挂钩的，这样导致他们为了扩大规模而牺牲业绩。其次是所谓的“隐蔽指数”（closet index）的问题。[19]它的意思是说一些基金标榜自己是主动管理的基金，并且据此收取比被动型基金更高的管理费。但是实际上它们只是简单地匹配指数。这样做可以降低跟踪误差，由此和业绩基准相差不大，同时也可以避免风格漂移（style drift）的问题。[20]最后是过度分散化（over-diversification）。这种观点认为有些投资者希望看到更为分散的投资组合，因为分散化通常意味着低风险。这样迫使基金经理在投资组合中纳入他们并不想要持有的股票，进而影响到业绩。

---

18 MiFID II对资产管理公司提出的其他合规要求包括：更严格的报告义务、提高交易前和交易后透明度以及更好地控制员工和客户之间潜在利益冲突。

19 国内业界会把“closet index fund”翻译为“伪基金”。不过这个翻译可能在中文语境下产生歧义。

20 风格漂移就是在具体投资中，基金经理偏离了基金所规定的投资组合特性要求。比如一个明确要求投资大盘股的基金持有了小盘股。

解决方案：成本竞争对比另寻他途

面对着金融科技的浪潮和市场环境的变化，资产管理公司开始了在降低成本方面的竞逐。首先是削减管理费。根据投资咨询公司Bfinance的Saklatvala/Morgan（2017）的报告，2015年1月至2017年3月，全球股票经理人平均收费57个基点，这低于2010年1月至2014年12月期间的平均62个基点，降幅为8%。其次资产管理公司通过并购活动产生协同效应，进而实现在管理上的规模经济。在Wigglesworth（2017）为《金融时报》撰写的报告中，富达基金（Fidelity）的资管主管Charles Morrison就预计，资管行业将迎来一波整合浪潮，管理人员将越来越少，资管规模将越来越大。

虽然资产管理公司削减成本的动机是合理的，特别是在监管环境变得更加严格的时代更是如此。但是削减成本不应该成为资产管理公司，特别是主动管理基金行业的生存之道。因为主动型基金经理的目标并不是削减成本以便和被动型基金相看齐，而是需要在核心业务也就是最大程度获取alpha的能力上展开竞争。正是在这个意义上，另类数据开始走上了舞台。

在有效市场假说中，资产价格充分反映了所有可用信息。这个假说中一个引申之义就是如果资管机构能够获得额外的信息，或者从公开的信息中获得新知新解，那么就可以更好地分析资产价值，进而评估资产价格。另类数据在很大程度上是可以公开获得的，但是获取另类数据显然比传统数据成本更高，而且对另类数据还需要有特别的技术能力才能够加以分析和使用，这都会导致金融市场上在投资者之间产生信息不对称。有付费能力并且在内部具有研发另类数据能力的大型基金公司可以从中获得更多独特和专有的投资见解，而小型投资机构以及散户投资者因为在另类数据获取或者分析能力上的欠缺就处于不利的地位。由此大型基金就会更容易找到获取alpha的机会。图2.2描述了大型基金、小型基金和散户在获取数据和分析能力上的差异。

图2.2 使用另类数据的差异

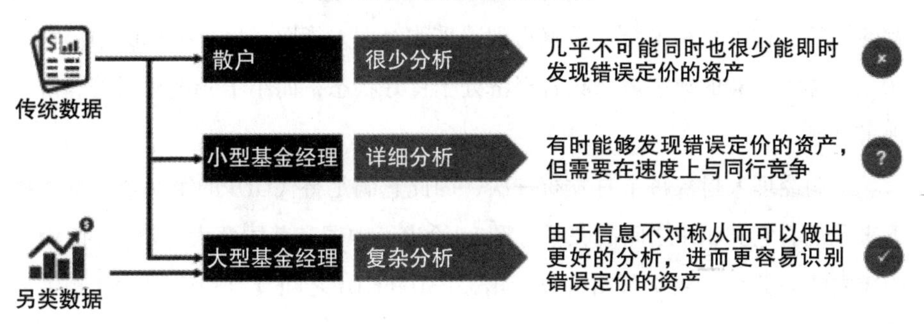

资料来源：Quinlan et al.（2017）.

另类数据：替代性对比补充性

无论是获取超额回报还是控制风险，使用另类数据的意义都在于可以给投资机构提供创造价值的新知和新解，换句话说就是让投资机构获得相对的信息优势。以已有的信息为参照，另类数据提供的新见解可以分为两类：第一种是替代性的，第二种是补充性的。

就替代性而言，一些另类数据可以用来替换相对低频的主流数据。举个例子，我们都知道GDP是经济活动的重要指标，但是编制GDP数据需要花费一定的时间，因此作为通例GDP是每个季度发布一次。这样如果市场参与者知道下一期的GDP数字，特别是能够相对更早时间了解，那么就拥有了信息优势。央行会密切关注经济体系的物价水平和经济活动总量，以此为基础制定货币政策。这样利率和外汇市场的投资者就可以通过对经济总量数据的了解进而去预测央行的活动，进而获利。

什么数据可以替代GDP来表征经济活动？在选择候选数据指标的时候，我们会用到两个标准。第一个标准就是替代数据可以用比季度更高频的方式来获取，比如每月获取一次。第二个标准就是替代数据和GDP本身具有良好的统计关系。现在我们以采购经理人指数（purchasing mangers index/PMI）作为候选数据指标。采购经理人指数是针对制造业和服务业代表性企业的执行采购人员发放问卷得到的调查数据（survey data），其中包括诸如公司产出比一个月前更高还是更低以及公司未来（比如半年之内）业务前景如何这样的问题。对问卷问题的回答经过汇总和聚合之后就得到了采购经理人指数，这个指标的中位数是50，这样大于50的数字就意味着经济处于良好状态，而小于50则预示着经济出现了衰退。

采购经理人指数每个月发布一次，因此它满足替代GDP的第一个标准。接下来我们看它和GDP之间的关系。图2.3给出了中国和美国两大经济体的PMI和GDP之间的关系。从这张图可以看出，PMI和GDP之间具有一定的统计相关关系，因此可以近似替代GDP的变化。当然PMI和GDP两者度量的东西是不一样的。GDP度量的是已经发生的经济活动，所以它是一个回望性的经济指标，而PMI则会涉及对未来的看法，因此就更具有前瞻性。此外GDP是一个“硬数据”（hard data），亦即是对客观事物的度量；而PMI是一个“软数据”（soft data），其中含有主观性的评论和建议。因此即使它们两者之间相互关联，软数据也不会始终和随后发布的硬数据协同一致变化。

图2.3　PMI和GDP之间的关系：中国和美国情形

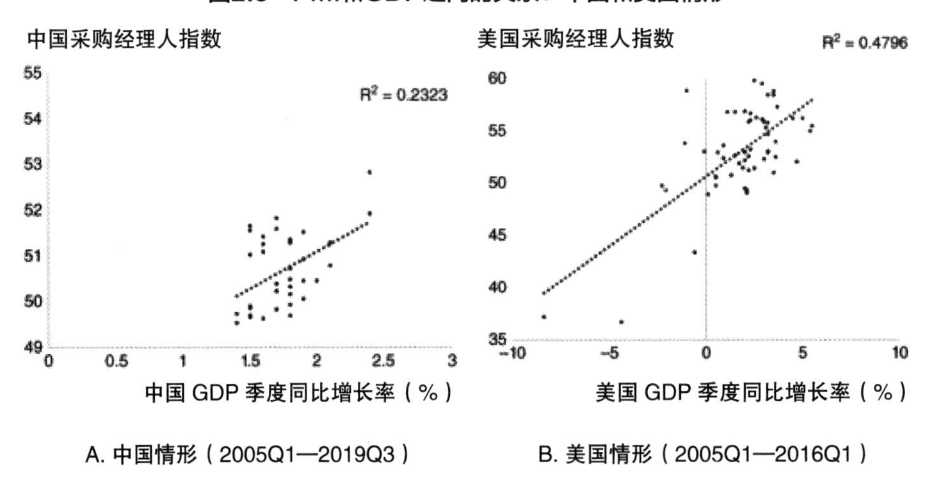

资料来源：Denev/Amen（2020）。

注释：ISM表示美国供应管理协会（Institute of Supply Management）

除作为替代性信息之外，另类数据还可以作为常用信息的补充性信息。对于投资者而言，这就意味着可以从另类数据中挖掘出和现有信息不一样的投资见解和交易信号。在价值投资中我们通常是用财报来了解一家公司的基本面。但是如果我们能够获得反映企业生产经营或者销售的数据，那么对公司未来业绩就能做较好的预测。

《金融时报》的记者Fortado et al.（2017）介绍了一个对冲基金使用另类数据来预测安德玛公司（Under Armour）财务业绩的例子。其中用到的数据包括网站的招聘信息、线上平台的衣服平均价格以及美国职场社区网站Glassdoor上员工对CEO评价的信息。综合这些信息可以预测在2017年第二季度的业绩不佳。在第二季度的财报公布之后安德玛公司的股价当天下跌了9%。显然能够获取另类数据的对冲基金可以在事前进行对冲或者调仓的动作，从而从价格下跌中获利或者是避免损失。

《商业内线》（*Business Insider*）的记者Turner（2015）介绍了另外一个例子。当年RS Metrics使用卫星图像分析了美国百货连锁公司JC Penny停车场的数据，结果显示当年4月和5月进入JC Penny商店的流量明显上升。RS Metrics后来就把这些信息出售给一些对冲基金。在第二季度财报正式公布之后JC Penny的股价上扬了10%，提前获取了卫星图像信息的机构因此就从中获取了利益。

当然这并不是有关JC Penny公司另类故事的终点。另外一家卫星智能公司，Orbital Insight也根据JC Penny停车场的卫星成像数据分析了停车场中的车辆数量，图2.4就是其中一张有关JC Penny停车场的卫星照片。

图2.4 JC Penny停车场的卫星照片

资料来源：Jeffries（2017）。

通过比较JC Penny公司股价和停车场卫星成像数据在2012到2017年之间的变化，图2.5表明二者之间存在着明显的协同变化趋势。JC Penny公司的故事告诉我们另类数据在投资分析中，无论是对季度财报还是对实时的股价预测，都具有重要意义。

图2.5　JC Penny停车场车辆数量对比公司股价

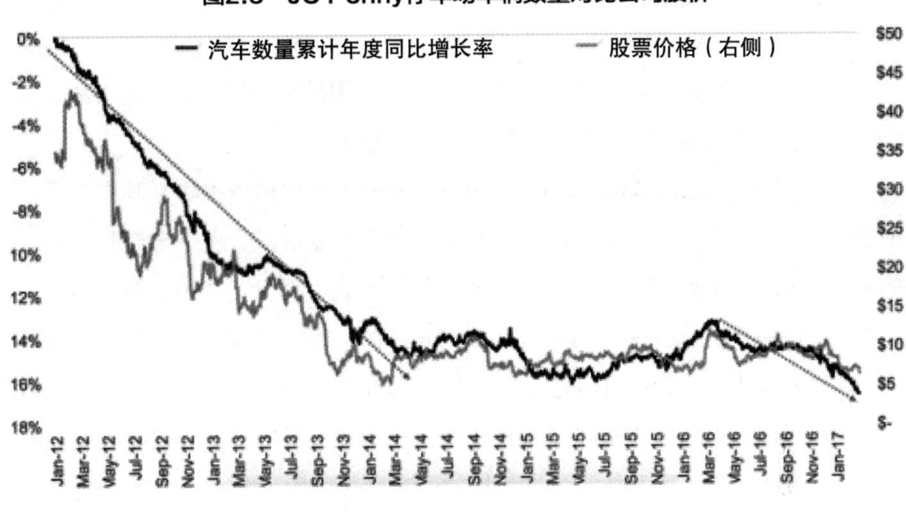

资料来源：Jeffries（2017）。

我们上面举了几个简单的另类数据的例子。根据Greenwich分析师McPartland/Connell（2017）的调查报告，已经有90%使用另类数据的资管公司看到了投资收益，这表示另类数据已经快速地在整个资管行业中普及起来。下面我们给出一些财经媒体报道的相关案例。

- 对冲基金Foursquare使用包括信用卡交易、地理位置和移动应用下载量等另类数据来分析汉堡连锁店业绩，参见CB Insights（2016）。
- 管理着900亿美元的Acadian将搜索引擎和社交媒体数据相结合来预测诸如每季盈利这样的公司事件结果，参见彭博的Foxman/Hall（2017）。
- 对冲基金Thasos Group使用移动设备的位置数据预测经济前景和房地产投资信托基金（REITs）价值，参见MIT新闻办公室的Matheson（2018）。
- 对冲基金CargoMetrics使用卫星图像数据对船舶和油罐液位的信息分析石油生产以及对大宗商品价格的影响，参见Bleakley/Ostrowski（2016）。
- 荷兰资管公司NN IP使用数字新闻和情绪分析获取投资收益，参见Basar（2017）。

Alpha以外的因素

如上所述，获取alpha是推动资产管理公司使用另类数据的最重要因素。当然还有其他因素也推动了另类数据在行业内的使用。

安永（EY）分析师Lee/Serota （2017）发布了一项调查报告，其中涉及投资者对资产管理行业未来的看法。投资者的调查数据显示，鉴于金融科技的发展及其带来的快速处理和分析不同数据集的技术能力，投资者预期基金经理会越来越多地在投资过程中使用非传统数据和新的分析方法。而且投资者认为基金经理需要使用这些数据和算法上的突破，因此在投资过程中没有部署这些技能的资产管理公司就处于下风了。投资者态度的变化导致他们会用脚投票，愿意把资金分配给那些愿意使用另类数据的资产管理机构。图2.6的调查问题就说明了这一点：

> 您投资的对冲基金中有多大比例使用非传统或新一代数据和“大数据”分析/人工智能来支持其投资过程？您预计三年后这个比例会是多少？

图2.6　投资者态度变化

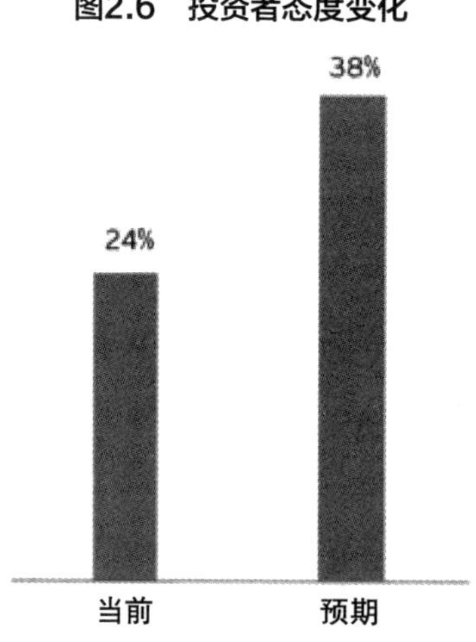

资料来源：Lee/Serota （2017）。

安永的报告也给出了对冲基金针对使用另类数据的态度。图2.7表明，在

2016年有一半左右的基金经理表示当前或者预计未来会在投资过程中使用另类数据，仅仅一年过后，这个调查指标就增加到了78%。

图2.7　对冲基金应用另类数据的调查

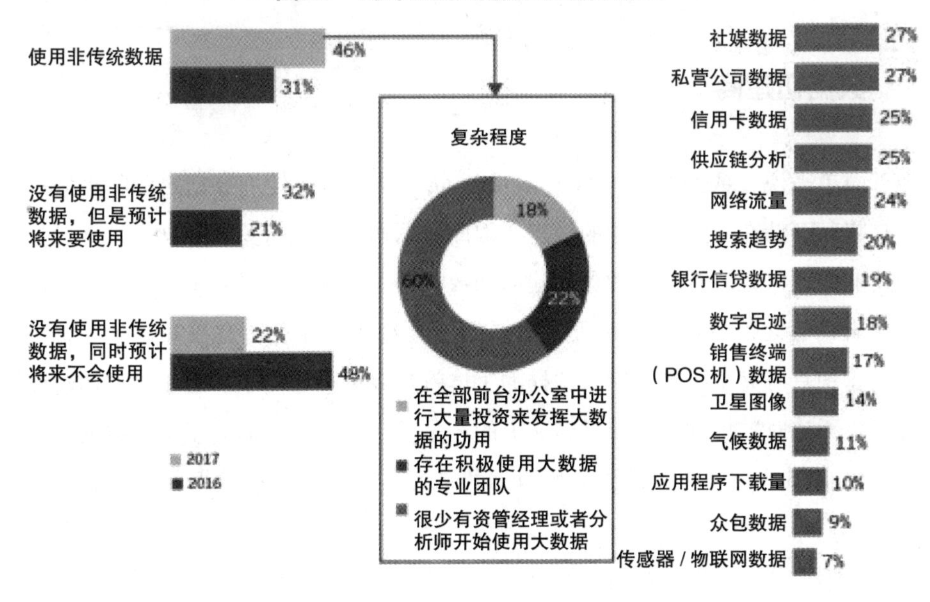

资料来源：Lee/Serota（2017）。

从反面的角度来看，如果资产管理公司不考虑把另类数据纳入投资流程中，那么从长期来看就将面临战略劣势，德勤（Deloitte）分析师Dannemiller/Katraria（2017）就指出了这一点，在后面的第四章第四小节中我们会讨论在另类数据应用中落后者所要面临的风险。

四、另类数据生态圈

从整个另类数据在金融中应用的产业链来看，它的生态系统主要由三类主体组成：

- 数据初建商（data originators）；

- 数据中介（data intermediaries）；
- 数据使用者（data users）。

通常我们可以把数据初建商和数据中介合在一起称为数据供应商（data vendor）。下面我们分别讨论它们在行业内的主要角色和定位。

数据初建商

简单来说，数据初建（data origination）就是指在处理数据之前收集数据并且将其存储在一定介质中的过程，因此数据初建商处于另类数据进入金融投资行业的入口处。有时候数据初建商和数据中介之间的界限并不是很清晰，但是了解两者之间的区别还是很有必要的。当对数据拥有所有权并且对下游数据的营销具有完全控制权时，这样的主体就是数据初建商了。对于数据初建商而言，无论对数据的所有权是名义上的还是事实上的，它们对于下游数据使用者的影响都是一样的。作为原始数据的来源，初建商获取数据的方式有以下几种。

在第一种方式中，初建商的核心业务并非是处理数据，只是在开展业务的过程中获取了数据，这样它们就把数据作为辅助业务出售给另类数据产业。例如万事达卡（Mastercard）的主营业务是在全球展开信用卡交易，但是它们会汇总消费者支出数据，然后对这些数据进行匿名化处理后出售给资产管理公司，Jaquez（2020）和Helm（2020）都对此做了讨论。

在第二种方式中，数据来源于分散的同时没有引起投资者关注的公开可得数据，比如网站上的数据，或者是政府的公开资料。虽然所有人都可以访问这些数据，但是在现实中收集这些数据的成本很高，通常公众只能获取即时的数据，而历史数据只能从第三方获得。例如作为第三方，Buildfax商业智能公司就汇总了住宅地产和商业地产的数据，从而给房地产投资信托基金的交易提供支持，标普的两位分析师Rana/Sandberg（2020）就分析了这个案例。

在第三种形式中，初建商并不拥有原始数据源，但是对于它拥有长期的独家许可权和使用权，从而成为事实上的数据源控制者。例如，数据服务商Yodlee就汇总了以每笔交易记录的消费者购买数据。

第四种的数据初建商就是所谓的调查数据公司，它们会通过问卷调查的方式收集数据。例如盖洛普（Gallup）以及皮尤研究中心（Pew Research Center）就以其民意调查而闻名。

数据中介

另类数据通常是非结构化的，而且也没有用机构投资者所熟悉的方式进行整合。通常数据初建商销售的是原始数据，这样就需要在数据初建商和使用数据的基金之间存在数据中介，从而可以把两者联系起来。数据中介可以有多种类型，最简单的是数据经纪人，而最复杂的则是可以提供全方位研究服务的数据智能服务商，在这两端之间还可以有很多的数据中介形式。

由于另类数据的非传统性质，它经常是非结构化的、有偏误的，并且没有考虑到机构投资者。虽然数据初建商通常以原始形式销售数据，但是数据中介则是一个丰富的生态系统，它们会弥合数据所有者和使用数据的投资机构之间的差距。对于数据中介而言，一头是业务最简单的数据代理商，另外一头则是可以提供全方位服务的数据研究机构。任何在这两端之间的服务都属于数据中介的范畴。下面是一些具有代表性的数据中介：

- 给出另类数据供应商清单的中介，例如Alternativedata.org。
- 原始数据集的经纪商（data broker），例如Neudata。
- 从原始数据中创建类似仪表盘或者excel表格产品的数据管护商（data curator），[21]这类中介机构很多，其中包括1010data、Yipitdata、7park、

---

21 数据管护（data curation），也被翻译为“数据策展”或者是“数据策划”。根据维基百科（https://en.wikipedia.org/wiki/Data_curation）的定义，数据管护是指组织和合成从不同数据源收集的数据，它涉及数据的注释、发布和表示，由此随着时间的推移可以保持数据的价值，并且使数据保持可重复使用和保存的状态。大数据专家Miller（2014）就指出，数据管护包括“有原则和受控的数据创建、维护和管理所需的所有过程，以及为数据增加价值的能力”。在当今时代大数据，数据管护的作用日益突出，特别是在软件处理大规模和复杂数据系统的时候。从广义上讲，管护是指为创建、管理、维护和验证而进行的一系列活动和过程。具体来说，数据管护是试图确定哪些信息值得保存以及保留多长时间。读者可以参考Borgman（2015）。

Earnest Research、Consumer Edge等。

- 创建另类数据的交易平台，方便数据用户从中挑选自己想要的数据类型，这就是我们在本章第五小节中所讨论的作为数据市场（data market）的中介，这类数据服务商也很多，其中包括Quandl（现在由纳斯达克拥有）、Eagle Alpha、Qlik Data Marketplace、邓白氏数据交易所（D&B Data Exchange）、BattleFin Ensemble、亚马逊公共数据集（AWS Public Dataset）、慧甚市场（FactSet Marketplace）、彭博企入（Bloomberg Enterprise Access Point/BEAP）等。
- 在自己的研究报告中使用另类数据进行分析，这些公司的研究报告和传统上投行的卖方研究报告是很相似的，这类的服务商包括M Science、UBS Evidence Lab等。
- 为数据用户提供购买和处理另类数据的信息，相关法律合规事宜的咨询，并且为用户提供数据供应商的信息，这一类机构可以看作是数据咨询中介（data consultants），比如Integrity Research。

如果一家公司同时初建和销售一个数据产品或者一项数据服务，那么它就在数据产业中实现了业务的垂直整合，进而模糊了初建商和中介之间的区别。Jagtiani/Lemieux（2019）分析了这样的情形。万事达卡公司就是垂直整合的案例，因为它们直接创建、合成、汇总和营销数据。

德勤（Deloitte）在2020年的一份报告中指出，错误理解数据初建商和数据中介之间的区别可能是刚刚开始使用另类数据时所犯的常见而且是代价很高的错误。尽管数据中介为另类数据供应链增加了很大的价值，但是使用者必须要认识到数据中介所存在的问题。

首先是错位的激励机制。另类数据通常是根据其所覆盖的公司数量以及所提供的不同类型数据集来定价的。但是如果数据产品无法有助于提升投资业绩，也就是帮助使用者获取alpha，那么其真正的价值就不高，但是购买数据的价格可能无法反映这一点。对于数据中介而言，合乎逻辑的选择是增加数据集的数目以及涵盖的公司数量，而不是提升投资业绩。这样就在激励机制上产生了错位，也就是数据中介并不会以作为数据使用者的客户价值最大化为目标。只要另类数据的费用结构是基于覆盖率指标而不是投资业绩指标，那么这个激励不当的问题就会始终存在。

其次是数据汇总产生的错误。开发另类数据产品是一个资本密集的研发过程。节省成本方面的考虑会让企业规避一些技术性难题，由此就给下游的使用者带来错误。一些关键步骤中的错误有可能导致另类数据产品精度有限。另外，大多数数据中介机构的技术和方法是客户无法检验的黑箱，这样因为透明度的缺乏而加剧了这方面的错误。

和数据汇总错误相关的一个问题是，因为数据汇总会对数据产生破坏性，所以和原始数据相比，汇总后的数据在获取alpha这个核心目标上可能表现得更差，由此就会降低发现独特投资机会的能力。与此同时，当相互竞争的基金可以共享相似的另类数据产品时，所谓的alpha衰减（alpha decay）的现象就可能会出现。也就是说，这个时候市场针对另类数据的信息效率会提升，从而另类数据的使用者更难以从中发现错误定价的金融资产或是有利的投资机会。

数据服务商

就数据初建商和数据中介而言，它们作为数据供应商的角色在规模和业务范围上存在着很大的差异。在光谱的一头那些知名的金融数据公司，例如彭博（Bloomberg）和埃信华迈（IHS Markit），它们会出售自己的另类数据集，前者的业务包括机器可读的新闻文本，后者则销售和原油运输相关的数据。同时这些公司还会创建我们将在下一节讨论的数据市场（data marketplace），在此提供来自第三方提供的另类数据集。而在光谱的另外一头则是初创的金融科技公司。当然像万事达这样和数据业务没有关联的大型公司也可以成为另类数据的供应商。它们可以把自己业务流程中的遗存数据直接出售给用户。不过在实务中，许多希望把自己遗存数据商业化的公司会和其他数据供应商或咨询公司合作，从而让后者承担数据中介的职能。这些数据中介可以利用自身在处理另类数据方面的专业知识将这些数据出售给资产管理行业中的客户。需要指出的是，内部拥有遗存数据的公司往往主营业务和数据产业无关，因此很多市场上提供另类数据服务的供应商是从外部来获取原始数据，而不是使用自家公司的遗存数据。

自2010年以来，另类数据供应商就以越来越快的速度在增加。来自Alternativedata.org的数据显示另类数据服务商的数量增加很快，如图2.8所示。在这些另类数据服务商中，Greenwich Associates（2018）对另类数据服务商的品牌知名度进行了调查，受访者的反馈如图2.9所示。这份几年前的调查显示，排在首位的是纳斯达克拥有的Quandal，它是一家收集和销售另类数据集的公司；紧随其后的是出售自己卫星图像数据集的Orbital Insight；接下来的是作为数据侦探公司的Neudata；[22] 然后是基于网页数据提供数据服务的Thinknum。从这个排名可以看出，知名度最高的另类数据服务商在其主营业务上存在着明显的差异。

图2.8　另类数据服务商的数目

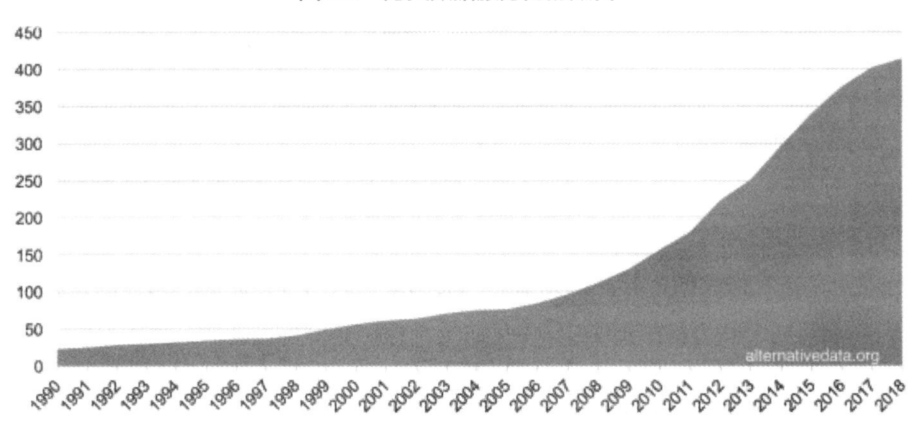

资料来源：Alternativedata.org（https://alternativedata.org/stats/）。

22　第五章将讨论数据侦探（data scout）的功能。

图2.9 另类数据的品牌

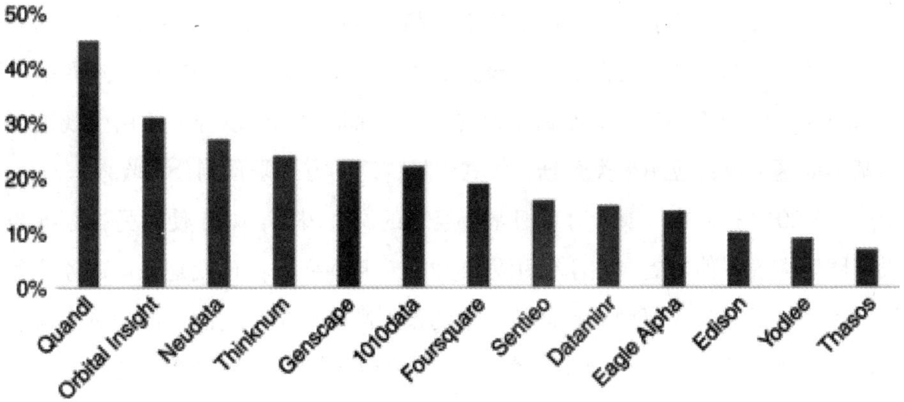

50%
40%
30%
20%
10%
0%
Quandl
Orbital Insight
Neudata
Thinknum
Genscape
1010data
Foursquare
Sentieo
Dataminr
Eagle Alpha
Edison
Yodlee
Thasos

资料来源：Greenwich Associates （2018）。

数据使用者

Bollen et al. （2011）发表了一篇开创性的论文，他们使用推特上推文来预测道琼斯指数每日波动，结果精确度达到了87.6%。虽然那个时候还没有出现“另类数据”这个名词，但是相关话题已经在学术圈和对冲基金行业中受到关注。从那个时候开始，量化对冲基金就是另类数据的主要应用者。Kamel（2016）就指出，一开始只有大型的银行和对冲基金才能负担得起推特上的情绪数据，因为推文的年度采购成本约为150万美元左右。当然需要指出的是，一些顶尖的量化基金很早就开始应用另类数据了，Zuckman（2019）很早就讨论了业内著名的量化基金——文艺复兴科技（Renaissance Technologies）多年以来如何在投资中一直应用非传统的数据。

通常我们会认为采用量化策略的对冲基金是使用另类数据的最大用户。但是对于强调算法的量化基金来说，历史数据不足、覆盖范围小以及不规则性这些问题都限制了另类数据的使用。虽然量化基金在另类数据使用上的方法论并不很成熟，但是它们通常会把另类数据和传统数据结合在一起。例如，Du et al.（2020）就表明一些采用另类数据的基金会使用类似于主成分分析（principal components analysis/PCA）或者隐含马尔可夫模型（hidden Markov model/ HMM）

来预测盈余质量，进而针对市场方向的变化进行交易。

随着另类数据供应商在产品的成熟度和一致性方面做得越来越好，使用另类数据的量化基金数量也在增加。根据Eagle Alpha（2018）的报告，这些基金的数量从三年前不到10%增加到今天的80%。除量化基金以外，使用主观策略的基本面基金也会应用另类数据，[23] 其中最普遍的方式是预测公司收入。Eagle Alpha（2019）做的一项针对顶级基金经理的调查表明，对于使用另类数据的投资团队来说，他们更倾向于使用另类数据对基本面指标也就是公司财务信息进行预测。不过收入模型对验证数据集的预测准确性是合适的，但是对于构建获取alpha的投资策略来说则存在着不足。更恰当的方法是从利用另类数据来给收入建模转向更为全面地使用另类数据。

Lipuš/Smith（2019）指出，2017年使用基本面策略的基金经理对另类数据的兴趣激增，但是量化基金使用另类数据的步伐迈得更大。他们认为导致二者之间差异的原因主要是基金运营方面的问题。相比于量化团队，基本面基金在另类数据的技术和基础设施存在着不足，因此它们在开发另类数据方面就更具挑战性。毕竟，评估、处理、确保合规以及获取数据的任务需要对现有流程进行全面审核，这是一项重大的组织挑战。

五、数据市场

近些年来，资产管理机构在另类数据上的投入快速增加，从2016年的2.32亿美元增长到2020年估计接近20亿美元，如图2.10所示。目前数据交易基本上通过私下协议方式进行。在这种情况下，数据定价通常由供应商决定，而且

23　国内投资圈通常所说的主观基金、主观策略或者主观投资，英文是discretionary fund或者discretionary investment management。根据投资百科（www.investopedia.com/terms/d/discretionary-investment-management.asp）的定义，主观投资是一种投资管理形式，其中客户账户的证券交易决策是由投资组合经理或者投资顾问做出的。“discretionary”在中文的翻译是“相机抉择”或者“自由裁量”，这里的意思就是说投资决策完全由投资组合经理自行决定，因此客户就必须对投资经理的能力具有最大的信任。

它们并不会向买方提供有关收集、处理和打包数据的成本。根据Heckman et al.（2015）的看法，这种信息不对称会导致定价缺乏透明度，进而会伤害到买卖两方。数据服务商无法在市场上以最优价格定价，而数据需求方则无法从战略上评估数据服务商给出的价格，因此Heckman et al.（2015）就认为更具结构化的数据市场可以改善各方的福利，在这样的市场中存在着标准化的定价模型。

图2.10　资产管理机构购买另类数据上的支出总额

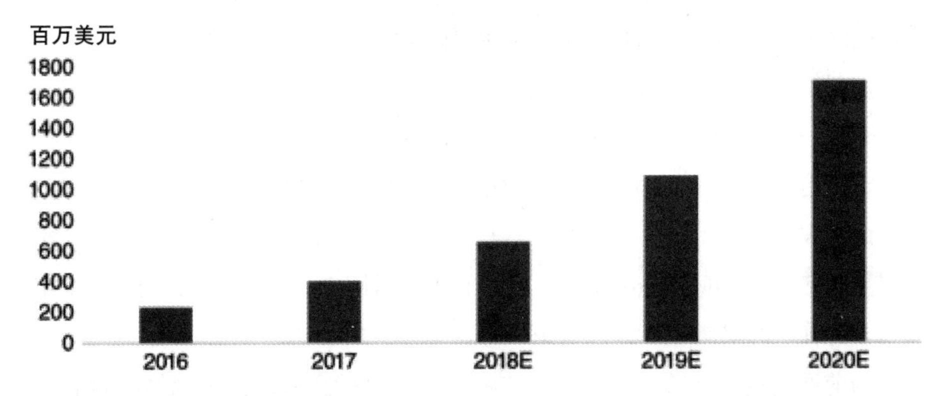

资料来源：Alternativedata.org（https://alternativedata.org/stats/）。
（具体数据：2016/2.32亿，2017/4亿，2018/6.56亿，2019/8.88亿，2020/17.08亿美元）

这些年来数据市场已经开始出现了，尽管离采用标准化模型还很远，目前这个领域还几乎没有太多的监管。数据市场本质上是一个交易平台，在这个平台上，数据买家和卖家相互连接，买卖数据。数据市场通常包括三个主要参与者：数据买家、数据卖家和平台所有者。数据卖家向数据市场提供数据并设定相应的价格，数据买家购买所需要的数据，平台所有者充当买家和卖家之间的中介，它们有时还与卖家协商定价机制并管理数据交易。通常市场所有者将从卖家那里获得补偿。

从使用者的角度来看，数据市场可以帮助简化过程。通常情况下，数据平台允许用户通过通用API访问数据，从而让后者更容易地浏览来自供应商的数据集。这样，数据用户只需签署一组合同，而不必在与每一家数据供应商就单独的保密协议和法律协议进行谈判。因此获取数据的过程可能会更快。用户还可以从数据市场得到其他服务，例如对数据集的研究或者是数据分析的工具。

随着大数据的发展，数据本身也越来越被视为一种资产，数据市场的数量也在不断增加。数据市场通常会和云服务集成在一起，在上一节中我们已经介绍了一些提供数据市场服务的机构。根据Yu/Zhang（2017）和Muschalle et.al（2012）的分析，数据市场定价模型可分为以下几个类型：

- 免费模式（free model）：数据服务是免费的。
- 免费增值模式（freemium model）：数据用户可以免费获取有限的数据，同时为高级服务付费。
- 打包模式（packaging model）：数据用户以固定价格购买一定数量的数据。
- 使用付费模式（pay-per-use model）：也称为计量服务模式（metered service model），用户根据使用情况为数据服务付费。
- 固定费用模式（flat-fee model）：数据用户定期支付费用，从而获得对数据服务的无限制访问。
- 双重收费模型（two-part-tariff）：用户首先支付固定的基本费用，当使用量超过预先确定的限额时需要支付额外费用。

当前通过数据市场（以及私下交易）获取的另类数据在可信性或者说真实性上依然存在着问题。像天气或者宏观经济数据这样的数据可以通过多个数据源进行验证，但是对于很多独特的另类数据集而言，我们无法做这样的检验。因为存在可信性的问题，所以将这些数据纳入决策过程将更加困难。为了维护市场的信息，现在已经有人提出使用区块链技术作为解决方案。区块链数据具有不可更改的、可审计的和完全可追踪的特性，但是如何运作区块链依然没有清晰的答案，因为在当前运营的区块链项目中依然存在着困难。速度和延迟时间以及数据量有限都是需要考虑的问题。现在的一个解决方案是在区块链中仅保留元数据，同时在独立的数据存储中维护大数据，但是这种想法仍在试验中。目前已有一些数据交易平台应用了区块链技术，例如海洋协议（Ocean Protocol）和物联网协议（IOTA protocol）等，[24]用户可以通过付费链接到世界各地的传感器并接收实时的流数据。这将是未来一个不断发展的领域，一旦区块链技术从炒作声浪站稳脚跟，那么我们就会看到更多把另类数据和区块链技术

24　海洋协议官网是https://oceanprotocol.com/，物联网协议官网是www.iota.org/。

相结合的应用。

总而言之，目前数据供应商大多采用价格歧视的方式向客户销售数据，也就是根据从市场中收集的信息，供应商通常根据每个客户的购买能力进行定价。但是对于供应商而言，它们面对的信息是不完美的，因为很难收集到关于客户的详细信息，这样在实现收入最大化的任务方面就表现得一般。这种收入管理困境在很多其他行业中也看得到。为了应对这一难题，很多厂商会不断更新定价模型，从而提高获取收入的效率。例如，Uber会根据大量信息实时调整价格，从而通过峰时定价（surge pricing）以实现收入最大化。最后，数据市场提供了一套理想的功能，在这个平台上，数据集的价格可以在所有客户之间实现一致。但这真的是数据供应商实现收入最大化的方法吗？后面我们将在第6章中继续讨论这个问题。

六、创新到哪里了

美国传播学家Everett Rogers （1962）提出了创新扩散（diffusion of innovation）的思想。基于对创新的接受程度，他把一个社会系统中的个体划分为五种不同的类型：

- 创新者（innovators）：愿意承担风险，拥有最高的社会地位，财务自由，和科技力量以及其他创新者互动最为密切，风险承受能力最强，从而可以采用最终可能失败的技术。
- 早期接受者（early adopters）：在接受者类型中，他们具有最强的意见领袖能力；他们具有较高的社会地位，财务自由，与创新者相比，他们在接受创新方面更为谨慎，同时会采用明智的态度从而在沟通中保持核心的地位。
- 早期多数跟进者（early majority）：在后来的不同时点他们会接受创新，但是比创新者和早期接受者要晚很多，这个群体的社会地位高于平均水平，和早期接受者有沟通，并且很少在一个社会系统中担任意见领袖。
- 后期多数跟进者（late majority）：在普通人之后他们会接受创新；这些人在面对创新的时候持有高度怀疑的态度，并且在社会大多数人之后才会接受创新，这些人的社会地位低于平均水平，基本没有财务自由，他们之间以及和早期多数跟进者之间有交流，但是几乎没有意见领袖能力。

- 落后者（laggards）：他们是最后接受创新的人，和前面其他类型不同，这个类型的人没有意见领袖能力，对推动变革者持反对立场；他们往往会强调“传统”的重要性，社会地位最低，财务自由度最低，同时在接受创新的人当中年纪最老，而且只会与家人和密友保持接触。

图2.11表明了Rogers的创新传播法则，它具有一条正态分布的钟形曲线以及一条S形曲线。钟形曲线的部分刻画了在面对创新时不同类型人群接受的比例；而S形曲线则表明随着时间的推移，在整个社会中接受创新的人群份额，它最终达到饱和水平。

图2.11　创新传播法则

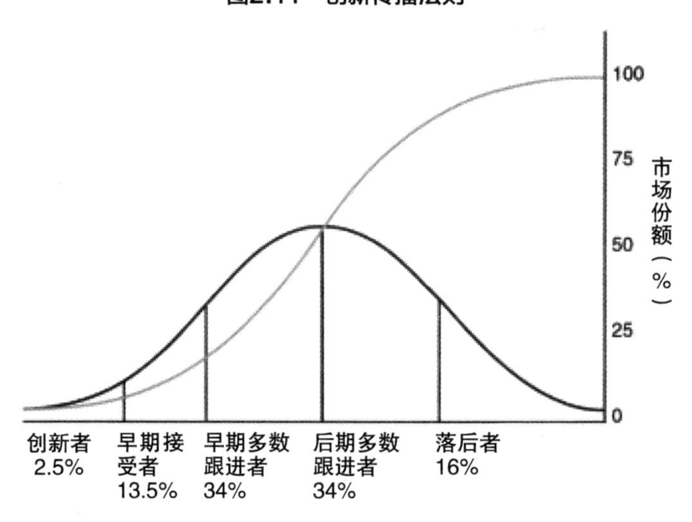

资料来源：https://en.wikipedia.org/wiki/Diffusion_of_innovations.

美国管理学家Geoffrey Moore在1991年撰写了《跨越鸿沟：将颠覆性产品卖给主流市场》一书，把Rogers的创新传播过程拓展为技术采用生命周期（technology adoption lifecycle），它根据技术采用者群体的人口和心理特征的社会学模型，描述了采用或者接受创新的人群随时间推移发生变化的过程。Moore指出，在技术采用生命周期（adoption cycle）中最困难的部分是从更富理想色彩的早期接受者转向更务实的早期主流接受者，在这里技术采用需要“跨越鸿沟”，图2.12表明了这个观点。

图2.12 技术采用生命周期

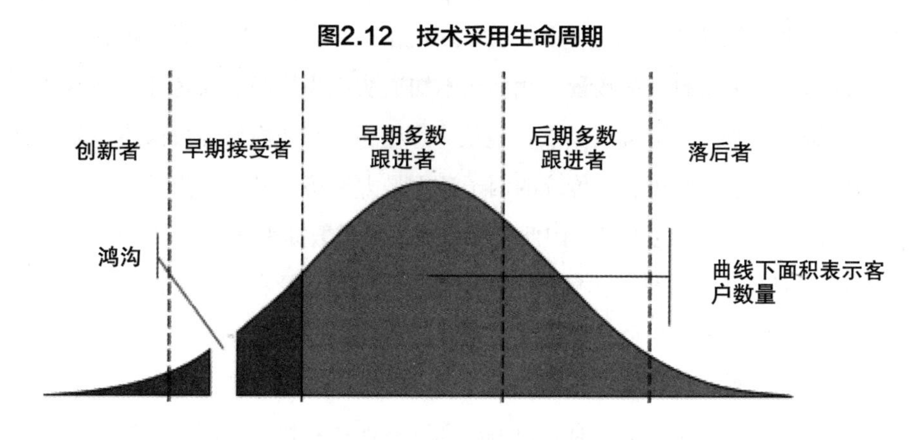

资料来源：https://commons.wikimedia.org/wiki/File: Technology-Adoption-Lifecycle.png

Rogers-Moore的分析框架在科技初创企业中广为人知，但是在资产管理行业中则较少被关注，但是他们的思想对于后者也同样适用。现在美国最具创新思想的量化经理积极地寻找和应用另类数据，但是还有很多量化经理会依赖于过去常用的因子，虽然他们会比过往更加关注因子的拥挤性以及资产的流动性。所以就目前资产管理行业使用另类数据的情况来看，业界的看法有所不同。

ExtractAlpha公司首席执行官Vinesh Jha （2019a）就认为整个资产管理行业在另类数据应用上处于鸿沟的边缘，但是尚未跨越鸿沟。另外一家大数据公司——Neudata的首席执行官Rado Lipuš和研究部主管Daryl Smith （2019）也持有类似的看法。根据McPartland （2017）的一项调查，80%的买方受访者希望采用另类数据作为其流程的一部分。尽管开发另类数据的队伍仍在不断壮大，但是取得重大进展的机构并不多。现在大多数另类数据的创新者和早期接受者会使用量化投资策略，而且这些基金基本上在美国，欧洲基金的比例很小，而亚洲基金的占比就更低。

在Jha （2019a）看来，另类数据尚未得到广泛应用有几方面的原因。首先是技术上的，要找出哪些另类数据有用并且从中能够获取alpha目前来看还不是一件容易的事情。Willmer（2017）就指出，对于资管规模达到数万亿美元的资产管理公司而言，它们获得的收益只有很小一部分是从机器学习中获得的。Eurekahedge（2017）也指出基于人工智能的基金很少，因此无法知道这些新技术可否带来优异的表现。Hope（2016）给了一个经典的案例，从卫星图像统计沃尔玛停车场的汽车数量，我们还不知道从这些数据中到底可以获得多少传统数据无法捕获的alpha。其次，他认为那些还没有拥抱另类数据的基金经理认为价值、动量、反转这些传统的因子还不是太拥挤，或者这些经理在这些因子上的赌注还有很大的差异，因此就无需使用另类数据来增加收益。最后，Jha（2019a）还给出了一种行为解释，这就是投资圈内广泛存在的羊群效应。就像投资者偏好投资大型基金，尽管大型基金相比创新基金表现不佳；或者是卖方分析师在做预测的时候更愿意随大流，而不是给出大胆但是可能事后证明错误的预测；基金经理在投资的时候也偏好和同行保持一致，这样大家就会一起犯错。这样在应用另类数据方面，对于某些基金经理而言最好的选择是不接受另类数据，因为这些数据的历史记录短，不仅难以给外部的客户解释，而且还要面对内部复杂的行政流程。

Lipuš/Smith（2019）强调了大型资产管理公司在应用另类数据时所面临的内部流程障碍，由此给研究团队提供测试数据就要花费很多的时间。他们指出，在投资过程中纳入新的数据集需要以下几个步骤：

（1）对新数据供应商进行尽职调查；

（2）签署测试数据的法律协议；

（3）得到法务合规团队的批准。

对于一家创新对冲基金而言，这个过程可能只需要几天或者几周的时间，但是对于一家不大关注数据以及组织效率较低的资产管理公司而言，这就可能需要几个月的时间。类似的观点也出现在《金融时报》记者Fortado et al.（2017）撰写的报道中。

Denev/Amen（2020）还指出了在资产覆盖范围方面的问题。例如，很多基金会通过投资很多资产来分散投资组合。作为文本资料的财经新闻可以涵盖很多资产，但是像卫星图像这些数据集就只能应用给很少数的资产。这样基于卫星图像的投资策略所使用的资金量就很有限，由此就变成所谓的“低容量”（low capacity）的策略。对于大型资产管理公司而言，即使低容量策略可以在风险调整后获得更高的收益，它们通常也是把资金部署到大容量的策略上。

德勤的Henry/Dannemiller（2018）则持有相对更加积极乐观的态度。他们认为另类数据在业内的应用处于早期多数跟进阶段中的临界点。沿用Rogers的五类群体的分类，他们讨论了资产管理业者对采用另类数据的态度，如图2.13所示。

创新者

对冲基金一直处于采用另类数据的前沿。早在2008年就有对冲基金开始将社交媒体情绪数据应用到投资过程中。[25] 在Bollen et al.（2011）发表了推特情绪对股市影响的论文之后，受此启发，英国就有对冲基金就此推出了首家“推特基金”。[26]

早期接受者

通过和数据供应商的交流，Henry和Dannemiller认为投资管理行业已经进入早期接受者阶段。根据Opimas创始人Marenzi（2017）的估计，到2020年资产管理公司在另类数据上的总支出可能会超出70亿美元。很多另类数据服务商的客户群都从对冲基金扩大到多头基金，同时一些基本面基金也开始使用另类数据作为补充数据来验证投资假说，从而加速了另类数据在业内的扩散趋势。

25　这家对冲基金叫MarketPsy Long-Short Fund。现在这家基金已经改为MarketPsych，并且把主营业务调整到数据销售、量化研究和咨询，参见www.marketpsych.com。

26　参见Wieczner（2015）。

早期多数跟进者

Faulkner（2017）表明美国几家主要的资产管理公司成立了使用另类数据的科学研发团队。这些公司是早期多数阶段的领头羊，同时带领着整个行业跨越另类数据采用的鸿沟。他们的策略是在技术成熟之后同时面临因为延误而导致战略风险之前采取行动。因为另类数据种类非常繁多，这样资产管理公司对于另类数据的选择在很大程度上就依赖于交易策略以及资产的持有期长。

后期多数跟进者和落后者

一些传统的大型投资管理公司出于不熟悉、怀疑以及风险的考量而推迟使用甚至是拒绝使用另类数据。这些公司可能会因为延误而面临着我们在第四章第四小节讨论的定位风险、执行风险和结果风险。

图2.13 另类数据采用曲线

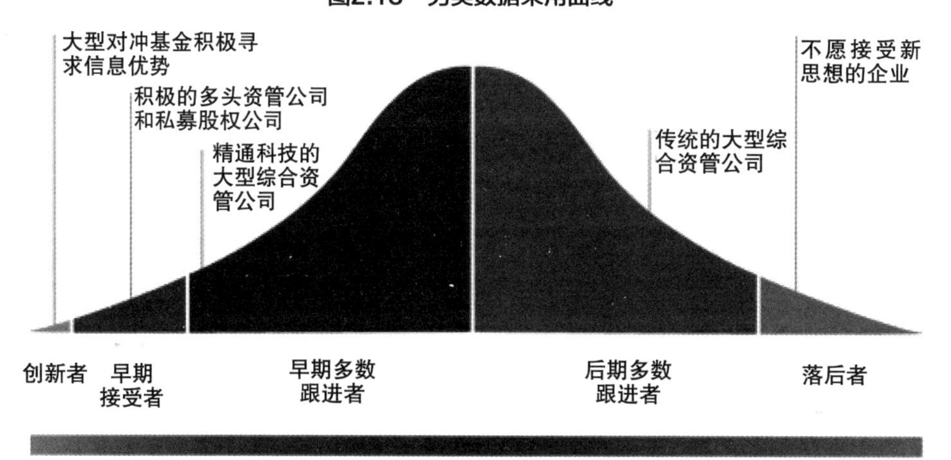

资料来源：Henry/Dannemiller（2018）。

第三章

另类数据的分类

对另类数据源进行分类是一项富有挑战性的任务。首先，数据供应商提供的产品描述信息往往不一致或者不完整，也可能与资产管理目的的关联性不足。其次，另类数据可能是复杂和多面的，我们不大容易把另类数据描述为某一特定类型。传统数据，例如股票分笔数据（tick data）、股价数据或基本面数据就比较简单，而且也更容易定义。

因为在另类数据上存在着供应商和使用者（主要是资产管理公司），所以我们可以分别从这两者出发讨论另类数据的分类。

一、基于数据供应商的角度

近些年来，另类数据集在不断增加，而且随着时间的推移，这个趋势可能还会加快。根据Neudata的统计数据，图3.1表明当前可供选择的另类数据集大约有1,000多个。

图3.1　每年发布的商业化另类数据集

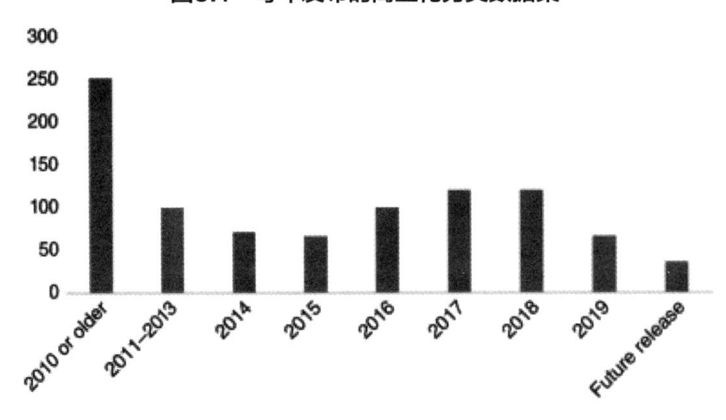

资料来源：Denev/Amen（2020）。

站在数据供应商的角度进行分类，最常见的就是根据数据源进行分类。从这个角度来看，我们大体上可以把另类数据分为个人、机构和传感器三大类。摩根大通的分析师Kolanovic/Krishnamachari（2017）撰写的报告《大数据和人工智能策略》以及Denev/Amen（2020）合著的《另类数据之书》都采用了这个分类方法。[1]

个人

来自于个人的数据大部分是具有非结构化特征的文本资料，它们主要来自于线上的平台，包括在各种社交媒体上留下的帖文、在各种电商平台上留下的评论，以及在网络上留下的搜索和个人信息等。

机构

这里的机构具有广泛的含义，包括公司这样的商业组织，也包括政府以及各种社会组织。就公司数据而言，它们往往是业务流程的副产品，也就是我们前面所说的遗存数据，比如银行账单、超市小票、物流信息等。和个人生成的数据不同，公司业务流程生成的数据通常具有结构化特征。这些数据通常可以用来预测公司的财务指标，因为它们的频率要远高于公司财报的频率。政府以及各种社会组织也可以产生业务流程的数据，比如工商、税务、住房、婚姻等记录。

传感器

我们日常生活中使用的很多设备都有传感器，同时这些设备又可以通过有线或者无线的方式实现互联互通。传感器生成的数据通常也具有非结构化特征，而且其规模要远大于个人和机构生成的数据。我们前面看到的卫星图像实际上就是传感器生成的数据。传感器的普及导致了物联网（internet of things/IoT）的发展，后者将微处理器和网络技术嵌入到我们社会和经济生活的方方面面，由此带来了无止境的想象力和机会。

需要指出的是，以上的分类并不是排他的，它们中间存在着交叉。比如个人通过信用卡进行消费，由此得到的消费数据是个人生成的，但是发卡机构把

---

1 这种分类方法延续了Kitchin（2015）以及联合国报告（United Nations, 2015）在非金融背景下对大数据的分类方法。

它们储存起来就成为了企业数据。再比如我们走路的时候通过手机记录我们的地理位置，这些数据是个人生成的，但是数据的采集却是通过传感器来实现的。

从这三个基本类型出发，利用现代计算机进行汇总、内插、外推以及应用各种机器学习方法，它们可以衍生出或者相互组合形成新的另类数据。就此而言，这意味着未来另类数据集会无限增长下去。当然按照我们第二章的说法，当社会能够广泛使用这些数据时，它们就不再是“另类”的。从投资角度来说，我们可以把某个另类数据产生的交易信号看作是原始数据进行转换以后得到的新数据。

站在数据供应商的角度，除从数据源的角度进行分类以外，我们还可以从数据收集的角度对另类数据进行分析。首先，收集数据的主体可以是个人，也可以是机构。其次，收集数据的方式可以是手动的，也可以是自动的。当然在现代社会，前者已经比较罕见了。再次，记录数据可以采用数字（digital）方式，也可以采用模拟（analog）方式。[2]

二、两家数据服务商的分类

上面我们讲的另类数据分类是比较粗线条的方式。当然我们还可以根据数据源对另类数据进行更为细致的分类。美国业内两家著名的数据服务商Neudata和Eagle Alpha就采用了这样的方式，下面我们介绍这两家公司的分类方式。

Neudata

在公司的CEO兼创始人Rado Lipuš和研究主管Daryl Smith（2019）合写的文

2　模拟方式记录数据是指采用连续方式而非离散方式记录数据；而数字方式记录数据则是使用二进制这种离散方式进行记录，此时数据用比特组来表示。相比模拟方式，数字方式的优点就是准确快速，可以重新编程，并且输出不易受外界干扰。

章中，他们将另类数据分为20种不同的类型，如图3.2所示。

图3.2　另类数据类型

资料来源：Lipuš/Smith（2019）。

按照英文字母排序，这20种另类数据的简介如下：

（1）众包（Crowd Sourced）

从大量贡献者那里搜集的数据，通常是通过社交媒体和智能手机。

（2）经济（Economic）

和特定区域经济有关的数据，例如贸易量、通货膨胀、就业率或者消费支出等。

（3）环境、社会和公司治理（ESG）

帮助投资者认识不同公司环境、社会和公司治理风险的数据。

（4）事件（Event）

任何让股价敏感的事件数据集，例如并购、特别处理（ST）等。

（5）金融产品（Financial Products）

任何和金融产品相关的数据集，例如期权定价、隐含波动率、ETF或者结构化产品数据。

（6）资金流（Fund Flow）

任何和机构或散户投资活动相关的数据。

（7）基本面（Fundamental）

来自专属分析技术并且和公司基本面相关的信息。

（8）物联网（Internet of Things）

来自互联物理设备的数据。

（9）地理位置（Location）

来自智能手机的位置数据。

（10）新闻（News）

来自新闻的数据，包括新闻网站、新闻视频或者公司公告供应商提供的数据。

（11）价格（Price）

来自交易场所内外的价格数据。

（12）调查和民调（Surveys and Polls）

通过调查或者问卷搜集的数据。

（13）卫星和无人机（Satellite and Drone）

通过卫星、无人机或者其他空中设备搜集的数据。

（14）搜索（Search）

来自或者包含互联网搜索的数据。

（15）情绪（Sentiment）

通过自然语言处理（NLP）、文本分析、音频分析或者视频分析等方法获得的数据。

（16）社交媒体（Social Media）

通过社交媒体搜集的数据。

（17）商品交易（Transactional）

通过发票、银行对账单、信用卡等方式获得的数据。

（18）气候（Weath）

通过和气候相关数据源（例如地面气象站或者卫星）获取的数据。

（19）网页抓取（Web Scraping）[3]

3　我们通常也把“网页抓取”翻译为“网络爬虫”。

定期从网站搜集特定数据的自动过程得到的数据。

（20）网络跟踪（Web Tracking）

对网站和移动应用进行归档并跟踪网站变化的自动过程所获取的数据，以及对网页访问者行为进行监控所获得的数据。

显然Neudata的另类数据分类也不是互斥的，某个另类数据可能会涉及多个类别。例如现在流行的环境、社会和公司治理（envioronmental, social and governance/ESG）数据就可以具有众包、网络抓取、新闻和社交媒体等数据类型的特征。

Lipuš/Smith （2019）估计目前资产管理公司使用的另类数据源超过1,000个，占比最大的数据源是网络跟踪、网页抓取、宏观经济、新闻、情绪、商品交易，它们加在一起超过了50%，参见图3.3。

图3.3　买方使用的另类数据分类

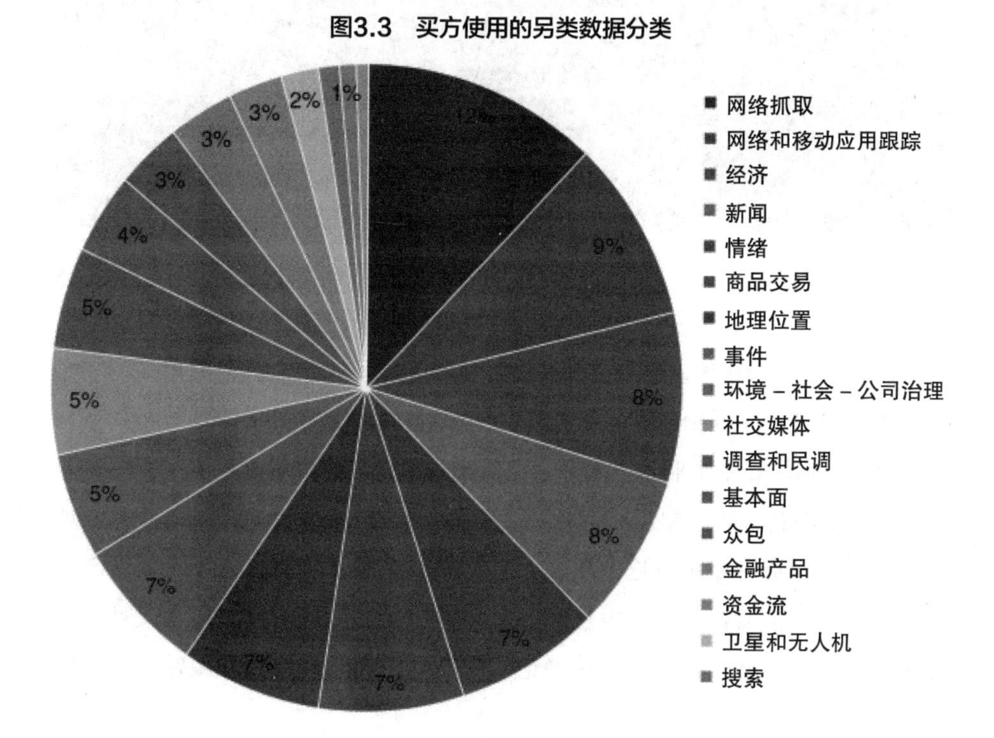

资料来源：Lipuš/Smith （2019）。

Eagle Alpha

和Neudata一样，Eagle Alpha是一个另类数据平台商，它通过数据生成和数据使用二者结合的方式对另类数据进行了划分，由此确定了24种另类数据，参见图3.4。

图3.4　另类数据的分类

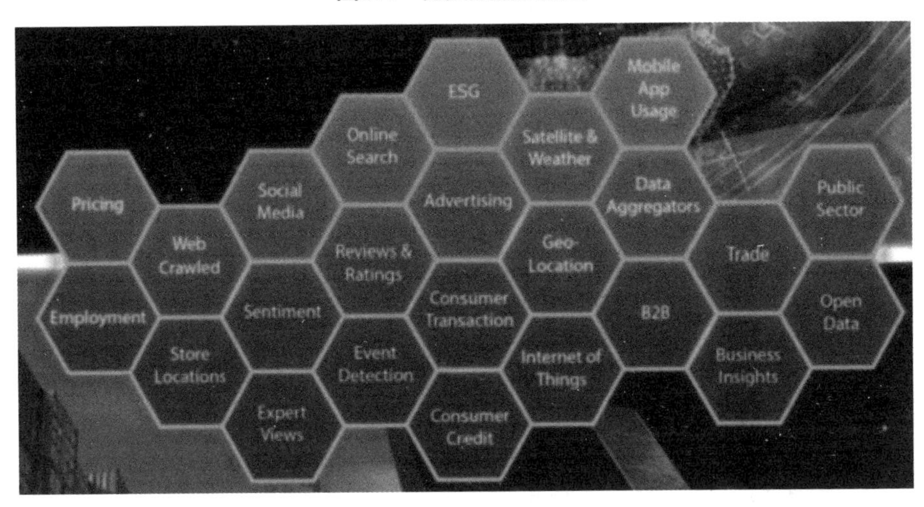

资料来源：Eagle Alpha（2018）。

按照英文字母排序，这24类另类数据的简介如下：

（1）广告（Advertising）

这些数据跟踪了企业在不同平台上的广告活动。这些数据根据网页浏览习惯可以显示消费者的兴趣，从而可以用来跟踪不同类型商品的受欢迎程度。现在还很少有投资者使用过这类数据，它对投资的潜在价值有待开发。属于此类的数据还包括监控图书、电视和线上媒体的数据。这类数据通常只是样本数据，或者是估计数据，而非精确记录的数据，它们可以用来跟踪公司销售业绩。

（2）移动应用使用量和网络流量（App Usage & Web Traffic）

包括在线和移动网络在内的网络浏览流量可以用来估计公司收入。移动应用使用量数据可以跟踪下载次数和使用应用程序的时间，我们可以用它们来衡量社交媒体、手机游戏、电商平台、金融服务、旅游和住宿、软件产品以及其他消费服务和产品的受欢迎程度。使用者在移动应用程序上发表的评论也可以帮助分析师评估产品的成败。需要指出的是，移动应用和网络流量数据波动经常很剧烈，因此在许多情况下消费者的交易数据可以提供更准确的信号。

（3）B2B

这类数据包括可用于供应链分析的数据，例如监控企业层面上的互联网浏览活动和阿里巴巴B2B贸易指数的数据，以及工业原材料、石油合同和钻井特许权等数据。

（4）商业洞察（Business Insight）

为公司提供独特见解的数据，比如跟踪公司间业务连接的数据，跟踪与信贷质量相关的业务活动数据，可以应用机器学习来识别有问题公司的汇总数据，以及企业之间的文本通联数据。

（5）消费信贷（Consumer Credit）

可以显示贷款发放金额、贷款定价、借款人信贷质量和违约水平的贷款数据，这些数据通常更新频率很快（可以到日更新）。跟踪特定国家总体消费信贷质量的数据也属于此类，它们可以用来确定消费信贷周期的势头和拐点。

（6）消费者交易（Consumer Transactions）

这些数据来源很广，它们可以提供商户层面的交易数据（如零售商、航空公司、服务提供商）、产品层面的购买数据（如食品、饮料、电子产品）以及宏观级数据。消费者交易数据通常用于估计季度收入增长，因为可以在公司发布财报之前获得这些数据。长期投资者可以使用消费者交易数据来了解消费者购买行为的趋势。

（7）数据汇总（Data Aggregators/104个数据集）

技术创新可以让某个平台从不同来源收集数据，同时用适合于投资经理的格式来聚合这些数据。数据汇总平台可以挖掘深网，或者是对各种机构发布的通告进行及时分析。[4]还有一些数据汇总平台可以作为数据交易的场所，从而方便使用者购买数据。

（8）就业（Employment）

工作岗位需求可用于评估公司战略和方向、行业增长率以及对特定技能的需求。例如，一个这样的数据集可以跟踪企业员工的变化，从而帮助识别员工流失率高的公司或者销售人员激增的公司。

（9）环境–社会–公司治理（ESG）

另类数据可以提供一家公司在环境、社会和公司治理方面的看法。基金经理往往将ESG指标用于三个目的：（1）评估对投资组合风险和回报的影响；（2）更早地识别风险；（3）将一些公司可持续性议题作为alpha的驱动因素，例如低碳、清洁能源和水、医疗保健和教育、可持续供应链等。ESG标准可以通过各种数据类别进行监控，包括社交媒体、卫星、开放和公共数据。此外，跟踪商业投诉、商业声誉、员工薪酬和招聘趋势的数据源也很有用。如果不使用另类数据，很难建立一个完整的ESG框架。一些提供ESG数据的供应商还会通过分析工具提供公司ESG评分，而某些数据供应商则提供特定的数据，从而让研究员能够专注ESG的某个因素。随着资产管理公司开始在内部给ESG建立评分体系，这样对特定ESG因素的数据就会有需求。显然ESG和很多另类数据有关，表3.1描述了ESG和另类数据之间的联系。我们会在第8章中对ESG进行更为详细的讨论。

4　深网（Deep Web），又称不可见网或隐藏网，是指互联网上那些不能被标准搜索引擎索引的非表面网络内容。Bergman（2015）将当今互联网上的搜索服务比喻为像在地球的海洋表面拉起一个大网的搜索，巨量的表面信息固然可以通过这种方式被查找得到，可是还有相当大量的信息由于隐藏在深处而被搜索引擎错失掉。绝大部分这些隐藏的信息是须通过动态请求产生的网页信息，而标准的搜索引擎却无法对其进行查找。传统的搜索引擎“看”不到，也获取不了这些存在于深网的内容，除非通过特定的搜查这些页面才会动态产生。于是深网就隐藏了起来。一般认为，深网要比表面网站大几个数量级。

表3.1　ESG和另类数据

环境		社会		公司治理	
因素	数据类型	因素	数据类型	因素	数据类型
气候变化和碳排放 空气和水污染 生物多样性 毁林/森林退化 能源效率 水管理 水稀缺性	事件检测 卫星和气候 贸易 互联网 B2B	消费者满意度 数据保护和隐私 性别和多样性 员工敬业度 社区关系 人权 劳工标准	评论和评级 就业数据 事件检测 情绪 社交媒体	董事会构成 审计委员会结构 贿赂和腐败 管理层薪酬 游说/疏通 政治捐献 吹哨机制	就业数据 网页抓取 情绪 专家观点

资料来源：Eagle Alpha（2018）

（10）事件检测（Event Detection）

这类数据可以对来自主要新闻媒体或社交媒体的突发新闻发出警报，使交易员能够在市场完全消化资讯之前作出反应，其他需要监控的事件包括政府公告、公司公告和气候变化等。

（11）专家观点（Expert Views）

任何行业/专业专家所关心的话题以及情绪变化都可能和一般人群或者新闻中观察到的趋势存在差异。投资者很难对主流博客和论坛中分享的大量信息进行综合评价，而自然语言处理工具可以用来总结这些文本中的情感和关注的话题。

（12）地理位置（Geo-location）

来自移动设备的位置数据可以提供访问趋势的信息。这类数据应用的行业有游乐场、零售商、餐厅、酒店、旅游、交通和房地产。除观察步行交通外，这些数据还可用于确定促销活动和天气事件的影响。此类数据供应商是从移动应用所有者、蓝牙标识和传感器接收位置数据的。

（13）物联网（Internet of Things）

这类数据来自互联网连接设备。传感器提供有关交通的数据，可以用来度量房地产经济或者跟踪仓库配送中心周围的活动，可以提供农作物健康信息，还可以跟踪石油和天然气管道中的流量。随着更多不同类型传感器的应用，它们提供的各种数据将会急剧增长。

（14）在线搜索（Online Search）

这类数据是由搜索引擎收集的关于搜索词频率的数据。谷歌和百度是全球最大的搜索数据供应商。许多学术研究表明，在线搜索量的数据可以作为经济活动的指标，也可以作为消费者对产品或相关议题感兴趣的指标。这些研究表明，搜索指标最好是由一篮子术语的数据构建的，而不是单个或者少量术语。

（15）开放数据（Open Data）

大量的数据正在成为开放数据。综合知识档案网络（Comprehensive Knowledge Archive Network/CKAN）就是一个非盈利的开放数据注册平台。CKAN准备数据并提供对数据的访问，从而使人们更容易发现并且使用数据。CKAN数据管理平台正被世界各地的许多政府、组织和社区所使用。与投资者相关的公开数据范例包括：

- 开放充电地图（Open Charge Map），它允许用户访问电动汽车充电站位置的数据。
- 时光机（Wayback Machine），它提供了互联网页面的历史存档，可以帮助网页抓取去回填历史数据。
- 全球事件、语言和语音数据库（Global Database of Events, Language and Tone/GDELT），项目以纸质、广播和网络形式，以超过100种语言，持续记录来自全球几乎所有国家每个角落的新闻媒体，并提供新闻媒体内容的历史档案。

（16）定价（Pricing）

它们是面向企业和消费者的商品和服务价格数据，现在可以更容易获得。这些数据可以提供有关企业收入和行业竞争的新见解。现在我们可以利用网页抓取的价格数据来替代通货膨胀的信息。这类数据还包括房地产销售和租赁的数据。

（17）公共部门（Public Sector）

这一类数据主要是指政府机构发布的数据，它们可用于衡量社会和经济活动以及行业动态。这些数据通常没有很好的索引，而且体量很大，处理起来很麻烦。正因为如此，才有可能找到还没有反映在金融市场中的信息。

（18）评论和评级（Reviews and Ratings）

线上发布的产品和服务评论可以用来分析公司评级的变化。大量的学术研究表明，消费者相信在线评论，而好评通常会导致销量增加。同时，负面评论和投诉过多预示着企业管理不善。手机评论数据可以用来了解消费者对诸如手机银行、线上券商等移动应用服务的满意度。

（19）卫星（Satellite）

它们可以用于跟踪矿山、建筑工地、工厂和零售场所的活动，特别是在缺乏即时信息的发展中国家。卫星数据也可以用来估计石油和天然气的库存和产量，同时它们能够较为准确地预测农业收成的质量。除卫星外，无人机图像的使用频率也在提高。

（20）情绪（Sentiment）

根据情绪和新颖性对新闻提要和社媒贴文进行打分是当前一种在投资圈很流行的数据源，特别是对于量化基金而言，因为它们有相对较长的历史和稳定的时间序列结构。情绪评分可以应用于投资者评论、消费者对产品和品牌的态度或者是新闻提要。除将文章和政府机构或者上市公司等实体关联起来以外，情绪数据供应商还可以提供与主题新颖性、相关性、价格影响相关的分数。这些数据可以用于多因子模型，也可以特别用于动量和反转交易策略。

（21）社交媒体（Social Media）

来自社交媒体平台的数据可用于分析消费者趋势、产品发布情况、品牌知名度、客户满意度、产品促销、社会和政治动向以及企业和客户参与度等。在社交媒体上与某个品牌关联的人越来越多预示着这个品牌会有良好的销售业绩，进而预示未来股价会上扬。

（22）门店位置（Store Locations）

跟踪门店位置可以深入了解企业成长和战略，尤其是跟踪门店营业和促销活动时的表现。门店位置数据也可用于评估待建区域的市场规模和市场饱和度。

（23）贸易（Trade）

宏观资产交易的投资经理会利用另类的贸易数据来估计国际收支、洞察大宗商品市场趋势、了解国家竞争力的变化以及判断不同国家和地区消费实力的强弱。我们可以用贸易数据来衡量其公司产品销售额，进而分析供应链的活动。我们还可以使用贸易数据来衡量运输公司和港口的商业活动。

（24）网页抓取（Web Crawled）

网页抓取是通过计算机程序从公开网址获取信息，以此来汇总价格、社交媒体、评级/评论、就业和存储位置等数据的方法。网页抓取可用于监控公司网站的变化，比如某些产品线的变动、博客活动的增加、促销活动等。网页抓取数据可以在内部收集，也可以从专业的服务商中获取。

一些另类数据的优点和缺点

前面我们介绍了各种不同的另类数据，这些另类数据各有自己的优缺点，这里我们用通用表格的形式对这些数据集做一个简单的介绍。

表3.2 另类数据概览

A.网络流量和应用使用

概览	• 访问某个网站的用户数、下载次数、人口统计和使用情况统计 • 可以用来了解公司业务的进展情况，或者了解公司业务的流行程度 • 可以用于预测拥有网站和应用程序的公司盈利
优点	• 可以掌握一些财务报表中不包含的关键绩效指标，例如访问次数和下载次数 • 时间延迟在几天之内，因此数据非常及时
缺点	• 无法直接形成对销售额的预测，网页访问量大或应用程序使用量大并不意味着更高的销售额或盈利
典型供应商	• 网络流量：SimilarWeb、Comscore • 应用使用量：App Annie、TalkingData、贵士移动（QuestMobile）

B.网页抓取

概览	• 从网上自动收集公开信息，并汇总成为一个有用的数据库用于投资 • 主要用于比价网站、求职网站、社交网站、公司网站和电子商务网站
优点	• 可以收集大量定性的信息，并且对其进行量化评估 • 有助于分析师的桌面研究
缺点	• 很多网站已经禁止了网页抓取，所以需要考虑合规性 • 由于数据是免费和公开的，因此原创性较差 • 网页的布局可能会发生变化
典型供应商	• YipitData、天灏资本（TH Data Capital）、Thinknum

续表

C.社交网站/情感

概览	• 利用社交评论和网络信息分析用户情绪 • 主要覆盖消费类公司
优点	• 了解消费者的兴趣以及目标公司或产品品牌是如何运作的 • 尤其适合了解某些事件（例如发布的新广告）的短期反应 • 覆盖范围广泛
缺点	• 由于数据是免费和公开的，因此原创性较差
典型供应商	• 众测（Estimize）、DataMinr、市场心理（MarketPsych）

D.问卷调查

概览	• 来自调查的数据 • 主要研究消费者的品牌偏好和消费行为
优点	• 可以设计调查问卷并收集客制化数据 • 不仅可以收集定量信息，如果需要还可以收集定性信息
缺点	• 需要征得调查者的同意，并且征求不同领域专家的意见 • 寻找愿意参与调查的人比较困难，由此带来不平衡的面板数据 • 定期调查费用较高，所以常以不定期的方式进行
典型供应商	• Prosper Insights & Analytics、J Capital Research、市民科学（Civic Science）

E.消费者交易数据

概览	• 通过销售终端（POS）、信用卡和电邮收据等数据，可以了解产品的销售情况和定价、企业盈利和行业发展的短期趋势
优点	• 最常用的、最富有洞见的以及最为准确的另类数据 • 可以形成更大规模的面板数据集
缺点	• 覆盖范围往往局限于B2C公司
典型供应商	• 信用卡：Yodlee、Second Measure、Mastercard • 电邮收据：Edison Trends、Rakuten Intelligence、Superfly

F.新闻文本

概览	• 通过媒体的新闻信息，了解诸如并购这样的公司事件，同时提取市场热点话题和商业交易信息
优点	• 覆盖范围广泛 • 把定性的新闻信息转换为定量的信息 • 了解日内行情 • 不仅对股票有用，对外汇和利率也有用
缺点	• 由于数据是免费和公开的，因此原创性较差
典型供应商	• Prattle、瑞文（RavenPack ）

续表

G.地理位置

概览	• 利用地理位置数据，可以分析某一地区的消费行为和物流状况 • 适用于房地产、旅游、交通等诸多行业 • 适用于许多场景，如分析促销或天气对经济的影响
优点	• 数据速度快 • 可以获取非常精细的地理定位数据，例如城市街区
缺点	• 维护高质量、最新的兴趣点和地理围栏数据集需要大量的成本[5 6] • 人们在某个地方的原因会随着时间推移而发生变化
典型供应商	• Advan Research、Placed、Foursquare

H.卫星照片

概览	• 了解粮食生产的进展或人们的出行量，进而可以预测大宗商品市场，或者分析零售业的现况
优点	• 可以分析自然资源，比如石油储罐 • 可以分析全球供应链（物流和航运）
缺点	• 为了生产卫星图像的数据集，需要大量的时间和金钱
典型供应商	• Orbital Insight、SpaceKnow

I.航运数据[7]

概览	• 通过船舶位置和装载信息，可以分析物流和运输
优点	• 覆盖范围广泛（供应链、大宗商品和宏观经济）
缺点	• 通常无法检查运载的商品
典型供应商	• 散装货船：AXS Marine、Kpler • 集装箱货船：Traxens

5　地理围栏（geo-fence）是一种基于地理位置的服务（location-based service/LBS），就是用一个虚拟的栅栏围出一个虚拟的地理边界。

6　在地理信息系统中，一个兴趣点（point-of-interest/POI）可以是一个房子、一个商铺、一个邮筒或者一个公交站点等。每个兴趣点包含名称、类别、坐标和分类这四个方面的信息。

7　法律要求在船舶上安装一种称为自动识别系统（automated identification system/AIS）的传感器，利用自动识别系统分析经济活动是可能的。通常自动识别系统数据包括速度、纬度、经度和船型，除此之外，货船上的自动识别系统还显示了它们运载的商品类型。

三、基于数据使用者的角度

前面我们主要是从数据来源角度讨论了另类数据的分类。在这一节中，我们将从另类数据的使用者角度来讨论分类问题。资产管理行业是另类数据的主要应用领域，对于资产管理公司而言，从投资决策的角度来看大体上可以将数据使用者分为两类，第一类是首席投资官和投资经理，他们决定着每天的交易并进行仓位管理，第二类是量化工程师以及数据科学家，他们会给投资交易提供各种系统化的技术支持。显然这两类人对于另类数据的需求是存在差异的。

从投资经理的角度看，关注零售业的基金经理就会去看和商店销售有关的数据，无论它们是来自于停车场的卫星图像、智能手机中的地理位置还是电子收据或者发票。对于高频量化经理来说，他们会在意社交媒体的帖文以及重要的新闻公告，但是对信用卡交易数据应该就不大关注。我们会看到投资经理们往往更看重另类数据的具体用途。在另一边，量化工程师们则更注重数据的收集和分析方法，后者涉及如何检索数据以及如何处理异常值和缺失值等。这样我们可以给每个另类数据集赋予不同的特性，然后对于投资经理和量化工程师来说，他们关注的焦点会有所不同。

大数据本身有很多的属性（attributes）或者说特性（features），[8]另类数据也是如此。很多不同的另类数据文献，Kolanovic/Krishnamachari （2017）、Quinlan et al. （2017）、Denev/Amen （2020）以及Ekster/Kolm （2020）等，都给出了另类数据不同的属性列表。通过整理，我们得到了表3.3，这就是从使用者角度对另类数据的划分。

8 大数据属性的分析可以参考王宏志（2020）。

表3.3　另类数据的特性

资产类型	投资关联性	价值属性	成本属性	处理阶段	质量属性	技术问题
股票 信用 利率 汇率 商品 房地产 数字货币	广度 宽度 深度 长度 持久度 投资时长	可行性 正交性 原创性 容量 流动性	直接成本 公开性 易得性 稀缺性 可吸收性 合规性	原始 半处理 研报/警示 投资信号	数值问题 表征性 匹配性 一致性 精确性 可信性 透明性	更新频率 延迟性 结构性 可操作性 持续性

首席投资官和投资经理　←→　量化工程师和数据科学家

资料来源：Kolanovic/Krishnamachari （2017）、Quinlan et al. （2017）、Denev/Amen （2020）以及Ekster/Kolm （2020）。

下面我们对表3.3中的另类数据属性逐一讨论。

资产类型

另类数据的第一个属性是它所涉及的资产类型。从最基本的资产配置角度来看，金融资产可以分为股（股票）、债（固收）、汇（货币）、商（大宗商品）、房（房地产）五大类。债市又可以根据宏观和微观的差异分为利率和信用两个子类。近些年来，随着比特币的兴起，数字货币（digital currency）或者说加密货币（crypto-currency）也成为重要的资产类型。当前大多数另类数据涉及的资产类型是股票、大宗商品和信用债。而涉及利率和汇率这两个宏观资产的另类数据则相对较少，这样针对这些市场投资者的另类数据就会特别有价值。

投资关联性

接下来是另类数据集相对于证券投资的一些基本属性或者说关联性（relevance）。首先是覆盖度（coverage），它表明某个另类数据集可以涵盖多少金融工具，以及多少个板块和多大的地理范围。其次是广度（breadth），它刻画了一个数据集在所覆盖金融工具上能够刻画多少特征。接下来是深度（depth），这个属性刻画了另类数据集在金融工具属性特征上的细粒程度。举例来说，某个另类数据集可能涉及资产波动率的特征，但是我们可以从不同维度来讨论波动率，例如历史波动率、隐含波动率和条件波动率等。[9] 需要注意的是，在很多另类数据文献中，会用宽度（breadth）来描述本文这里所讲的覆盖度，同时用广度来描述我们这边讲的深度。但是正如Denev/Amen（2020）所强调的，我们可以用覆盖度和宽度来表述另类数据集的不同属性。接下来是数据集的历史或者说年龄（history/age），显然历史更长的数据更容易对数据集进行回测检验。第五个是持久度（durability），它刻画了数据集针对目标金融工具具有相关性的时间长度。一个数据集的持久性越强，那么投资经理就会有更长的时间来利用其中的投资含义。最后一个是投资时长（investment horizon），它刻画了这个数据集是适合于超高频、高频、短期、中期还是长期投资者。显然这个属性和后面谈到的数据更新频率有关。

在上述属性中，历史和广度是两个重要的维度，图3.5刻画了典型的另类数据在这两个维度上的特征。

价值属性

对于资产管理机构来说，它们采用另类数据最主要的目的就是获取超额回报也就是alpha了。在这方面我们可以总结出另类数据集的一些属性。首先是可行性（viability），最好的情况是一个另类数据集可以产生足够的alpha，进而生成一个独立并且可行（stand-alone viability）的投资策略。这里“独立”的含义是指不需要其他数据的辅助；而“可行”则意味着alpha在经济意义上是可取的。当然这种情况非常少见。大多数另类数据可以产生正的alpha，但是幅度很

9　简单地说，历史波动率（historical volatility）就是从金融资产时间序列的历史数据中计算出来的波动率，通常用历史标准差来表示；隐含波动率（implied volatility）是从金融期权价格中计算出来的波动率，它表示了期权市场对于期权标的未来波动率的看法；而条件波动率（conditional volatility）则是从不同ARCH类模型得到的波动率，它可以用来刻画资产历史的波动率情况，也可以外推来预测未来波动率的变化。

图3.5　一些另类数据集的历史和广度

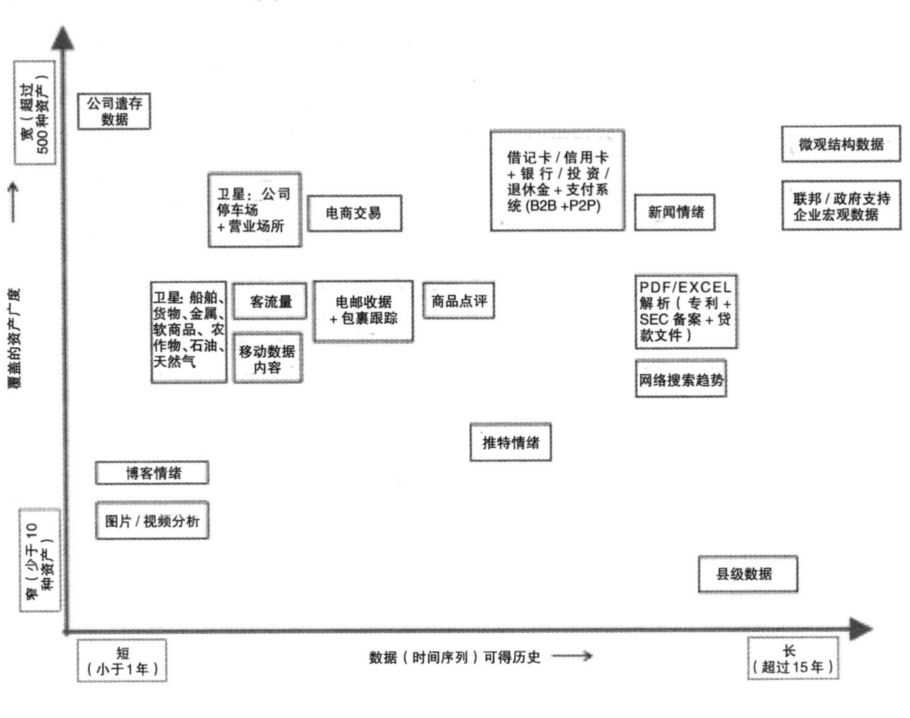

资料来源：Kolanovic/Krishnamachari （2017）

小，对于独立的投资策略来说是不够的。更多的情况是某个另类数据集产生的信号和其他数据集产生的信号可以结合生成一个可行的投资组合，那么我们就说这个另类数据集是组合可行的（portfolio viability）。当然也有可能某个另类数据无法获取alpha。除获取alpha以外，我们还需要评估某个另类数据集中所包含信息的正交性（orthogonality），也就是说这个数据集中的信息是特有的，还是其中的信息可以通过其他数据集来获取。和正交性相关联的一个概念是数据的原创性（originality）或者说唯一性（uniqueness），也就是某个另类数据集和市场已有的其他数据集是否具有相似性，相似程度越低就意味着越独特。我们还需要考虑数据集对于交易策略在容量（capacity）上的含义。所谓策略容量指的就是一个策略所能承载的资金量，当某个策略随着资管规模扩大其收益和风险特征不会或者很少有变化，那么它就是一个大容量的策略，反之就是一个小容量的策略。显然当另类数据具有更高的正交性以及更大的策略容量时，这样的另类数据价值就越大。反之，当另类数据中的信息增量很弱，同时又不能支撑大容量的投资策略时，此时就会产生alpha更快速衰减（decay）的问题。最后是另类数据集所涉资产的流动性（liquidity）。因为流动性会影响到投资回报率，这样当数据集所覆盖的金融资产流动性越好，那么这个数据集的价值也就越高。

成本属性

与价值属性相对应的是另类数据集在获取成本方面的属性。首先就是为采用另类数据所支付的直接成本（direct cost），这包括初始费用（initial cost）和后来持续使用数据的费用（reoccuring cost）。在这个问题上还要注意，有些数据集可以允许用户免费使用一段时间或者是免费使用未经过加工的原始数据，由此增强用户黏性。其次是另类数据的公开程度（publicity），当然这个特性会影响到另类数据的成本。如果某个数据集越为人知，它就越不容易产生一个alpha独立并且可行的投资策略，当然在一个分散投资组合中，这些数据可能还是有价值的。和传统数据集相比，大多数另类数据集的知名度并不高，而且市场中也在不断出现新的另类数据。再次，和公开性相关的一个另类数据特性就是稀缺性（scarcity）。当数据是公开数据集时，它就不存在稀缺性，同时也很容易获取；而如果市场对这个数据集认知度不高，或者客户不多，那么它就越是稀缺。接下来是数据的可得性（availability），这个特性涉及的问题是：数据集是只能销售给特定客户、范围限定的客户还是市场中所有潜在的客户？如果某个另类数据的使用者和供应商之间签署了排他性协议，那么对于其他使用者来说这个数据集几乎就无法获取了。数据的公开性、稀缺性和可得性也会影响alpha的衰减率，公开程度越高同时数据越容易获取，那么从这些数据得到的alpha也就会快速衰减。直接成本、公开性和稀缺性是影响获取另类数据的外部性质，而可吸收性（digestibility）则更多是从机构内部出发影响另类数据获取的性质。可吸收性着眼于分析数据所需要的能力，包括内部人才和技术知识。就原始数据而言，其吸收性往往比较差，而数据供应商汇总数据形成的交易信号或者报告就更容易理解。此外，如果吸收数据只需要依赖于现有流程，那么研发成本就比较低，而如果吸收涉及大量人工和计算成本，那么研发成本就比较高了。当然如果投资机构内部无法构建吸收数据的能力，那么它可以选择把分析数据的需求外包给第三方机构。最后和成本相关的属性就是合规性（compliance），这涉及特定数据集是否涉及个人隐私风险，是否存在重大非公开信息风险，如果是网页抓取的数据，是否满足了相关网站的使用条款？如果数据是机构内部产生的，而且相关机构同时经营资产管理和数据销售两项业务，那么是否会产生利益冲突？这些合规问题如处理不当，就会影响到另类数据使用者的声誉。

处理阶段

处理阶段是获取另类数据时的重要特征。数据处理的最高级型式就是数据供应商出售的数据可以作为投资信号输入一个基于多信号的交易模型中。次一级的处理阶段就以研报（report）、警示（alert）或者交易想法（investment ideas）的方式呈现数据。大部分的另类数据是以半处理（semi-processed）或者说半结构化（semi-structured）的方式呈现的。这样的数据往往是以JSON或者XML这样的标记形式呈现的。半处理化的数据会有一些异常值和缺失值，而且通常无法直接作为交易模型的输入元素。我们需要仔细评估这类数据的alpha含义，同时需要分析产生异常值等的经济原因。处于最低层次处理阶段的就是原始数据（raw data），对于大多数投资者而言这些数据的用处不大。例如，如果没有掌握图像处理技术，那么有关储油罐的卫星图像数据就毫无投资价值。

数据质量

对于数据科学家和量化工程师来说，数据质量是另类数据的另一个重要特征。数据质量有很多不同的维度。首先是缺失值（missing value/data）和异常值这样的数值问题。缺失值此时就会影响到数据集的完整性。在面对缺失值而回填数据的时候，就必须要考虑插补方法，同时还要考虑缺失的数据是随机的还是具有某种特定的模式。异常值或者说离群值是数据集中包含的和其他数据点差异很大的数据点。这些异常值的产生可以是由于技术性的原因，也可以是数据本身所固有的。接下来是数据集的表征性（representativeness），亦即样本是否可以代表整个样本，比如信用卡交易数据中是否存在地区或者人口方面的偏误（bias），卫星数据是如何受制于气候变化的。如果出现了偏误那么该使用什么统计方法进行调整。数据和投资标的的匹配性（entity matching）也是数据质量的重要问题，如果数据可以很好地匹配到公司证券交易代码上，那么分析数据就会变得很容易。一致性（consistency）是指数据集中是否包含语义错误或者相互矛盾的数据。比如在一个数据集中，茅台股票的地址信息标注为四川，那么就出现了错误。精确性（accuracy）是指数据可否准确描述或者度量所要研究的对象。例如某个汽车厂商在某年销售汽车433,587辆，而数据集把它记录为43万辆。这个数据从宏观角度来看是合理的，但是并不精确。在投资应用中，信息的精确性往往是很重要的。可信性（reliability）就是指另类数据在多大程度上是真实可信的。最后是透明性（transparency）。除原始数据以外，数据供应商对数据做的各种处理方法如果具有透明性，那将极大方便它们和客户的交流以及客户的使用。我们会在第四章中对数据的各种质量问题进行进一步讨论。

技术细节

最后，量化工程师和数据科学家还会关注另类数据中的一些技术性细节问题。首先是数据更新频率（frequency），也就是另类数据是以日内、日、周还是更低的频率来获取。其次是数据延迟性（delivery latency/lag）。数据供应商通常以批量方式提供数据，这样就可能因为数据收集、运营或者法律等方面的限制而产生数据延迟。当然有些另类数据集是实时发布的。数据的延迟性或影响到投资策略执行的效率。就结构性而言，另类数据集可以大体分为非结构化、半结构化和结构化。如我们所看到的，大多数另类数据集是属于半结构化和非结构化的数据。数据集的可操作性（operationability）涉及较多方面，包括数据集是否能稳定运行并且适应不同编程语言的API接口，[10] 数据是否便于下载和上传，数据是否容易进行汇总和集成，以及数据是否容易更新、维护和管理？可操作性的数据会减小用户的使用成本。因为另类数据并不存在标准化的型式，而且抽样方法以及对数据的理解也在不断地变化，因此数据供应商通常需要为客户提供一个稳健的维护系统。

图3.6　当前最为流行的另类数据集

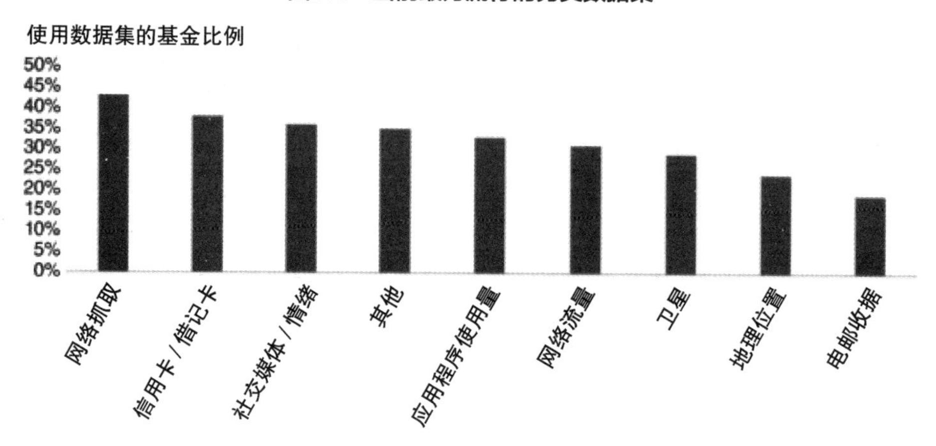

资料来源：Alternativedata.org（https://alternativedata.org/stats/）。

需要指出的是，另类数据集的一个显著特性就是它们中间的大部分不是从金融市场中衍生出来的。不同的基金在使用另类数据集的类型上存在着明显的差异。来自Alternativedata.org的图3.6表明，基于网页抓取的数据集在基金公司中最为流行，紧随其后的是银行卡数据集（消费者商品交易数据），而卫星图像、地理位置和邮件收据的数据则使用得不是很多。

10　API是“应用程序编程接口”（application programming interface），它指的是一些预先定义的接口（如函数、HTTP接口），或是软件系统不同组成部分衔接的约定。它可以提供应用程序以及开发人员基于某种软件或硬件得以访问的一组例程（routine），同时又无需访问源码，或理解内部工作机制的细节。

第四章

另类数据的挑战和风险

在前面的章节中我们已经看到了另类数据对于投资者的好处。但是我们也会看到，在另类数据的应用上有着更高的要求，需要面对更大的障碍、挑战和风险。打个比方，传统数据就是传统的食材，而另类数据则是独特和更高级的食材，这样的食材需要特别恰当的烹饪才能变为美食。做一道色香味俱佳的菜肴时，我们会问这样几个问题：食材从哪里来？是否对健康有害？是否有营养价值？怎么对食材进行烹饪？在考虑应用另类数据的时候，我们也同样会问：这些数据源自何方？是否合规？是否有价值？如何处理它们？在这一章中，我们将讨论在另类数据应用中的重要挑战和风险。

一、另类数据来源的法律问题

当资产管理机构考虑另类数据的相关策略时，它们首先需要确保在源头上这些数据要满足和遵守法律和监管规则。大体上说，在考虑合规问题时需要考虑如下几方面的问题：

- 是否涉及个人隐私；
- 网页抓取；
- 是否涉及内幕交易。

下面我们就对这些问题进行讨论。

个人数据

2018年5月欧盟开始启动《一般数据保护条例》（*General Data Protection Regulation/GDPR*），旨在保护所有欧盟公民隐私不受侵犯，以及让公民自己控制个人数据。显然这个法规会影响到另类数据的应用，因为我们前面已经看到很多另类数据集会涉及个人信息。这样在考虑另类数据策略的时候投资者必须对数据进行检查。

在GDPR中一个重要的概念就是个人数据（personal data），其中涉及的关键问题就是是否可以对这些数据进行逆向运算从而从中识别出具体的个人。因此GDPR就指出“要使数据真正匿名，那么匿名化必须是不可逆转的”。举个例子，如果在个人数据集中删除姓名，但是保留地址信息，那么我们可以很容易从这些地址信息中推测出个人姓名，或者至少是缩小到家庭范围。从理论上看，如果数据的属性非常宽泛，比如个人的性别，那就不足以形成可以明确到具体个人的特征。但是如果添加更多的属性，比如出生日期、身高、职业等，那么这些属性组合在一起就会变得越发独特，从而就会越来越明确地指向具体的个人。Rocher et al.（2019）讨论了如何从匿名数据集中来识别个人。根据他们的分析，只需要15个人口统计属性，就可以识别出马萨诸塞州97.98%的个人。De Montjoye et al.（2013）针对手机定位数据讨论了类似的问题，结果表明当手机位置数据是每小时更新一次的时候，如果位置解析度足够，那么就可以识别95%的个人。

在美国，和GDPR中个人数据类似的概念是个人可识别信息（personally identifiable information/PII）。相对而言，个人可识别信息范围更为狭窄，仅限于诸如姓名、地址、电话号码等，而个人数据还可以包括IP地址、位置、网络文本文件（web cookies）、照片等。因此我们可以看到，美国定义的个人可识别信息都是欧盟定义的个人数据，但是后者并不一定都是前者。现在全世界范围内对个人隐私数据保护程度存在着较大的差异，我们这里对此不作详细描述，对此感兴趣的读者可以参考全球知名的律师事务所——欧华（DLA Piper，2021）针对全球各国和地区数据保护法律发布的报告。

我们可以看到，有关个人隐私数据的保护法规会限制另类数据的使用。因此在使用这类数据之前就需要进行仔细分析，调查其中是否包含法规限定不能使用的个人数据。对于资产管理机构而言，不能完全把这种数据检查任务托付给数据供应商，它们需要在内部建立适当的流程以及内控程序，以确保不会违反数据保护法规。

对于个人数据的保护会削弱从这些数据中进行和投资相关的判断，比如

GDPR关于个人数据的使用就会让我们从理论上无法完整而准确地了解欧盟境内公司运营和营收状况。但是在应用个人数据方面，通常我们并不需要精确到个人级别，而往往需要聚合的指标就可以了。例如如果是预测零售商的销售额和收入，我们并不需要在购物中心每个消费者的购物信息，而把每天购物人数作为聚合指标就可以很好地满足目标了。因此数据保护会限制但是不会完全消除另类数据的使用。

网页抓取

网络抓取是另一类会引起法律问题的另类数据。虽然网上一些数据是出现在私营网站或者是付费界面上的，但是还有很多网页是可以公开访问的。但是这是否意味着我们可以从公开网站上免费地抓取所看到的内容呢？所有网站都有使用条款，有些时候这些条款会禁止用户对网页进行抓取。通常网站运营方会对所发布的内容进行内部分析，然后重新打包后供用户使用。亦或者这些运营方允许客户在付费的情况下通过API接口访问网络数据，其中既有原始数据，也有经过处理的结构化数据。因此许多网站会通过使用条款来限制客户进行抓取。近年一起法律诉讼引发了大众的关注。领英（LinkedIn）是全球职场社交平台，而高商（HiQ Labs）是一家数据分析公司，它主要是通过抓取领英网站上的公开信息对企业人力资源部门提供服务。2017年5月领英对高商发函要求其停止抓取数据以及用技术手段继续获取数据。2017年6月高商对此向法院提取诉讼，控告领英违法。2019年9月，美国巡回法院支持了高商。法官认为，即使领英用户在保留公开数据方面存在着利益，但是这些利益并没有超越高商继续其业务的利益。我们可以看到这项裁决支持了从网页上抓取公开数据的行为。有关这个新闻以及对美国对冲基金行业的影响可以参考Saacks（2019）。

重大非公开信息

重大非公开信息是尚未公开但是可能对公司股价产生影响的相关公司数据。拥有这类信息进行相关公司证券交易会碰触到内幕交易的红线，从而被认定是违法的，同时与他人分享这类信息并从市场上牟利也是非法的。

在涉及另类数据的时候，使用者就需要考虑这些数据是否是“重大的”或者“非公开的”。当然这些概念都受制于主观判断，并且需要依赖使用数据的场景。比如数据是可以访问的（例如网站信息）并不意味着它们就是公开信息。与之类似，如果某些另类数据对于诸如公司收入或者盈余这些重要指标具有很强的预测力，那么它们就可能是重大的，因此资产管理机构应该尽可能避免使用这些数据。

重大非公开信息和数据的排他性概念有关。从理论上说，如果一个数据集在使用上具有更强的排他性，比如数据供应商只是面向少数特定用户提供数据，那么从中获取的alpha往往不容易随时间推移而衰减，但是这类数据通常会更加昂贵，而且可能会产生重大非公开信息的风险。用Fortado et al.（2017）的话说，排他的数据集是一把“双刃剑”，因此在使用的时候需要做审慎的合规检查。

二、处理另类数据中的挑战

在处理另类数据方面我们会遇到各种障碍。一般来说，在建模之前数据预处理大致要经过如下的步骤：

- 在不同数据源之间匹配实体名称；
- 处理缺失值；
- 处理异常值；
- 将非结构化数据转换为结构化数据；
- 保持面板结构稳定；
- 消除数据偏误；
- 汇总不同数据源。

下面我们将对上述预处理阶段的问题和挑战进行讨论。

实体匹配

实体匹配（entity matching/entity mapping）是当我们把不同数据集进行汇总或者聚合时首先出现的问题。这里所说的"实体"可以是公司、个人、产品或者证券。和传统的金融数据相比，大部分另类数据，例如商品交易数据、地理位置数据、文本数据以及网页抓取数据，它们几乎不会包含标准化的公司名称或者股票代码。Ekster/Kolm（2020）就举了一个这方面的例子。比如在商品交易数据中可能读取到购买了一份"墨西哥玉米薄饼卷"（Doritos Locos Taco），那么我们应该把这条数据和哪家公司或者股票代码联系起来呢？一种简单方法就是使用关键词表将这种非结构化文本映射到相应的公司实体上。但是查找和维护关键词表需要手工操作，这样就要花费很多劳力，而且也可能犯错误。比如在上面的交易记录中只是使用"Doritos"作为关键字，由此就作为百事旗下的多力多滋品牌而标记到百事公司。但是这是错误的，因为这个玉米薄饼卷实际上是百盛（YUM）旗下塔克贝尔（Taco Bell）的产品。当然实体匹配问题还会源自于不同的单词/词组缩写，比如中国石油天然气股份有限公司（沪市代码601857）可以简称为"中石油"或"中国石油"以及英文"PetroChina"等。当然让问题变得有些复杂的是，如果是在债券市场，中石油和中国石油还可以指代中国石油天然气股份有限公司的母公司中国石油天然气集团有限公司。

实体匹配的问题不是静态问题，而是一个不断变化的动态问题，例如会有新公司注册或者上市，以及公司会因为并购而消失或者因为退市而离开股票市场。当另类数据集中存在股票代码时问题比较好处理，因为股票代码是比较标准的证券编码体系，所以可以通过股票代码将不同的另类数据连接起来。[1] 但是

1　从全球范围来看金融工具识别码类型繁多、各不相同，其中CUSIP、ISIN和FIGI是较为广泛使用的三种。CUSIP是"Committee on Uniform Security Identification Procedures"的缩写，即统一证券识别程序委员会。CUSIP的拥有者是美国银行家协会，具体运营公司是标准普尔。CUSIP给美国和加拿大每一只证券赋予唯一代码。ISIN是"International Securities Identification Number"的缩写，即国际证券识别码。ISIN编码标准全球通用，每个国家自行确定运营机构，比如中国是由证监会负责运营。FIGI是"Financial Instrument Global Identifier"的缩写，即金融工具全球识别码，它是由Bloomberg Global Identifier（BBGID）演变而来。相对于CUSIP和ISIN来说，FIGI的覆盖范围更广，对于没有标准识别码的工具而言是不可或缺的，例如贷款、场外衍生品、大宗商品等。

在没有股票代码的情形下，问题就变得复杂了。显然，要在线下用手工的方式来管理公司、产品和品牌之间时刻变化的关系是不切实际的。有效的实体匹配方法需要能够实现自动化并且具有伸缩性，这意味着要对已有的匹配结构做不断的修正以保持随时更新。高效并且可伸缩的匹配算法和搜索引擎技术有关，有效的搜索引擎可以在给定非结构性输入元素的情况下产生结构化并且不断变化的结果。当前对于这个问题并没有公开的解决方案，很多资产管理公司会选择在内部建立代码标识系统。Ekstern （2018）描述了基于线上机器学习的商业代码标识系统AltDG ，[2] 它可以提供快速动态的实体匹配结果，比如它就可以将墨西哥玉米薄饼卷标记到百盛旗下Taco Bell，而不是百事公司。

对于个人或者非公司组织等实体来说，问题就更加复杂。通常数据供应商会使用许多不同的标准，这就让通过实体名称把不同数据集连接在一起变得很困难。在这方面，路孚特（Refinitiv）公司针对很多不同的个人和组织这样的实体创建了永久标识符（PermID），并且把它开放给客户使用。[3]

数据匹配

Christen（2012）就指出整合不同来源的数据涉及三项任务。第一项是模式匹配（schema matching），就是在包含相同类型信息的不同数据库中识别数据库表格、属性以及框架结构；第二项是数据匹配（data matching），就是把相同实体在不同数据库中的记录匹配起来；第三项就是数据融合（data fusion），就是把匹配成功的指向单个实体的一组记录合并为这个实体的完整一致的记录。

在上述三项任务中数据匹配是最为重要的一环，它还可以进一步分为五个步骤：数据预处理、索引、记录比较、分类和评估。最后如果需要的话，还可以加上一个人工检查的步骤。数据预处理的目的是确保用于匹配的属性具有相同的结构，并且其内容需要服从相同的格式。这意味着需要首先对数据进行清理，然后进行标准化，从而让数据集有着一致和清晰定义的格式。在这个过程

2　网址https://developer.altdg.com/。

3　网址是https://permid.org。

中还要解决表示信息和编码信息中出现的矛盾和不一致的问题。因此，在数据预处理阶段需要删除不需要的字符和单词、把缩写扩展为全称、更正拼写错误、有效地拆分属性（比如将地址信息拆分为街道、门牌和邮政编码等）以及验证属性赋值的准确性（比如更正错误的公司名称）。

当对数据库完成清洗和标准化工作后就可以进行实体匹配了。这意味着要把两个数据库表格中的每一对数据记录进行比较。假设一个表格中包含了100万条记录，这就意味着会有1万亿条记录，这将消耗大量的时间。为了解决这个问题我们就需要引入索引（indexing）方法，它可以过滤掉不大可能的配对，从而减少比较运算的次数，由此生成可能的候选记录。最常用的索引技术是区块或者说分块（blokcing）。

接下来是记录比较。通过考虑所有的属性，例如公司地址或者活动，我们就可以更细致地比较上面索引步骤中生成的候选记录。此时我们不需要进行精确匹配，而只需要进行近似匹配就可以了，因为精确匹配可能会遗漏掉很多实际上相同但是因为某些特殊原因而略有不同的实体。具体的方法是在不同的记录之间生成一个介于0和1之间的相似性分数。相似性为1表示精确匹配，而相似性为0则表示完全不能匹配。对于每一对候选记录，我们通常需要比较多个属性，从而得到每一对记录的相似值向量，我们把这些向量称为比较向量。在得到比较向量之后，我们就可以把每一对实体确认为匹配类、非匹配类和可能匹配类。对于可能匹配的实体，我们可以通过人工方式来进一步确认为匹配或者非匹配类。举例来说，假设比较向量有10个属性，这样这些元素之和就必然落在区间［0,10］之中。我们可以设定如下的阈值：如果元素之和落在［0,4）之间，那么就是不匹配，落在［4,6］之间，就是潜在匹配，而落在（6,10］之间，就是匹配的。如果一对候选记录需要进行人工判断，那么这会耗时费力，而且还容易出错。此时的一个解决方案就是通过类似Amazon Mechanic Turk这样的论坛把问题外包出去。当然人工审核过程无论是在内部还是在外部进行，我们都需要有明确并且定义清晰的标准，否则就很难达到适当的准确率。

在记录比较完成之后，最后一步是对匹配和非匹配的质量进行评估，在这方面我们可以使用机器学习领域中的F分数（F-Score）方法。

数据匹配的质量会受到上述所有步骤的影响。预处理步骤有助于使两个不同的记录具有相似性，索引步骤则会删除差异很大的记录，数据匹配步骤中的算法和阈值以及分类步骤中的人工处理对最终结果也有影响。

缺失数据

在许多不同的领域，从金融和经济到能源和运输，再到地球物理、气象和传感器，一个普遍性的问题就是数据很少是完整的，换句话说，数据集中含有缺失数据或者缺失值（missing data）。在金融领域，Kofman/Sharpe（2003）表明从1995年到1999年，大约有28%的研究有20%左右的缺失值，而在医学领域，Rezvan et al.（2015）则报告说有超过100篇研究论文的样本中包含超过20%的缺失值。

数据缺失会影响到对数据驱动的交易策略进行历史回测。因为很多另类数据具有非结构化的特性，这样它们往往并不大适合量化投资所需要的高强度计算。

数据缺失的原因有很多，而且往往和研究的背景问题相关，比如传感器故障、记录不完整、数据收集错误等。在大多数情况下我们也不知道数据缺失的原因，因此在处理数据的时候，我们就必须要接受数据的不完整特性，然后采用适当的方法来解决它。

因为缺失数据问题会在很多性质不同的实际应用中出现，因此我们无法给缺失数据提供一种统一的处理方法。例如填补金融时间序列中的缺失数据和文本或者卫星图像中的缺失数据显然是不同的。虽然在讨论数据缺失问题时，我们无须区分是另类数据还是传统数据，但可以预见的是，这个问题在另类数据领域将会更加严重，这是因为和传统数据相比，另类数据的型式更多、速度更快以及可变性更大。

在处理缺失数据时，我们必须要了解这是因为偶然因素产生的，还是数据集中不可避免并且会重复出现的特征。如果是后一种情况，那么我们就必须使用处理缺失数据的算法。同时我们还需要了解在预处理阶段使用的缺失数据算法是否能够适合于数据环境，这将取决于执行算法的方式以及最大可容许时间这样的约束条件。

在统计文献中，我们通常需要考虑由某个分布函数$g(X|\theta)$刻画的数据生成过程，其中θ是未知参数。函数形式可以是知道的，也可以是未知的。现在我们感兴趣的问题是缺失数据模式M是如何生成的，以及它和可观测数据的关系如何，也就是条件分布函数$f(M|X,\phi)$的一般型式是什么，其中ϕ是未知参数集合。正式地说，我们可以把数据分成可观测和缺失两部分：$X=(X^O, X^M)$，其中X^O表示可观测数据，X^M表示缺失数据。

在学术文献中，我们可以把缺失数据分为以下几种类型：

- 完全随机缺失（missing completely at random/MCAR）

  在这种类型中，缺失模式不依赖于任何观测到的和未观测到的数值，由此就有

$$f(M|X,\phi)=f(M|\phi)$$

- 随机缺失（missing at random/MAR）

  在这种类型中，缺失模式仅仅依赖于观测值，而不依赖于未观测数值：

$$f(M|X,\phi)=f(M|X^O,\phi)$$

  人们可能会对随机缺失这个术语有些困惑，因为在这种类型中缺失模式并非是随机的，而是依赖于观测值，但是需要注意的是，这是学术文献中常用的术语。

- 非随机缺失（missing not at random/MNAR）

  在这个例子中，数据缺失模式会同时依赖已观测和未观测的数据：

$$f(M|X,\phi)=f(M|X^O,X^M,\phi)$$

下面用一个收入调查数据来理解上述三种数据缺失模式。在这项调查中，如果缺失的数据和年龄无关，那么我们就可能遇到的是完全随机缺失的情形；如果缺失了超过一定年龄受访者的数据，那么这就是随机缺失的情形；而如果收入数据低于某个数值，同时年龄又高于某个数值，那么就可能出现了非随机缺失的情形。这是因为如果受访者年事已高，那么他们收入往往很少。

完全随机缺失和随机缺失这两种模式被统称为可忽略缺失，因为我们可以使用Li et al.（2015）介绍的多重插补（multiple imputation）方法来处理它们，由此把未观测数值整合到数据集中。与这两种模式相比，非随机缺失的情形很难处理，因为原则上我们不能仅从观测值出发来预测缺失值。此时，我们需要

收集更多的数据，或者采用该领域专家的见解来处理。

缺失数据处理

处理缺失数据通常有删除、置换和预测插补（predictive imputation）这三种方法，前两种方法比较简单，可以应用在缺失数据影响较小或者使用预测插补方法成本过高的情形。

1. 删除

删除是最简单的处理缺失数据方法。我们可以采用成列删除（listwise deletion）或者是成对删除（pairwise deletion）方式。成列删除是指如果分析中任何变量出现数据缺失，那么就把对应的个案从分析中删除。虽然在某些情况下这是一种可行的选择，但是它通常不是好的方法，因为删除数据就减少了样本规模，从而降低统计效力。而且这种方法只有在缺失数据是完全随机模式下才能使用，而这种模式往往也不符合现实情况。而如果缺失数据不满足这个条件，那么剩余的随机样本就无法表征整个总体，由此在统计上会产生偏误。

在成对删除中，在每条记录中我们只是简单地忽略丢失数据，同时只考虑丢失数据。成对删除方法可以使用到更多的数据。但是，每个统计量的计算可能会涉及不同的个案子集，进而产生问题，比如这种方法可能就无法生成正常的半正定协方差矩阵。

在应对缺失数据时，更灵活和有效的方法是从已观测数据来预测缺失数据。这里我们可以同构确定方法或者随机方法进行数据插补。

2. 置换

处理缺失数据的一种简单确定方法就是使用观测值的均值或者众数来置换缺失数据。如果缺失数据很少，那么这是一项很好的方法。但是正如Schafer（1997）和Little/Rubin （2019）所强调的，这种简单的插补技术会改变数据统计特性。例如通过均值进行插补就会减少变量的方差。同时对于时间序列中的缺失值，不能使用时间上的未来值而只能使用历史值进行计算。

3. 预测插补

为了克服删除和置换这两种简单方法的局限性，我们可以采用多重插补方法。这种方法的一般思想是导出联合分布函数，然后从中抽取插补数据。这样插补的数据就不是确定的，而且还可以生成多重插补集合。当在完整数据集上进行预测分析时，我们就可能计算预测值的统计量。此外，这种插补方法可以保证包括原生分布函数、均值和方差这样的统计特性不会发生变化。

异常值

即使是结构化的数据，我们也会碰到和预期结果差异很大的记录。和缺失数据一样，产生异常值或者说离群值（outliers）的主要原因是传感器或流程故障、数据收集错误等。技术性的异常值也被称为异象（anomalies）或者是噪声（noise）。Huber（1974）就指出，噪声适应（noise accommodation）就是指让统计估计可以免于异常观测值的干扰。还有一些异常值不是因为技术原因产生的，而是数据本身所固有的，因此也是我们希望建模分析的问题。例如异常的证券交易、金融时间序列中的极端事件、信用卡欺诈交易等。

处理异常值的第一步是找到它们，然后在需要的情况下对它们进行解释，最后是处理这些数据，也就是说我们要么删除它们，由此回到前面的缺失数据问题，要么对它们进行建模分析。当然这要取决于具体的问题。

异常值检测（outlier detection）就是指在数据中找到和其他大多数观测值不同的观测值过程。根据Hawkins（1980）的定义，异常值必须要和其他观察结果有足够的差异，以表明它们是由不同的机制或模型产生的。在这个定义背后的直觉想法就是正常观测值是由某个过程产生的，而异常值会偏离这个过程。在这种情况下，我们可以把它们看作是噪声、测量误差（measurement errors）、偏差（deviations）或例外（exceptions）。因此就异常值而言我们并不存在一个完整的一致性定义。在不同的背景下，一个例外情形的具体含义当然会有所不同。

过往我们通常把异常值看成是应该删除的观测值，这样就可以避免它们干扰正常数据，进而不会影响到算法的预测或者描述能力。通常少数几个异常值就可以扭曲一个样本的统计特性，或者会影响到聚类算法的结果，因此异常值检测和删除就是数据预处理的一部分。

然而，正如一句名言所说："一个人的噪声是另一个人的信号"。[4]近些年来对异常值检测问题的关注主要是因为这些数据本身成为我们感兴趣的问题，Tan et al.（2006）的著作《数据挖掘概论》就强调了这一点。例如在金融市场中，我们就需要对所谓的胖手指（fat-finger）数据点特别小心，因为这些数据是后来可能反转的异常值，它们可能是因为某些特别原因导致股市异常波动的结果，而不是无效的数据。

如果我们考虑另类数据以及衍生出的结构化数据集，那么和金融市场时间序列中的情形不一样，异常值并不会始终存在一个时间结构（temporal structure）。另类数据中有很多可能存在异常值的例子。例如我们在新闻文本的情感分析中得到异常值，此时我们可以选择删除这篇新闻报道，或者是将其作为特别的警示性信息，因为不寻常的新闻可能具有特殊的市场含义。在卫星图像数据中，我们也可能会得到有关汽车数量的各种特征。而这些特征和相似日期或者位置的情形相比可能出现异常情况，这些异常则有可能是由于云层或者假期等因素造成的。

在大多数情况下，一个对象会有多个特性，它可能在某个特性上表现不正常，然后在剩余的特性上是正常的。如果一个观测值在某个特定属性上和整个数据集不同，那么我们就把异常值归属为全局异常值（global outlier）。同时，一个观测值可能在所有属性上都具有正常的取值，但是它依然可能是异常值。例如对整个人群来说高薪资是很正常的，但是如果我们限定在18岁人群中，那么这就成为一个异常值。如果一个点和邻域有所不同，但是对于整个数据集来说并不是特别例外的，那么它就是一个局部异常值（local outlier）。在Han et al.（2011）撰写的有关数据挖掘的书籍中，他们把局部异常值称为"场景异常值"（contextual outlier），就像是前面提到的不寻常的新闻报道。

我们有三种异常值检测方法，它们也是机器学习的大类方法，即有监督、半监督和无监督的异常值检测。对于有监督的异常值检测方法而言，我们假设

4　按照纽约时报记者Blakeslee（1990）的说法，这句话可以归给美籍华裔数学家伍炜国教授（Edward Ng）。但是实际上大约在公元前一世纪，罗马哲学家卢克雷修斯（Lucretius）就曾经说过类似的话。

数据集可以对异常值和正常值分别进行标记，进而通过各种分类器进行训练，然后对新的数据记录通过分类模型来确定是否是异常值。通常在这种算法所处理的情形中，数据是非常不平衡的，也就是正常观测值数量要远远超过异常值的数量，这样传统的分类方法并非都会有效。当然我们有一些方法可以处理这种不平衡的数据集，其中包括随机森林（randon forest/SF）、支持向量机（supporting vector machine/SVM）、神经网络（neural network）等。Witten et al.（2011）有关数据挖掘的书籍和James et al.（2013）有关统计学习的书籍对这些方法做了系统的介绍。

在大多数情况下，我们事先并不知道异常值，这样我们就无法对数据集全部打上标记。如果此时存在一个规模足够的正常数据集，其中没有异常值，那么我们就碰到了半监督型的问题，这类问题也被称为一类分类问题（one-class classification problem）。在这种情形下我们通常使用的方法包括Schölkopf et al.（2001）提出的一类支持向量机、自动编码器以及一系列统计方法。这些算法会学习正常类型的分布，然后我们可以根据正常类型来判断新观测值是否异常。

在无监督学习环境中，数据不会被标记为正常或者异常，由此我们给每个观测值赋予的异常分数或者异常概率就只取决于数据分布的模式。因为这种异常值检测方法不需要对数据进行异常或者正常的标记，因此也成为应用最为广泛的方法。这类方法中通常隐含地假设在测试数据中正常情形要远多于异常情形。无监督的异常值检测大致可分为基于模型的方法、基于距离的方法、基于密度的方法和基于不同启发式的方法。

结构化数据

世界上大部分的数据是非结构化的，例如文本、图像、视频等。数据也可以是半结构化的，例如包含文本和标记的XML文件。无论数据的来源如何，要让它们变得有用，我们就必须要将它们转换为结构化形式，从而可以共享通用格式。一旦完成这个任务，数据分析任务就变得容易了。现在很多大型金融机构开始通过复杂的Hadoop或Spark服务器来搭建大数据技术基础，[5][6] 但是要注意的是，并非所有的资产管理公司都拥有人才和资源来处理另类数据集。

结构化数据需要一定的步骤。一旦我们以原始数字格式获取了数据，那么就需要在每一步中对它们进行预处理以及验证工作。通常数据质量很差，以至于我们无法进一步做有价值的分析，因此在数据预处理的每个阶段都需要进行验证检查，从而保证可以继续进行下一步的工作。例如，当我们以电子方式阅读文件时，首先需要对PDF文件进行质量检查，以此评估它是否可以提取信息。这些检查可以包括评估PDF文件是否具有足够的对比度、合理的DPI、是否有噪声等。[7]如果质量很差，那么放弃就是合乎情理的。如果在预处理步骤之后评估质量足够好，我们就可以开始进行光学字符识别（OCR）。[8]在完成这个步

5　Hadoop是一个由Apache基金会所开发的分布式系统基础架构。用户可以在不了解分布式底层细节的情况下，开发分布式程序。充分利用集群的威力进行高速运算和存储。Hadoop实现了一个分布式文件系统（Distributed File System），其中一个组件是HDFS。HDFS有高容错性的特点，并且设计用来部署在低廉的硬件上；而且它提供高吞吐量（high throughput）来访问应用程序的数据，适合那些有着大型数据集的应用程序。HDFS放宽了POSIX的要求，可以以流形式访问（streaming access）文件系统中的数据。Hadoop的框架最核心的设计就是HDFS和MapReduce，其中HDFS为海量的数据提供了存储，而MapReduce则为海量的数据提供了计算。就MapReduce而言，它是一种编程模型，用于大规模数据集（大于1TB）的并行运算，其主要思想就是“Map”（映射）和“Reduce”（归约）。

6　Spark 是专为大规模数据处理而设计的快速通用的计算引擎。它是加州大学伯克利分校的AMP实验室所开源的类Hadoop MapReduce的通用并行框架。Spark拥有Hadoop MapReduce所具有的优点；但不同于MapReduce，其中间输出结果可以保存在内存中，从而不再需要读写HDFS，因此Spark能更好地适用于数据挖掘与机器学习等需要迭代的MapReduce的算法。

7　DPI（Dot Per Inch）原来是印刷上的计量单位，意思是每英寸上所能印刷或者显示的网点数。DPI是打印机、鼠标等设备分辨率的度量单位，是衡量打印精度的主要参数。一般来说，DPI值越高，表明打印机的打印精度越高。随着数字输入输出设备快速发展，大多数的人也将数字影像的解析度用DPI表示。

8　OCR（Optical Character Recognition），中文含义是光学字符识别，它是指电子设备（例如扫描仪或数码相机）检查纸上打印的字符，通过检测暗亮模式确定其形状，然后用字符识别方法将形状翻译成计算机文字的过程。

骤之后，我们就可以使用文字处理软件做进一步的信息提取工作。

如果是网页文本，预处理的工作还可能要删除对提取信息没有用处的多余数据，例如HTML标记、导航栏、页码和免责声明等。在完成这个步骤之后，我们就要面对文本正文，此时就可以用自然语言处理（NLP）的技术进行结构化处理。通过分词（word segmentation）以及词性标注（part-of-speech tagging）得到的结构化数据，显然要比原始数据更容易储存和分析。接下来我们可以对文本进行分类以确定文本的标题（topic）。命名实体识别（name entity recognition）是确定关键专有名词的核心方法，它通常可以和实体匹配结合起来，从而可以把文本中标记的实体映射到可交易的证券工具上。文本情绪分析（sentiment analysis）可以用来理解文本的积极或消极程度。而对于语音数据而言，我们需要通过另外的语音识别技术让音频资料转换为文本资料。

就像用自然语言处理技术来分析文本数据，我们可以用计算机视觉（computer vision）技术来处理图像资料。这种计算的目的就是让机器可以从人类的角度来理解图像。和文本分析一样，在做更高层次的解释和判断之前，我们需要对图像数据进行清洗。在第一步进行的图像预处理中，我们可能要改变对比度、将图片锐化（image sharpening）、去除噪声等。[9]另外我们可能还需要进行边缘检测（edge detection）和图像分割（image segmentation），[10] [11] 由此将

9　图像锐化是补偿图像的轮廓，增强图像的边缘及灰度跳变的部分，使图像变得清晰，分为空间域处理和频域处理两类。图像锐化是为了突出图像上地物的边缘、轮廓，或某些线性目标要素的特征。这种滤波方法提高了地物边缘与周围像元之间的反差，因此也被称为边缘增强。

10　边缘检测是图像处理和计算机视觉中的基本问题，边缘检测的目的是标识数字图像中亮度变化明显的点。图像属性中的显著变化通常反映了属性的重要事件和变化。这些包括：（1）深度上的不连续，（2）表面方向不连续，（3）物质属性变化，（4）场景照明变化。边缘检测是图像处理和计算机视觉中，尤其是特征提取中的一个研究领域。

11　图像分割就是把图像分成若干个特定的、具有独特性质的区域并提出感兴趣目标的技术和过程。它是由图像处理到图像分析的关键步骤。现有的图像分割方法主要分以下几类：基于阈值的分割方法、基于区域的分割方法、基于边缘的分割方法，以及基于特定理论的分割方法等。从数学角度来看，图像分割是将数字图像划分成互不相交的区域的过程。图像分割的过程也是一个标记过程，即把属于同一区域的像素赋予相同的编号。

图像分割为不同的区域或者是简化图像。在机器学习中，计算机视觉的这些任务可以通过卷积神经网络（convolution neural network/CNN）来完成。在完成这些图像预处理步骤之后，我们就可以进行更高层次的图像分析了。

计算机视觉这个技术的目的是让机器像人一样解读图像，其中的任务包括对图像进行识别和分类。我们可以将面部识别（facial recognition）视为物体识别的一个具体例子。近年来，机器学习特别是深度学习技术，已经非常适合于计算机视觉中的任务。机器学习已经不仅仅局限于更高层次的任务，它也有助于许多图像处理任务，如图像彩色化和消除图像模糊等。需要指出的是，虽然许多与计算机视觉相关的任务也适用于视频，但有些任务会仅限于视频资料，例如跟踪运动轨迹或者唇读。当我们输入的文本不是数字化文本而是图像格式的文本，那么计算机视觉就成为了自然语言处理任务的一部分。例如当文本是由手写时，我们就需要把这两个技术结合起来应用。

面板结构稳定化

另类数据往往具有同时包含横截面和时间序列特征的面板数据（panel data）结构。在另类数据中，每个面板元素可以是产品用户、商店或者商业实体等。在实际应用中，面板元素也就是每个时点的截面元素可能会随着时间的推移而发生变化，比如会新增或者减少一些公司或者用户。举例来说，如果我们从携程网上搜集航空公司的订票数据，那么在每个时点上用户数量是不一样的。换句话说针对每个用户的观测值是从不同时点开始和结束的，由此就导致了面板结构的不平衡。

许多另类数据的使用者喜欢使用平衡的面板数据，这样在每个时点上每个面板都会有相同数量的观测值。将不平衡的面板转换为平衡面板的过程就是面板结构稳定化。显然面板稳定化和缺失数据有关。以携程网上的航空订票数据为例，一种简单但是常用的面板稳定化的技术就是前面在缺失数据处理时提到的置换方法，具体来说就是用每个时点平均预定数量来填补缺失的数据，当然如上所述，这种方面忽略了截面数据上的差异。当然更为合适的方法是将面板稳定性问题定义为数据缺失问题，进而使用多重插补这样的方法加以处理。

需要指出的是，在另类数据业内，是否可以接受插补作为一种稳定数据集的方法一直存在着争议。在更精细的数据层次上插入缺失数据会使得后来的建模任务更加便于处理，因为这样看起来就好像数据没有丢失。但是插补方法的有效性要取决于其建模假设。如果建模假设和实际情形不符，那么我们就可能得出错误的结论。如果可能的话，我们应该构建另类数据模型来直接处理不平衡的面板结构，从而避免因插补而出现的偏误和误差。如果选择了插补数据的方法，那么我们就必须在最终数据集中对原始数据和插补数据做一定的区隔。

去偏

在统计学中，数据集是从对科学问题或实验感兴趣的事件总体中抽取的样本。除非样本是随机选择的，而且完全是偶然的，否则产生的数据集将表现出抽样偏误（sampling bias）。为了让数据驱动的分析有意义和有价值，我们必须要量化数据集的偏误，并且寻求方法加以解决。否则任何统计推断都将会出现扭曲的结果。

考虑到另类数据集的特殊性和复杂性，它们中很少不存在偏误。因此我们就必须要评估一个数据集可以在多大程度上表征整个群体。然而不幸的是，通常我们无法通过人口结构、社会经济和空间特征来描述偏误。例如，我们现在分析一个银行数据集，其客户偏好某家特定银行，因为这家银行经理的东北话讲得很好听。人口统计学并不能够很好地确认什么类型的人会喜欢听东北话。当然，如果人口统计能够准确发现并且消除偏误，那么处理数据就很容易了。然而对于另类数据来说，在大多数情况下我们不大容易在样本数据中识别偏误，因为数据往往是不完整的，从而缺乏必要的属性进行适当调整。就样本规模而言，另类数据集比较类似于民意调查数据。后者都是对全部人口中的一小部分进行抽样，然后根据这个样本对剩余的人口进行统计推断。因此在民调和另类数据中，通过加权和重复采样的方法来消除样本偏误对于统计推断和预测来说就具有非常重要的作用。

汇总数据

假设现在我们已经对数据进行了结构化处理，并且解决了缺失值、异常值、面板平稳性、抽样偏误等一系列的问题。现在我们的输入数据，无论是图像还是文本或者数字，都具有标准格式。此时我们的数据集中还要有元数据来帮助描述数据。[12]

接下来我们就需要汇总或者说聚合数据，从而使其可以更方便地用于交易策略或者金融指标建模。通常我们从另类数据中导出的时间序列频率是不规则的，而金融模型中的数据则具有规则的频率，例如每分钟、每日、每周或者每月。因此我们就需要对数据集进行重复抽样以便适合规则的频率。如果我们从新闻数据中得到高频观测值，那么我们可以考虑用某些统计指标来描述这一整天的变化，例如均值、中位数以及间距等。显然重复抽样会导致损失一部分信息，但是对于得出有用信息并且将其融入某个模型而言，这是至关重要的一步。最终我们可以得到某个指标，并使用其作为另一个模型的输入元素。

除了频率，我们还有其他很多汇总数据的方式，比如基于代码、地理位置或者任何有价值的标记。后面我们在介绍另类数据的用例中采用了按照代码或者类别来汇总数据的方式。需要指出的是，在某些情况下，汇总数据是合规要求，由此可以避免使用它们的时候识别出具体的个人或者交易对手。

三、如何评估另类数据的价值

一个另类数据集值多少钱？这个看似简单的问题可以像投资管理本身的多样性一样产生很多不同的观点。对于另类数据来说，一开始它们往往并非是

12　元数据（metadata），又称中介数据、中继数据，是关于数据的组织、数据域及其关系的信息。简而言之，元数据就是描述数据的数据（data about data），主要是描述数据属性的信息，用来支持如指示存储位置、历史数据、资源查找、文件记录等功能。元数据算是一种电子式目录，为了达到编制目录的目的，必须描述并收藏数据的内容或特色，进而达成协助数据检索的目的。

针对外部客户而生成的，而是因为初建商处于自身的目的而创建和维护的。这就意味着另类数据的使用者需要对其进行科学分析，以便准确了解它们的价值。

我们评估另类数据价值的目标包括：

（1）评估数据集是否有助于预测股票回报率；

（2）评估数据集能否提升其他股票回报率预测模型的效力。

当前的目标不是要搭建一套完整的投资策略，而是要评估是否值得购买这个数据集以便进行更深入的分析。就此而言，评估方法就需要在成本和预测精度之间取得平衡。

直接和间接预测

如前所述，我们使用另类数据集的最终目标是用它们来预测金融资产回报率。就这个目标而言，有如下三种不同的方法：

（1）使用另类数据预测公司或者经济体的基本面指标，然后把后者和资产回报率联系起来，可以称之为间接预测（indirect prediction）。

（2）使用另类数据直接预测资产回报率，可以称之为直接预测（direct prediction）。

（3）使用另类数据和基本面指标一起来预测资产回报率，可以称之为联合预测（joint prediction）。

当我们考虑的资产是公司证券（包括股票和公司债）时，基本面指标就是公司的各种财务指标，特别是一些重要的财务比率，包括账面市值比、杠杆率、每股收益等。在投资诸如利率或者汇率这样的宏观资产时，我们可能需要预测宏观基本面指标，例如预算赤字或者就业率等。我们还可能会跟踪央行的公告，以了解它们如何在经济形势发生变化的情况下调整货币政策。

我们首先来看第一种方法，就是使用另类数据来预测基本面指标。事实上，采用这种做法有着很好的经济直觉。例如我们认为公司基本面指标是驱动股票回报率的主要因素。如果公司收入支出比下降，那么从直觉上看这会对股票价格产生负面影响。而如果公司杠杆率上升，那么公司债券的违约价差

（default spread）就会上升。在宏观资产领域，我们可以期待宏观指标会影响到国债或者外汇等宏观资产市场。如果经济形势走弱，那么各国央行的货币政策就可能变得温和，由此债券市场前景就会看好，收益率会下跌。反之，如果经济数据持续强劲并且显示通胀预期会上升，那么央行可能会执行强硬的货币政策，从而导致收益率上升。

我们可以使用另类数据来预测这些基本面指标。不同行业或者资产板块会使用不同的方法。比如就购物中心的收入预测来说，我们可以使用停车场的卫星图像数据。对于苹果公司，我们可以使用社交媒体上谈论iPhone手机的信息。[13] 当然我们也可以在特定事件前后的时间窗口内根据基本面预测进行交易，这些事件可以是公司发布季报或者国家经济部门发布宏观经济数据。当然这种短期交易在策略容量上会有所限制。

第二种方法是直接使用另类数据来预测资产回报率，就此而言我们需要消除其他广为人知的协变因子影响。[14] 现在考虑一个从另类数据集构造的新因子。在控制了其中系统性定价和风险因子之后，我们可以计算这个因子和股票收益之间的偏相关系数，由此来衡量这个因子的影响。更直接的方法是基于某个或者多个常见的多因子模型来计算股票残差回报率。

图4.1A描述了使用另类数据的间接预测建模路径，图4.1B和4.1C则分别刻画了直接预测和联合预测的建模路径。[15]

13　Lassen et al.（2014）使用了iPhone推文资料来预测iPhone的销售收入。

14　Li et al.（LAC，2007）中以驾驶过程中大脑活动为背景讨论了这个问题。

15　这里我们使用了机器学习中的概率图模型（probabilistic graphical model/PGM）。这种方法的目的是使用整体概率分布去描述和再现这个世界。有关这种方法的介绍可以参考Koller/Friedman（2009）。

图4.1　不同预测方法图示

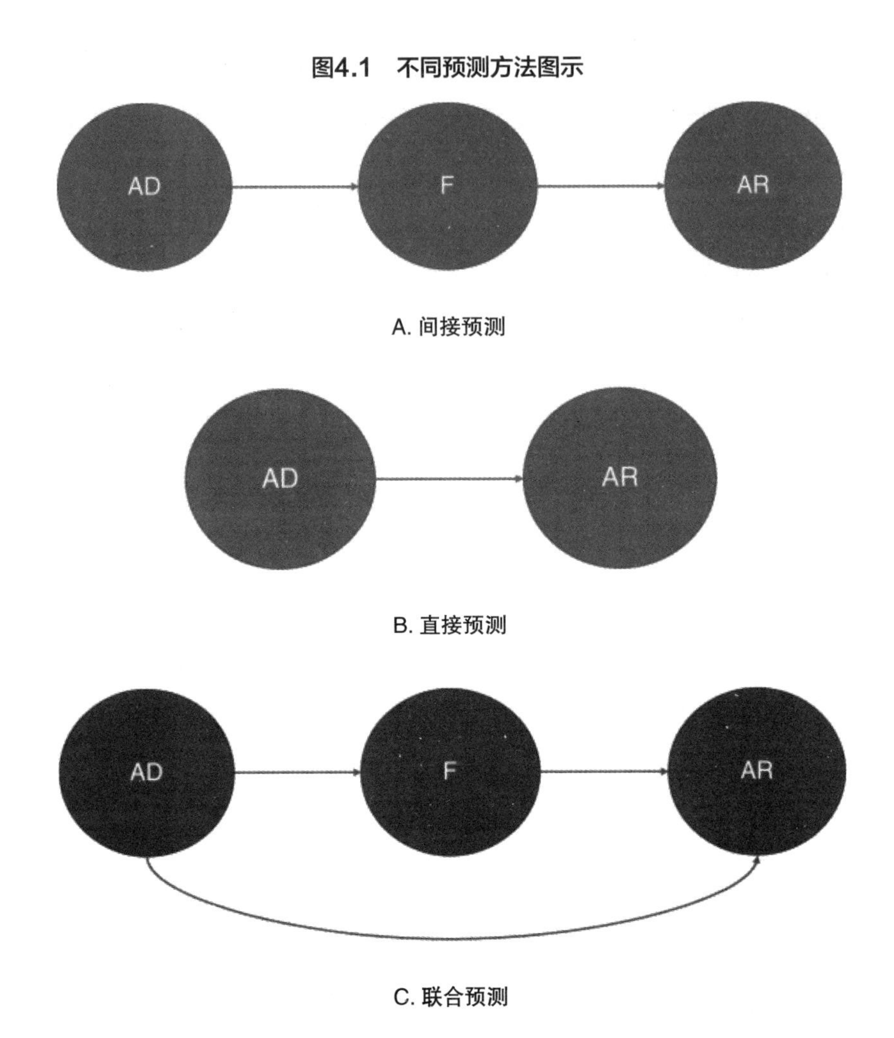

注释：AD是另类数据；F是基本面指标；AR是资产回报率。

现在我们用公式的形式来表达这些图示。为了简单起见，假设我们在另类数据集中只用一个变量来预测一个基本面比率。采用线性回归的方式，这样间接预测就是：

$$AR=\beta_{AR,F}F+\varepsilon_{AR},$$

$$F=\beta_{F,AD}AD+\varepsilon_{F}$$

其中假设$cov(\varepsilon_{AR},\varepsilon_{F})=0$。而直接预测模型是：

$$AR=\beta^{*}_{AR,AD}AD+\varepsilon^{*}_{AR}$$

对于联合预测模型则有：

$$AR = \beta^{**}_{AR,F} F + \beta^{**}_{AR,AD} AD + \varepsilon^{**}_{AR},$$

$$F = \beta^{**}_{F,AD} AD + \varepsilon^{**}_{F},$$

其中假设残差$cov(\varepsilon^{**}_{AR}, \varepsilon^{**}_{F})$。从事前的角度来讲我们没有办法预先判定哪个模型是最好的，但是我们要记住每个模型背后其实都是对残差项相关性的假设。

需要指出的是，数据可用性会影响到上述建模路径的选择。如果另类数据的历史很短，比如只有持续2年的观测值。我们知道公司财报是以季度（或者在某些国家以半年度）的频率进行发布的，这意味着在2年时间窗口内，模型A和C中预测基本面指标F的方程统计效力会非常低。而且在模型C中，这意味着要将另类数据也转换为季度频率，从而较低的时频就导致时间变化会非常少。如果我们每天能够获取资产回报率，那么从数据可用性角度来看更好的选择是直接预测模型B，但是这会让我们失去一些经济直觉。

从目前另类数据在资产行业中的应用来看，第一种的间接建模更为常用，这是因为从另类数据得到的指标往往和常用资产定价模型的残差相关性较低。基于另类数据对公司收入这样的运营指标进行建模具有更高的信噪比（signal-to-noise ratio/SNR），[16]因此能够产生更高的置信度。

金三角事件研究方法

另类数据是很新的概念，很多另类数据集的历史也很短暂。如果我们只有3年的数据历史，那么就只有12个公司财报的季度数据点，因此要给公司营运指标建立预测模型就是很困难的事情。

和上面讨论的预测方法不同，面对较短的数据历史，我们就需要采用其他的方法来评估另类数据集的价值，在这方面Ekster/Kolm（2020）就提出了“金三角事件研究方法”（golden triangle event study methodology），其中涉及三个

16　信噪比最初是电声学领域的一个概念，即放大器的输出信号的功率与同时输出的噪声功率的比值，常常用分贝数表示。设备的信噪比越高表明它产生的杂音越少。一般来说，信噪比越大，说明混在信号里的噪声越小，声音回放的音质量越高，否则相反。后来信噪比被广泛应用在图像学、网页抓取等信息科学领域。

步骤：

（1）确定数据集中的重大变化，一个变化可以称为数据事件（data event）或催化剂（catalyst）。

（2）从新闻媒体、第三方数据供应商或公司公告这样的公开信息源中识别相关的真实事件，这些信息可以给每个数据事件提供支持。

（3）确定每个数据事件前后资产回报率的变化。

图4.2描绘了金三角的三个步骤，其中第二步和第三步可以称为公开信息检验和市场反应检验。公开信息检验通常是定性分析，它需要使用其他数据源来给事件提供证据；市场反应检验则是要衡量事件对资产、行业或市场回报率产生的影响。如果从这两个检验中找到对每个数据事件的支持性证据，那么这就表明数据与相关的金融资产回报率之间可能存在某种关系。此外，如果我们能确定上述三个步骤存在着时间上的先后顺序：

（1）数据集中的数据事件先于公司公告的发布；

（2）公司公告的发布先于资产回报率的变化；

（3）在公司股票回报发生变化之前发布新闻稿。

那么这就意味着这个数据集对于投资者是有预测价值的。

图4.2　金三角方法

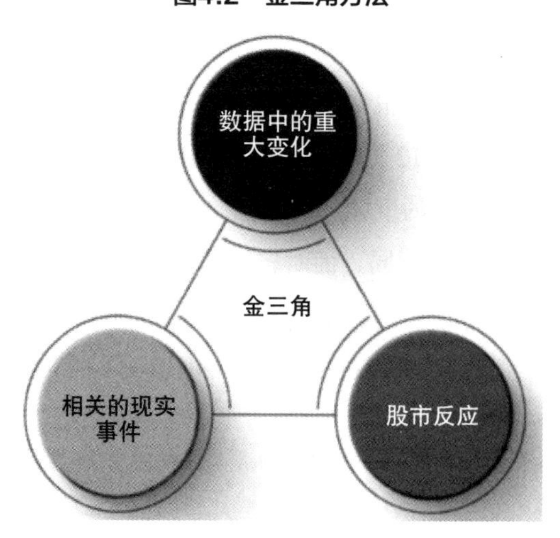

资料来源：Ekster/Kolm（2020）。

如果只能将另类数据集与资产回报率（也就是步骤1和3）联系起来，那么我们就无法支持另类数据集和实际事件之间存在着联系，这会严重影响到对另类数据价值的信心。与之类似，如果另类数据集和公司运营指标之间有联系，但是没有市场反应，那么这可能表明另类数据没有投资价值。

金三角方法是评估另类数据集价值的一种特殊工具。如果在同一个数据集中我们可以针对很多不相关事件找到多个金三角，那么这就会给这个另类数据集的价值提供更大的支持。当然这种方法也是有缺陷的，这就是我们没有自动化的方法来寻找和确认数据—事件—价格波动这三角关系，因此每个三角关系的建立都会很耗时耗力，这通常还需要有经验的数据科学家进行分析。

评分卡

对于资产管理机构来说，我们还可以使用一种直观的方式对另类数据集进行评估，这就是在信贷业务中常见的评分卡（score card）模型。[17]自从2014年另类数据这个概念进入到业界以来，这个模型就是评估另类数据的重要方法。当然不同的数据科学家可能会设计出所含列项或属性不同以及评分系数不同的评分卡，比如Denev/Amen（2020）和Ekster/Kolm（2020）。前者把另类数据分解出20个维度，并且采用了1到10分的打分规则。Ekster/Kolm（2020）则给出了图4.3的打分卡，其中的属性评分是1到5分。

17　Ekster/Kolm（2020）把这种方法称之为“报告卡”（report card）。

图4.3　另类数据评估的评分卡

数据集	供应商	成本
覆盖度：	**数据搜集：**	**直接成本：**
资产类型	技术能力	初始成本
板块	专业技能	经常成本
流动性	**处理质量：**	
范围：	文件记载 / 归档	**风险：**
历史	质量保证和质量控制	合规
数据精细度	实时支持	标题
交付频率	过程透明度	对手方
交付延迟性	**结构：**	
表征性：	实体映射	**研发：**
样本规模	增强	验证
偏误	组合	实施
人口统计	**一致性：**	维护
地理	可靠性	
可用性：	数据稳定性	
投资思想	**稀缺性：**	
关键绩效指标 / 通用会计准则	市场意识	
意外敏感性	用户基础	
	市场时机	

资料来源：Ekster/Kolm （2020）.

图4.3只是评分卡在另类数据评估中的一个范例，其中所覆盖的另类数据集属性问题和我们在表3.3中从数据用户角度总结的另类数据集属性大同小异。在表3.3中给出的另类数据集属性清单中，有些属性涉及主观判断，它们需要通过打分来判断，而有些属性则具有客观唯一性，同时在一些属性之间也存在着复杂的关系。因此，对于资产管理公司而言，可以根据表3.3来设计另类数据的评分卡，但是在评分规则上需要根据自己所投资的目标资产以及投资风格（主观投资或者量化投资）来确定。

评分卡的优势在于对另类数据做了鸟瞰式评估，这有助于对不同的另类数据集进行比较，并且缩小采购另类数据集的范围。它的缺点也是显而易见的，因为评分卡涉及的属性问题很多是主观的，因此缺乏定量的验证手段，所以评分卡只能充当另类数据的初步评估工具，而不能成为唯一的评估工具。

评分卡：一些案例

Neudata的Lipuš/Smith （2019）使用类似上面谈到的评分卡对一些另类数据集进行了初步评估。Neudata给出的评分卡是一个八边形的结构，其中涉及历史、频率、覆盖范围、拥挤因子、市场无名度（market obscurity）、唯一性、数据质量和可负担性（affordability）等八个维度，评分是从0到10之间的整数。下面我们介绍其中的一些案例。

1. 中国制造业数据

这个数据集是由一家卫星图像智能的服务商提供的，它可以用来跟踪中国的经济活动。[18]简单来说，这个数据集会给出一个中国制造业指数，它是通过覆盖中国约6,000个工业用地的卫星图像数据计算得出的。其中覆盖区域的面积达到了50万平方公里。这个服务商每周通过CSV文件把这个指数传给客户，同时数据延迟两周发布，而数据集的历史是从2004年开始的。

提供这个数据的服务商指出，这个指数是衡量中国工业活动最快和最可靠的指标。它比中国发布的采购经理人指数（Purchasing Managers Index/PMI）更加准确，因为业界经常认为后者缺乏准确性和可靠性。这个数据集的八边形评分结构如4.4A所示。

2. 美国公司盈利预测数据

这个数据集的供应商是一家美国投行的数据服务部门，它为360家美国公司提供盈利预测，其中多数是零售业的公司。

这个数据集结合了下面三方面的数据：

- 线上用户搜索数据；
- 来自6,500万台设备的地理位置数据；
- 销售终端（point-of-sale/POS）交易数据。

然后它输出一个季度盈利预测，由此帮助客户了解某家公司下个季度盈利相对于前几个季度的表现。盈利信号会在公司财政季度结束后的3到10天内通过FPT

18　这家数据服务商是SpaceKnow （https://spaceknow.com/），后面我们会讨论这个案例。

或者公司网站发布，整个数据集的历史是从2012年年末开始的。需要指出的是，这个数据的盈利信号不是以绝对数值呈现的，而是以和过去比较的相对绩效来衡量的。这个数据集的八边形评分结构如图4.4B所示。

3. 空头仓位数据

这个数据集的供应商收集、整合和分析全球600多家投资管理公司持有的证券数据。它从30多个国家的监管机构收集公开披露信息，详细说明了大约3,200只股票的多头和空头头寸。这样客户就可以在特定的时段内看到市场中有多少经理在给定的股票上持有空头头寸以及头寸规模。这个数据集每日更新，其历史可以追溯到2012年。

这个数据集的数据是以简单和标准化格式的方式呈现的，由此就消除了监管机构所提供数据在结构化方面的问题。例如，有些资产管理公司会用不同的名称来披露空头头寸，由此让市场来低估自己在空头上的持仓量。但是这个数据集通过汇总数据，就可以识别这方面的问题，从而为所覆盖的证券提供一个准确的全球性持有量。这个数据集的八边形评分结构如图4.4C所示。

4. 印度发电数据

这家数据集的服务商以日更新的频率提供了有关印度电力行业的相关数据。具体而言，它包括按照地区和邦划分的电力供应数量（以百万单位计量的能源）和质量（以兆瓦计的峰值短缺量），同时还包括按照不同能源类型（煤炭、太阳能、风能和水能）划分的发电量。考虑到数据集的细粒程度和交付频率，它具有较强的唯一性。这个数据集的八边形评分结构如图4.4D所示。

图4.4　Neudata的八边形评分卡

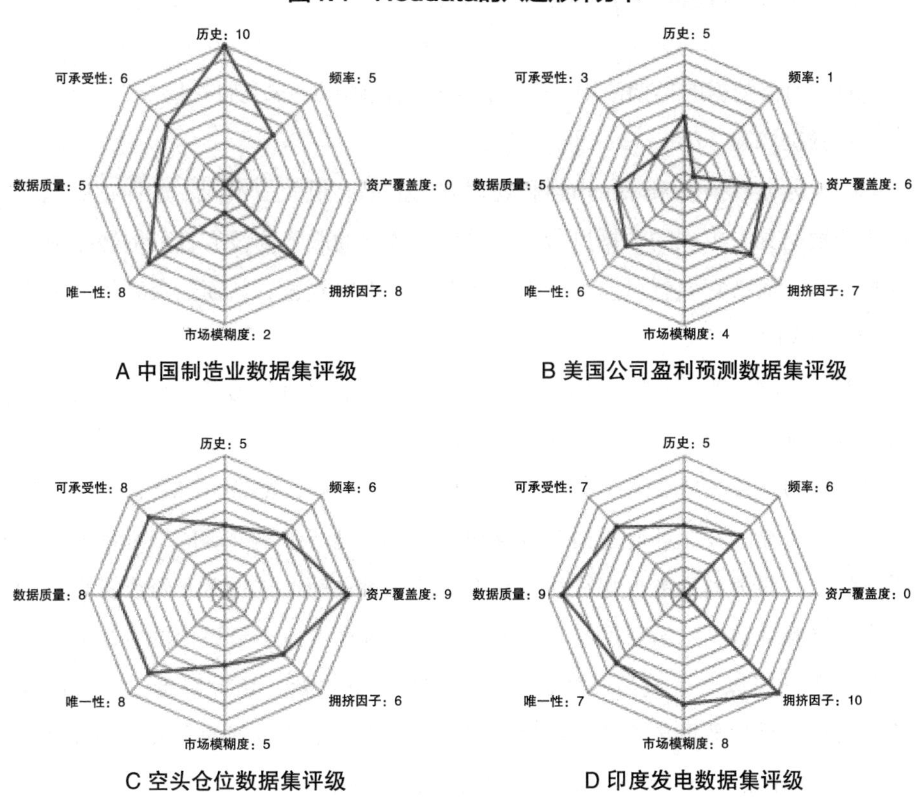

资料来源：Lipuš/Smith（2019）。

四、使用另类数据的风险

风险评估是战略决策的一部分；因此，识别风险是确保一个组织稳步前行的重要步骤。德勤分析师Dannemille/Kataria（2017）对使用另类数据的风险做了详细的讨论，其中有些是另类数据早期接受者需要面对的，而有些则是在另类数据应用中的落后者可能要面对的。下面我们分别进行讨论。

早期使用者面临的风险

对于另类数据的早期使用者来说，它们会面临以下这几种风险。

1. 数据风险（Data Risk）

因为另类数据从来源、内容和处理方式上都有很大的不同，这样它们就会比传统数据具有更多的数据风险。如果另类数据的服务商没有良好的数据风险管控流程，那么它们就可能出售无效或者不合规的数据，从而给资产管理机构带来声誉风险。

首先是数据来源风险（data provenance risk），这种风险和数据来源有关。对于投资经理来说，他们要确保数据是在满足使用条款的情况下从数据初建商哪里获取的。其次是准确性或者有效性风险（accuracy/validity risk）。另类数据可能是不可靠的，比如胖手指和数据缺失，或者是产生不准确的交易信号从而没有价值。因为另类数据集往往具有唯一性和稀缺性，这样对于资产管理机构而言，要验证数据价值就变得不大容易。除在本章第三小节讨论的方法之外，投资经理还可以对生成另类数据的流程进行详细审核，由此降低这一类的风险。最后，另类数据集中还存在着我们在本章第一小节看到的个人数据隐私风险（privacy risk）和重大非公开信息风险（MNPI risk）。

和资产管理机构相比，很多另类数据服务商面临的监管约束比较少，同时市场或品牌价值也比较有限，因此对于资产管理机构来说，有效管理这些风险以保护自己的受托资产是这些机构必须承担的责任。

2. 模型风险（Model Risk）

在2008年金融危机之后模型风险成为监管的焦点，当时监管机构把主要精力放在了确保资产管理机构实际使用的投资模型和它们对外发布的投资政策保持一致上。当使用另类数据的时候，投资经理需要考虑这些数据对投资模型的影响。如果这些数据对于投资组合构建过程贡献更大，那么资产管理公司就把自己置身于这些数据所带来的风险和收益之中。

在模型输入、执行和输出的每个环节进行调整都会产生模型风险。对于另类数据来说，它们在输入阶段对模型的影响最大。除此之外，模型风险还包括另类数据融入模型的方式不恰当、它们可能会生成不规则或者是不一致的交易信号、模型输入可能和交易过程产生不适当的联系等。对上述这些风险点进行强力管控可以弱化它们。

3. 监管风险（Regulatory Risk）

另类数据是比较新的概念。投资经理需要了解监管另类数据的法规，而且恰当的业务流程还处于摸索阶段。比如在网页抓取数据中，对于是否允许第三方来抓取网页特别是电商平台的信息依然存在着争议。我们可以设想这样的场景，如果一个另类数据集可以让资产管理公司持续准确地预测特定公司的营收，那么尽早使用这些数据就会很有诱惑力。但是更合适的做法是对另类数据的产生过程进行尽职调查，其间要查看版权、知识产权、保密和使用条款等。因为另类数据相比于传统数据有着很大的不同，因此在应用它们的时候资产管理公司就需要考虑面向客户披露新的投资政策和投资流程。当然在满足合规性要求方面，资产管理机构的责任并非是唯一的。现在另类数据的供应商已经开始提供合规软件和程序建议，来帮助投资经理确认使用它们的另类数据是合乎监管要求的。[19]

无论如何，资产管理机构需要思考的是，随着新的数据形式以及新型的高级分析技术在金融服务中的应用，公开信息和私有信息的定义不再是一成不变的。

4. 人才风险（Talent Risk）

在另类数据和机器学习所带来的快速变化的世界中，投资管理机构为了获得竞争优势，就必须要寻找创造性的方法来分析数据，并且将其有效地整合到构建投资组合和交易过程中。由此就会导致对人才的争夺战，其中的焦点是产生有创造性的投资见解，而这需要把对投资世界的好奇心、数据管理和高级分析技术有效地衔接起来。现在已经有迹象表明这个趋势在发达经济体中出现了。华尔街日报的两位记者Zuckerman/Hope（2017）就表明一些数据科学家以丰厚的薪酬加入对冲基金团队。这个迹象表明，数据科学家已经成为投资团队中的重要成员，而且扮演着和IT工程师完全不同的角色。

考虑到数据科学家和使用另类数据的投资分析师所需要的专业技能非常稀

19　参见Arcadia Data（2017）。

缺，因此人才流动导致的人力资本损失是投资团队要面临的重大风险。人才流失可能会导致公司知识产权的泄露，当然这也一直是金融市场的难题。为了防止员工流动对公司的影响，很多金融机构会采用竞业禁止的条款。因为另类数据需要的专业技能较高，这样减少员工流失的一种方法就是不断对员工进行培训，让他们建立专业技能，从而在投资过程中更有效率，这在类似另类数据这样快速发展的领域尤其重要。

5. 对手方风险（Counterparty Risk）

当一家资产管理公司发现了一个有价值的另类数据集时，它还需要了解数据供应商是否有足够的经验。很多金融机构习惯于和传统数据供应商打交道，但是在另类数据领域，它们和这些供应商打交道的经验是不足的。而且有时候资产管理机构会发现一个具有很强投资含义的另类数据集，可是其所有者的主要业务并不在数据产业中。

数据供应商缺乏经验会对数据质量或数据交付产生重大影响。在很多情况下，数据供应商会把数据商业化的任务交到没有概念、不了解数据价值以及不知道该如何使用这些数据的人手上。如果一家投资公司考虑基于新的数据集来构建交易策略，那么它就必须要确保有可靠的数据交付机制，从而保证数据可以在正确的时点到达正确的位置。

落后者面临的风险

和早期采用者相比，另类数据应用中的落后者面临的风险可能要高得多。大体上说，它们会面临如下三种风险。

1. 定位风险（Positioning Risk）

随着另类数据大规模地使用，市场对这些数据的反应将会变得更有效率，但是只有从另类数据中对市场变化有洞察力的公司才会看得到市场效率。采取观望态度的公司很可能处于信息劣势，它们可能会错误地认为另类数据驱动的价格变化是市场错误定价的机会，因此在战略上处于劣势，并因此无法给客户创造价值。

2. 执行风险（Execution Risk）

推迟引入另类数据及其分析方法这些战略变革的公司还会面临战略上的执行风险。这意味着对于观望的公司而言，如果只是因为其他公司领先一步而考虑另类数据战略，那么虽然规划阶段比较容易，但是执行另类数据战略相比于领先者来说就会很困难。因为此时要面临着人才、技术以及基础设施等方面的短板，而这些短板对于执行战略而言是不可或缺的。

3. 结果风险（Consequence Risk）

资产管理公司不考虑使用另类数据在结果上会导致声誉风险。投资者会认为这些公司不能跟上创新的步伐，与更早使用另类数据的同行相比，它们面临的市场风险和脆弱性也更高，因此很可能导致投资者离开它们而转向那些技术领先者。

第五章

使用另类数据的流程

当前另类数据的价值正逐渐渗透到整个资产管理行业。但是正如我们在前面的章节中看到的，在应用另类数据方面还存在诸多风险和挑战，因此对于使用者而言，就必须有一套可以操作的应用流程，其中包含适当的程序和制度，并且找到合适的团队来执行。资产管理机构还需要了解的是，一旦在投资过程中应用另类数据，这并不意味着工作的结束。因为随着更多的投资者应用这些数据，它们产生的alpha就可能下降，亦或者随着时间推移，模型开发以及回测中取得的绩效变得差劲，因此我们还需要搭建一套合适的监控流程来处理绩效下降的问题。

作为一个可以操作的版本，资产管理机构在考虑应用另类数据时可以采取下面的步骤：

（1）制定战略和策略；

（2）确定另类数据集；

（3）评估数据供应商；

（4）事前评估风险；

（5）事前评估信号；

（6）获取数据；

（7）置入数据；

（8）预处理数据；

（9）获取交易信号；

（10）融入投资过程；

（11）运营维护。

我们可以看到，上述这些步骤按照时间顺序大致可以分为获取数据前和获取数据后两个阶段。下面我们分别对它们进行讨论。

一、获取数据之前的流程

制定相关战略和策略

面对另类数据，资产管理机构要问的第一个问题就是：是否值得冒险开设另类数据的业务线？这是一个战略问题。它涉及组织内部最高级别的决策者，包括首席执行官（CEO）、首席投资官（CIO）和首席风险官（CRO）。如果对这个问题的答案是正面的，那么这就代表他们相信，在考虑了成本和现有投资流程的复杂性之后，另类数据可以产生alpha。当然这是一个复杂的问题，在这个阶段，它需要决策者们根据印象而不是定量分析进行判断。

通常另类数据供应商的产品介绍或者白皮书是了解它们价值的第一步。但是，更好的方法是投资机构的决策者通过概念验证（proof of concept/POC）来证明另类数据的价值。[1]概念验证不需要复杂的基础架构，也不需要考虑实施过程的复杂性。它的好处就是让决策者以较小成本来找到支持或者否定另类数据集的证据。我们会在后面“寻找信号”这个步骤来介绍概念验证。

一旦资产管理机构的决策者打算要采用另类数据，那么接下来的事情就是制定策略，也就是执行路线图。一般来说，另类数据的策略会取决于投资机构的类型。在这方面一个重要的问题是选择原始数据还是经过处理的衍生数据。追逐先进技术的对冲基金往往会偏好采购原始数据或者轻度处理的数据，同时在内部建立数据分析团队。这样它们就希望能够获得高质量的原始数据，然后搭建复杂的数据处理技术和算法平台。采用这种策略的背后想法是对数据的任何处理，比如移除异常值，可能会丢弃有价值的信息。对于主权财富基金、保险机构和银行这样的大型金融机构来说，它们往往对从原始数据中得到的更直观的衍生指标感兴趣。对于小型投资机构来说，出于成本的考虑，它们不大愿

1　概念验证是业界流行的针对客户具体应用的验证性测试，根据用户对采用系统提出的性能要求和扩展需求的指标，在选用服务器上进行真实数据的运行，对承载用户数据量和运行时间进行实际测算，并根据用户未来业务扩展的需求加大数据量以验证系统和平台的承载能力和性能变化。

意在数据科学和编程技术上投入资源，这样它们会选择搭建低成本的分析和维护平台，然后根据需要来招聘数据研究员。最后是一些新创的金融科技公司，它们的业务线并不是做投资，而是购买原始数据，然后把具有交易信号特征的加工数据出售给投资者。

一个另类数据的策略不仅要包含寻找交易信号和交易机制，还应当包含数据科学技术实施的路线图，而且根据使用者的类型和规模进行适当调整。接下来我们将描述从原始数据到交易信号的整个过程。另类数据的用户出于人力和技术的限制可能不见得完成所有这些步骤，其中的一些步骤可以交付给数据供应商或者第三方咨询机构来进行。

确定适当的另类数据集

在做出战略决策之后，那么下一步就是要从种类繁多的另类数据集中进行挑选了，这是一个不断缩减搜索范围的过程。大多数另类数据集要么只有有限的投资含义，要么只有特定于个别资产的投资含义，但是具体情况我们并不是很清楚。为了完成搜索的任务，现在就出现了所谓数据侦探（data scout）的职业，有些时候也称之为数据战略师（data strategist）。下面我们统一使用数据侦探这个名词。对于希望拥有竞争优势的投资公司来说，数据工程师的角色越来越重要。从实务角度来看，包括投资在内的任何金融服务过程中都需要有大量经验和知识来评估和测试某个数据集。通常仅仅对数据集进行小规模测试后就做判断会存在不小的风险，但是对市场上每个数据集进行全面测试的成本又太高。在这方面，数据工程师必须要和金融领域专家一起协作来完成任务，而对于后者而言他们需要对金融市场、投资组合机构自身风险有着深刻的认知。

一些投资机构可能没有这么细致的角色分工，此时它们就需要凭借自己的首席数据官或者数据科学家的经验。有些时候，它们还可以把数据侦探的工作外包给一些咨询公司，在美国这些公司可以是Neudata或者Eagle Alpha这样的数据服务商，也可以是德勤这样的金融咨询服务商。这些咨询机构可以帮助客户进行数据搜寻和调查，并且跟踪新的另类数据集。这些数据搜寻外包服务以及数据市场的出现可以简化投资机构寻找另类数据集的任务。

在不同阶段，数据侦探或者首席数据官必须要用不同的方式来处理数据，后面在第四小节中我们会谈到这个问题。需要指出的是，数据供应商往往会偏向避免公开数据集中的任何纰漏，因此数据的买方就需要预先做一些检查，即使数据供应商在销售时声称它们的数据是干净的。

需要指出的是，投资机构可以在初期根据资产类别、可许投资范围以及约束条件来限定数据集的选择范围。例如，如果投资机构只是投资于国债和利率产品，那么在这种情况下针对购物中心的步行流量数据就用处不大了，此时采购经理人指数会更符合这个投资品种。从这个意义上说，选择数据集的方法可以是自下而上的，也可以是自上而下的。如果是自下而上，那么就可以从投资组合的元素开始，在数据市场中找出哪些数据集可能会涉及所管理的资产。如果是自上而下，那就是从一个特定的数据集开始逐级向下，从中确定哪些资产类别可以获得有用的信息。

在这个阶段，我们可以采用在第四章第三小节中介绍的评分卡方法对数据集进行初步的评估。正如第四章第三小节所介绍的那样，这个评分卡可以内部设计，也可以外包给第三方咨询公司，其中所涵盖的属性问题维度可以参考表3.3。

需要指出的是，在做初步评估时，数据集的广度、深度和久度等属性是更为重要的考虑因素。比如这个时候的重点可以是数据集是否可以覆盖足够多的资产，而不是专注于建模技术。

供应商尽职调查

现在市场中有着各类不同的另类数据服务商，它们中间有业务长久并且知名的大型机构，比如彭博，当然更多的是一些新创的小型服务商。因此就需要对这些供应商进行尽职调查，以避免在供应商服务方面存在的各种风险，比如在付费之后公司消失从而业务中断的极端风险。一般来说，创建另类数据的组织通常是在风险管控机制不成熟的环境下运营的，这样它们销售的数据可能就容易出错，从而存在可信度的问题。同时它们获取数据的流程可能也存在合规性的问题，比如触犯到个人隐私或者是重大非公开信息的风险，这样和它们合作就会给投资机构带来法律和声誉风险。

一般情况下，类似彭博或者Quandl这样的数据平台可以为其客户进行审查。通常这些数据平台会对数据供应商进行仔细尽调之后才会在平台上发布这些数据。当然有些另类数据集并没有汇总到这些知名的数据平台上，此时投资机构就需要自己对数据供应商进行检查，亦或者是通过类似Neudata这样的外部数据顾问公司来进行。无论如何，对供应商的评估需要在购买另类数据集之前进行。

事前评估风险

如同在第四章中所讨论的，和另类数据相关的风险有很多。在上一步中我们讨论了数据供应商方面的风险，由此需要对它们进行尽职调查。在这个步骤中将涉及和供应商无关的风险，而这些风险评估也需要在购买数据集之前完成。此时需要评估的风险包括数据集的有效性和准确性、个人隐私风险以及重大非公开信息风险。

在供应商给出元数据和合同协议之后，投资机构还需要考虑机构内部在接收数据方面所面临的基础设施风险。比如机构内部设备能否应对数据交付的速度？这在高频交易领域非常重要。亦或者能否吸收所传送的数量？这个问题常见于数据规模通常非常庞大的非结构化数据集中。

事前评估信号

这是一个要求快速而又简洁的步骤，其目的是要确认数据集是否存在投资含义，从而值得进一步研发。当把另类数据引入投资决策环境中时，加载和分析数据的成本可能非常高。这个步骤会帮助我们在不同的工程路径中找到较优方案，同时排除完全不可行的方案，进而节省时间和资源。

正如前面所述，一些数据供应商会用白皮书的方式来报告交易信号或者说明存在交易信号的证据。当然也有一些投资经理希望按照自己的想法和方式从原始数据中寻找信号，这样做有助于发现信号。

在这个步骤中，另类数据的用户可以通过获取样本数据来评估下列事项：

（1）数据的质量，例如是否有缺失值和异常值；

（2）分析目标数据集需要哪些建模技术，公司内部的数据团队是否具有该领域内足够的知识；

（3）运行一些简单的模型以确认是否存在交易信号以及信号强度有多大。

在上面的第3点中，使用简单的线性模型可能找不到交易信号，但是这并不足以让我们放弃这个数据集。如果我们认为数据中存在着非线性关系，这个时候也可以构建更复杂的非线性模型。需要强调的是，即使是复杂的深度学习模型，当前的开源软件也可以让这个步骤简单易行。另外还需要注意的是，单独的一个数据集可能没有交易信号，但是如果和其他数据集汇总在一起那么就可能会找到交易信号了。所有这些操作可以在无需内部系统上实质载入数据的情况下完成。在很多时候，几千个观测值样本就够用了。毕竟这个阶段的目标是做简单的概念验证，只要能够证明数据集在扣除成本之后存在alpha就可以了。

在这个阶段投资机构还需要考虑模型风险。一些机器学习模型在原理上可以产生较高的拟合度，那么是否存在过拟合问题？如果要处理这个问题，我们就必须要考虑做样本外测试。同时是否需要在移动设备上实时显示结果？如果要实现实时交互，那么就必须牺牲准确性而采用较为简单的模型。

在这个步骤中，投资机构应该根据不同另类数据集可能产生的价值以及业务需求对它们进行排序。投资业务中的实际问题可以帮助使用者把重点放在特定类型的数据集上。就此而言，数据侦探的经验是非常有用的。

二、获取数据之后的流程

载入数据

在经过对供应商的尽职调查、风险评估和投资信号评估之后，如果某个另类数据集被证明存在稳定的投资信号，那么接下来就可以考虑采购数据了。此时将涉及另类数据的定价问题，我们将在第六章中对此做相关讨论。如果数据交易双方对价格达成一致，那么接下来的任务就是将数据载入机构内部的设施中。

不同的另类数据集会有不同的数据模式，这会影响到处理数据的方式。无论是从外部接收的数据还是从内部生产的数据，它们都需要存储在数据库中。如何存储数据就取决于数据模式。比如结构化程度很高的高频分时数据可以存储在类似KDB这样的列式数据库中。[2]而对于频率较低的结构化数据而言，它们更适合使用SQL数据库。很多另类数据，特别是以原始数据保存的，往往具有非结构化的特征，对它们而言更合理的方式就是以数据湖（data lake）的方式进行存储。[3]

数据预处理

在把另类数据部署到投资过程之前，我们往往需要完成一些预处理工作。首先就是我们在第四章第二小节中讨论的实体匹配。把另类数据和证券代码相匹配可以帮助将其和传统数据集链接起来，特别是链接到市场数据集上，从而

2　KDB是知识数据库（knowledge database）的简称。它是一个基于列的内存数据库，由KxSystems开发和销售。它通常用于高频交易，非常适用于高速存储、分析处理和检索大型数据集。现在常用的版本是KDB+。金融机构使用KDB+来分析时间序列数据，例如股票或商品交易数据。该数据库还用于其他时间敏感的数据应用，包括股票和大宗商品交易、电信、传感器数据、日志数据以及机器和网络使用监控等。

3　数据湖（data lake）是指一个集中式存储库，用户可以在其中存储任意规模的结构化和非结构化数据。在存储数据时，用户可以原封不动地存储数据，而不需要对数据进行结构化处理。除此之外，用户还可以利用数据湖进行不同类型的分析，包括制作报表、数据可视化、大数据处理以及机器学习等，由此帮助用户更好地决策。对于电子邮件、文档、PDF文件或者是图片、视频等非结构化数据，我们可以把这些数据放在MongoDB、ArangoDB这样的无关系数据库（Non-relational database）中。在具体实务中，有些科技实力比较强的公司可以把数据湖放在本地。有些公司没有那么强的科技实力，或者不愿意把太多的精力花到技术上，那么就可以把数据湖放到云端。

可以对潜在的交易信号进行回测。此外，不同另类数据集可以通过证券代码联系起来，由此形成综合的交易信号。

如果我们整合不同国家或地区的另类数据集，那么它们可能就具有不同时区的时间戳。此时链接这些数据集就可能导致错置的时点，由此引发各种问题，特别是使用了未来时点的数据。一种可行的做法就是在每个数据集中以原始时区为准来记录时间戳，然后将它们转换到一个类似世界标准时间（UTC）这样的共同时区上。[4] 有些时候数据涉及时区的信息可能会丢失掉，此时就需要对此进行推断。常见的一种方法是加入另外一个时间点相关的数据集。对于高频数据而言，我们可以把它们和重要的宏观经济指标发布时点联系起来，由此判断时区信息。从全球市场来说，类似美联储公开市场委员会决议等这样的重大数据发布时，我们会在外汇、利率和股指期货等市场上看到价格跳跃的现象。这样我们就可以通过观察这些跳跃的时点来判断时区信息。在时间戳上可能还存在其他的问题，比如对于极高频数据而言，不同数据源的时间戳可能略有差异，这样在对齐这些数据的时候就会出现问题。

除实体匹配和时间对齐的问题之外，预处理还包括处理第四章第二小节中讨论的缺失值、异常值等问题。更细致地说，数据质量需要考虑下面的各种问题：

- 清晰度：数据定义是否足够清晰从而可以支持相关决策？
- 独特性：在可以接触到的另类数据集中，目标数据集是否是唯一揭示真相的资料源？
- 内部一致性：数据的内部结构是否合理，从而在全部维度中都满足需要？
- 外部一致性：数据的外部结构是否合理，从而不存在没有意义的数据属性组合？
- 及时性：对于给定的应用场景，数据能否在规定的时间内可用？
- 完整性：数据是否存在缺失值？

---

4 UTC是英文Cooridinated Universal Time和法文Temps Universel Coordonné的简写，亦称为世界统一时间、国际协调时间。它以原子时秒长为基础，在时刻上尽量接近于格林尼治标准时间。

- 有效性：数据是否准确反映了它所描述的现实事件？
- 可靠性：数据是否可信以及可信度有多高？

提取投资信号

数据集预处理完毕，接下来的任务就是提取投资信号了。对于证券交易来说，这可以是构造交易策略，也可以是构造指标。某些情况下，比如对于一个采用量化策略的对冲基金经理而言，当前步骤的目标就是找到买入或者是卖出信号。更多的时候我们是需要把从某个数据集中提取的信号和其他数据集提取的信号一起输入到一个投资组合优化过程中。对于主观交易者来说，他们的目标可能就是做个预测，然后作为输入变量进入到交易过程中。对于经济学家来说，从另类数据集提取的信号可能会以预测的形式出现。而对于风险经理来说，从另类数据集提取的信号可以用来构建波动率或者是其他风险指标的预测，或者就是表明要退出某些市场以及资产类型。无论出于什么样的目的，我们都需要对信号进行回测，以检验它在历史数据中的表现。

信号提取是一个迭代的过程，它需要有专业领域专家和业务分析师的协助来完成。这一步中需要不同领域的专业人士进行头脑风暴，从而生成可以检验的假说。就此而言，投资机构需要具有数据和市场趋势的专门知识，从而才能够充分利用所采购的数据。

在事前我们需要建立一些绩效指标来判断信号提取的效果。如果没有出现投资信号，或者是信号强度不够，那么就无法证明另类数据集是有效的。这个时候我们就必须要考虑为什么会出现这样的结果。如果经过检查后，最终结论证明的确数据集没有投资信号，那么就要将检查结果归档，并在这里对应用这个数据集画下休止符。

如果绩效指标表明提取的信号是有价值的，那么我们就转入了落地实施阶段。

业务部署

当走到这个阶段的时候，我们已经载入了数据集，完成了预处理工作，同时成功地从数据集中提取了投资信号。接下来的任务就是创建模型，投入到投资决策的生产过程中，然后在实际的市场环境中开始运行。

在概念验证测试阶段，从供应商那里通过电子邮件或者USB密钥等获取数据就可以了。但是如果考虑把数据用于业务线时，使用者就需要以自动化方式来获取数据。对于高频数据来说，数据供应商通常就需要提供API端口，以便能够实时接收高频数据。对于较为低频的数据来说，例如日或者周数据，用户可以通过批量下载CSV、XML或者Parquet格式的平面文件完成数据接入。[5]

从业务流程角度来看，另类数据的用户需要确保能够复制用于测试的系统，其中涉及从接收到预处理再到生成信号这一整套的过程。这可能就需要重新编写代码，甚至可能要从头开始。对于需要高性能的应用来说，这意味着要从数据科学中那些常用的语言（比如Python或者R）转变为C++、Java或者Scala语言。如果在数据测试阶段没有做到这一步，那么这种编程语言的转变需要花费大量的时间，这样才能保证以分布式的方式完成计算，从而加快处理速度。对于没有处理过此类数据集的公司来说，它们往往需要投入额外的时间和预算来开发这一类的计算设施。

这一阶段也必须采取适当的风险控制措施。例如，当缺失模型重要数据输入时就必须要发布警示。或者当投资信号过于强烈并且预示由此带来的交易量超出监管规定时，就必须启动紧急停机程序。

5　Parquet是面向分析型业务的列式存储格式，由Twitter和Cloudera合作开发，2015年5月从Apache的孵化器里毕业成为Apache顶级项目。数据的接入、处理、存储与查询，是大数据系统不可或缺的四个环节。随着数据量的增加，大家开始寻找一种高效的数据格式，来解决存储与查询环节的痛点。Parquet便是在这样的背景下诞生的，与TEXT、JSON、CSV等文件格式相比，它具有三个核心特征：（1）列式存储，（2）自带Schema，（3）具有谓词过滤器（predicate filter），从而为解决上述的痛点问题提供了基础。

运营维护

当把另类数据集部署到业务流程之后，使用者就需要开启对它的运营维护。在运营维护方面要进行监控的一个重要问题就是所谓的数据集位移（dataset shift）。数据集位移是预测建模中的一个常见问题，当输入和输出的联合分布在训练和测试之间不同时，就会出现这种问题。而对这个问题的全面性分析可以参考Quiñonero-Candela et al.（2009）出版的专著。

对于数据集位移现象，另类数据的用户可以采用两种方法进行实时监控，进而及时采取应急措施。第一种是通过绩效指标进行监控。例如，对于预测股票上涨或者下跌这样的预测分类模型来说，我们可以通过定期生成混淆矩阵（confusion matrix）来监控模型的绩效。[6]

其次，另类数据的用户需要监控训练数据集中的自变量和实时数据之间的差异。模型绩效变差可能是因为普通的问题，例如数据流出现故障或者中断从而无法接收，而数据服务商又没有及时通知，所以用户就需要监控数据流以检测是否发生异常情况。这样另类数据的可变性使得我们需要主动对另类数据的质量进行监控并及时补救。

当模型绩效出现恶化的时候，我们就需要了解出现问题的根源。是因为前面我们谈到的简单问题，还是表明数据集发生了变化？接下来就是寻找解决问题的方案。如果问题是技术性的，那么补救措施也应是技术性的。但如果是生

6　在机器学习中，混淆矩阵是一个误差矩阵，常用来可视化地评估监督学习算法的性能。混淆矩阵是以类的数据为维度的方阵。混淆矩阵的每一列代表了预测类别，每一列的总数表示预测为该类别的数据的数目；每一行代表了数据的真实归属类别，每一行的数据总数表示该类别的数据实例的数目。每个混淆矩阵可以形成一个2×2维的混淆表格（table of confusion），其中包括真阳性（true positive/TP）、假阳性（false postive/FP）、假阴性（false negative/FN）和真阴性（True Negative/TN）。TP表示正确地预测为正例；FP表示错误地预测为正例；FN表示错误地预测为反例；TN表示正确地预测为反例。在这些概念基础上我们可以通过如下的指标来评估一个分类预测体系的绩效：

（1）准确率（accuracy）：它等于（TP+TN）/（TP+TN+FP+FN）

（2）召回率（recall）：它等于TP/（TP+FN）

（3）精确率（precision）：它等于TP/（TP+FP）

成数据的过程发生了变化，那么补救就不大容易了。实务过程中发生这种情况的原因可能很多。如果数据源不再可用，数据服务商停业，或者数据停止发布，数据格式更改，这都将导致投资模型中变量缺失。如果数据面板变得不再平衡，或者是数据表征性下降，那么数据质量也会下降。

对于使用较为广泛的数据集，在出现数据质量问题的时候我们通常可以比较容易用相似的数据集来替换。但是对于比较特殊的另类数据集，这个问题就比较棘手了。即使对于同一种类型的另类数据集，比如新闻文本，不同供应商生成和处理数据的方式都可能存在着显著差异，因此不能把简单地更换数据集作为解决方案，而是需要在重新校准的基础上对模型进行修正。如果缺失数据对于预测绩效的贡献度较差，那么我们就可以忽略这个特征，而不必担心这样做会显著影响回报率。当然这是一种暂时性措施，我们有必要重新开发一个不带有这个特征的新模型。如果问题是因为数据集位移引发的，那么我们就必须首先要理解是什么类型的位移。这是一个具有挑战性同时也很耗时的任务。毫不夸张地说，检测出模型表现变差的原因往往比重新开发一个模型要花费更长的时间。

模型绩效变差的原因也可能和数据无关。如果越来越多的交易者使用相同的数据和模型从而得到类似的交易策略，那么就会让这个策略的市场容量达到上限，由此出现alpha衰减的现象。此外金融时间序列通常都不具备平稳性，它们的一些属性会随着时间而改变。这样当市场不再对模型中的因子做出反应的时候，市场本身的变化就会让先前的交易策略遭遇损失。举个例子，我们现在有一个模型可以汇总新冠疫情在美国爆发初期的新闻，它可能会很好地刻画随后美国股市的剧烈震荡。但是一旦度过了这段最艰难的时刻，这些数据集和美国股市的相关性可能就会下降，甚至会消失了。

运营维护流程不仅仅要考量和模型相关的技术问题，它还需要持续监控整个流程的合规性，以确保现有流程符合法律法规要求。比如说对监管环境变化的关注可以提前预警某些数据集服务会中断。

最后需要指出的是，我们需要有足够的人力来运维另类数据的模型。这方面需要数据科学家、数据工程师、IT专家、法务人员以及其他人一起来协助运维任务。

三、搭建另类数据团队

通过上面的分析我们可以看到，在组建一个处理另类数据的团队时，从长期来看，仅仅是聘请数据科学家然后让他们做一些和数据相关的任务是不够的。对于资产管理机构来说，只有当数据可以产生有利可图的投资决策时，这些数据才是物有所值的。现在全球很多大型资产管理公司都努力在核心业务团队中部署另类数据业务流程，其中涵盖了从数据识别到数据获取再到数据分析。

数据侦探（data scout）是所有另类数据流程中重要的部分，他们帮助在外部寻找和识别另类数据集，从而充当着机构外部和内部团队之间的桥梁。正如前面所述，数据侦探需要非常特别的技能。由于时间和成本的约束，每个机构不可能对现有所有的另类数据集进行评估，因此通过数据侦探选择需要密切关注和评估的数据集在开始识别的步骤中就变得异常关键。

接下来是数据分析师（data analyst）、数据工程师（data engineer）和数据科学家（data scientist）这三个所有数据团队中常见的角色。数据分析师的主要职责是通过数据清洗、数据转换和数据建模等方式从数据集中提取信息。他们最重要的分析技术是描述性统计和推断统计。数据工程师是为数据分析目标而准备数据的人，同时他们还要负责数据处理平台和架构的开发和维护，并且要为数据分析师和数据科学家设计数据格式。数据工程师必须能够同时处理结构化和非结构化数据，因此他们需要懂得如何创建数据湖，以及了解各种数据库的专业知识。数据科学家的主要职责是从现有数据中挖掘出关于未来的见解，并且帮助公司做出数据驱动的决策。因此他们就需要了解各种数据操作，包括数据提取、数据处理、数据分析和数据预测。从某种意义上说，数据科学家是多面手，他们拥有多个不同领域的技能，包括编程和统计，以及相关职业领域的知识。从技术角度来看，他们和传统的金融量化工程师比较相似。

在角色分工上，数据分析师不直接参与决策过程，他们是通过提供静态见解来间接提供帮助，数据工程师不负责决策，但是数据科学家需要参与到决策过程中。在技术上，数据分析师偏重于使用静态建模技术，通过描述性分析对数据进行总结，数据工程师则负责数据业务流程的开发和维护，而数据科学家则需要使用机器学习等方法对未来进行判断。在面对的数据对象上，数据分析师只需要处理结构化数据，但是数据工程师和数据科学家还必须要处理非结构化数据。数据分析师和数据科学家都还需要精通数据可视化，并且要具有良好的沟通能力，而对于数据工程师来说，这些技能就不是必需的，但是他需要具备应用程序开发和API工作的知识。

在数据采购过程中进行集中谈判而不是让单个团队分别进行谈判是更好的方式，因为后者可能出现不同团队采购相同或者相似数据集的情形，由此集中谈判就可以降低购买数据集的成本。数据集中采购的方式可以更加便于记录整个机构会访问哪些数据集，这样通过创建用于处理新数据集的集中管道就可以减少评估数据的时间和成本。

在基金公司中，如果投资经理不将另类数据视为投资过程的一部分，那么公司就不太可能从开发另类数据的整个过程中获取太多价值。数据团队需要投资团队的指导，以便了解哪些投资问题最重要，哪些度量指标对投资最有用。这将有助于确定哪些数据集最有可能有用。因此，数据团队和投资团队之间的有效沟通对于确保投资公司在内部使用另类数据的成功就至关重要。否则数据团队就只能在孤立和隔离的环境中工作，从而无法给投资带来新的想法、见解和洞察力。

数据团队的创建可以分步骤来实现，公司可以根据自身的需要而有不同的侧重点。对于这些公司而言，一个好的策略是从比较小型的另类数据集开始。这些数据集的资源密集度比较低，因此对人力和技术的要求较低。当投资部门看到了应用另类数据集的好处时，这就可以证明搭建数据团队以及购买更多数据集所需要花费的资源是值得的。

还有一种大爆炸的策略，这就是从外部雇佣大量人员，从而一次性地创建一个数据团队。这样做就需要在前期规划出很大的预算。如果投资机构看不到这个策略带来的直接好处，那么花费这么多的钱就很难在机构内部得到支持。因此从使用另类数据中获得小规模利益，然后逐渐扩大团队的策略就更为合适，也更容易得到投资团队的认可。

显然，创建一个能够利用另类数据的数据团队既费钱又耗时。对于投资机构来说，通常情况是现有团队并不具备在另类数据业务上发现、分析、建模以至于产生投资见解所需要的多样化人力资源。大型机构在搭建另类数据团队的时候往往从中获取的益处无法覆盖成本。与之相比，小型机构可以选择由数据供应商或者是初创的金融科技公司所生成的投资信号，亦或者是使用能够避免投入巨大设施成本的数据平台。因此，小型机构必须要做到货比三家，看看哪个数据供应商的产品更符合他们的要求和需求。

Alternativedata.org（2018）对资产管理机构中的另类数据不同功能角色进行了调查。这项调查把数据团队的岗位分为6大类，以便更好地确定不同职能发展的趋势。结果表明在调查的团队样本中，有59%的比例是数据分析师和数据科学家，这是增长最快的岗位，如图5.1所示。而图5.2则表明数据分析师和数据科学家岗位的增长速度是其他数据岗位的3倍左右。

图5.1　另类数据团队的不同岗位占比

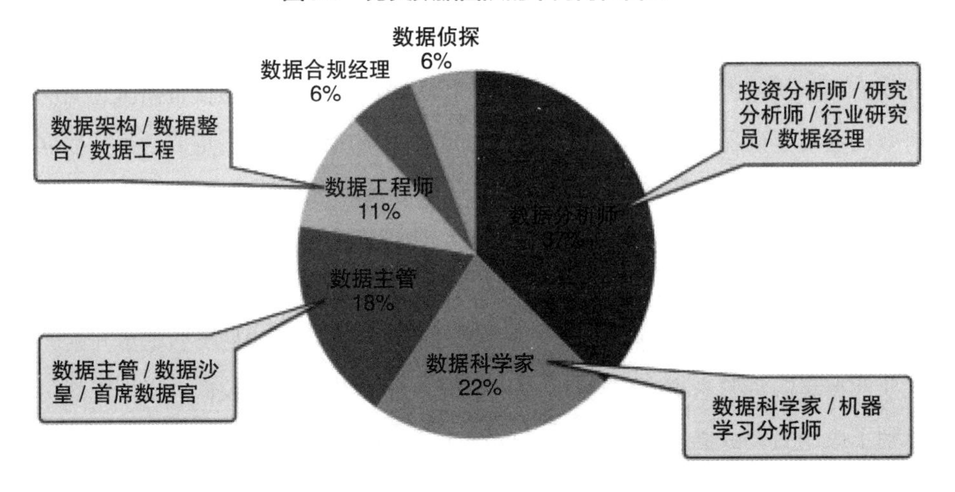

资料来源：Alternativedata.org（2018）。

图5.2　另类数据团队的不同岗位增长趋势

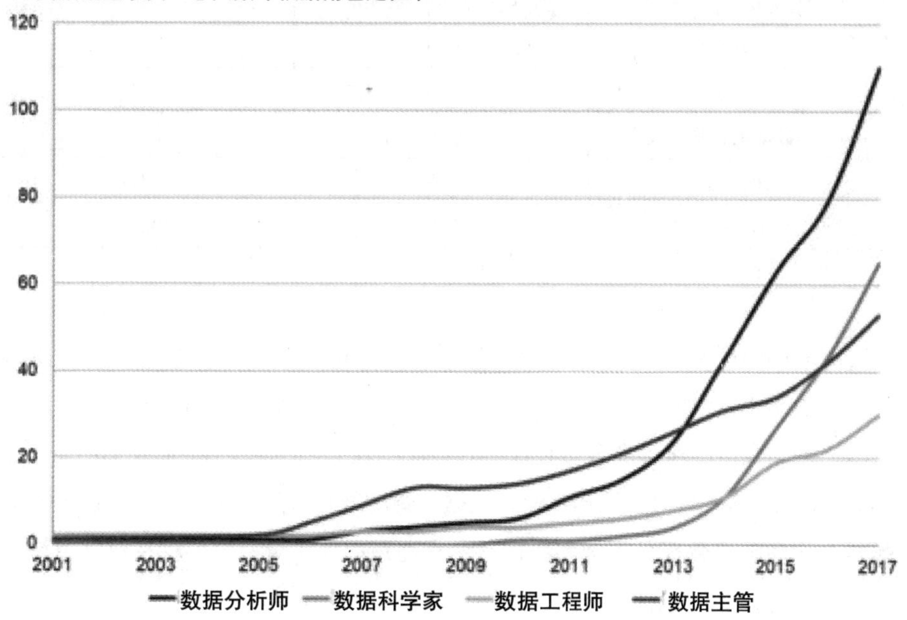

资料来源：Alternativedata.org （2018）。

表5.1是Aternativedata.org （2018）给出的数据团队各个成员所大致需要的平均薪酬。根据这个表格，一个最小规模的全职另类数据团队需要1位数据主管（首席数据官）、1位数据科学家、1位数据工程师、1位数据侦探和3位数据分析师。根据技术能力、现有的人才基础和投资目标，搭建另类数据团队最少需要100万到200万美元。而顶级的对冲基金则在这类团队上投入会超过1000万美元。当然，对于中小型投资机构来说，100万至200万美元的人力支出可能也是一个很大的负担。

表5.1　搭建数据团队的成本

角色	入门年薪（万美元）	奖金
数据分析师	8~10	25%
数据科学家	8~10	40%
数据工程师	8~11	30%
数据侦探	7~9	15%
数据主管/首席数据官	25~100	100%

资料来源：Alternativedata.org （2018）。

Alternativedata.org （2018）还对另类数据团队中四个重要岗位的背景进行了分析，其中涉及教育背景和以往雇主类型，如表5.2所示。结果表明，除数据主管之外，其他的岗位都有相对较高的科技工数（science, technology, engineering and mathematics/STEM）教育背景。数据主管的教育背景几乎全部是传统的投资领域，当然随着数据分析师和数据科学家逐渐取得领导岗位，将来数据主管的教育背景将会变得更加多元。

表5.2　另类数据团队的教育背景和先前雇主

	数据分析师	数据科学家	数据工程师	数据主管
教育背景	经济学 金融 数学	数据（很多是博士） 应用数学/金融数学 计算科学	计算科学 计算和电子工程	MBA 金融
先前雇主	其他基金 数据供应商 卖方	其他基金 科技公司 医疗/制药公司	科技公司 其他基金	其他基金 卖方

资料来源：Alternativedata.org (2018)。

在Alternativedata.org （2018）中，一个有趣的发现就是在美国资产管理机构中，数据团队的教育水平并没有想象中来得高。图5.3表明，在数据科学家职位上研究生（包括硕士和博士）学位的占比最高，当然考虑到这个岗位所要求的技术复杂性，所以这个结论在预想之中，但是图5.3还意味着，对于公司老板来说，数据团队的大多数岗位并不一定要雇佣博士或者硕士研究生。

图5.3 另类数据团队的教育背景构成

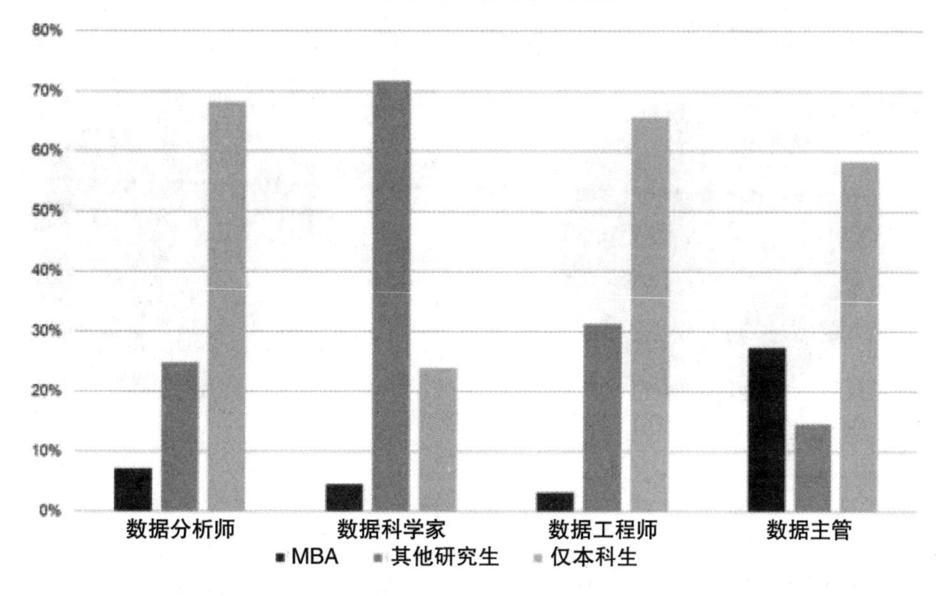

资料来源：Alternativedata.org（2018）。

在2012年，资产管理机构数据团队的大多数人才来自其他基金团队或者卖方机构。2017年，来自卖方机构的比例基本保持不变，但从其他基金来的比例则大幅度减少，如图5.4所示。在这5年里，资产管理机构增加了来自科技公司、学术界和供应商的数据人才。可以预见的是，对于投资机构来说，数据团队人才来源的渠道将来会继续多样化，因为整个行业都需要满足对另类数据技能日益增长的需求。

图5.4　另类数据团队人才的来源

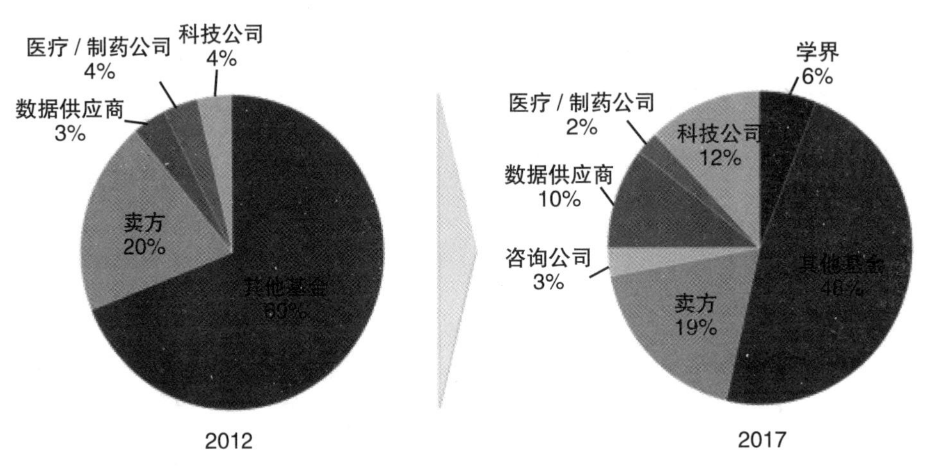

资料来源：Alternativedata.org（2018）。

总而言之，对于资产管理机构而言，它们需要在内部建置和发展广泛的技能，以适应基于另类数据的新投资环境，这其中包括挖掘和应用数百个数据源和数千个数据集的数据管理，解释新数据并将其场景化的领域专业知识，使用先进统计和人工智能创建定量交易模型的数据科学，以及使用信息技术来创建架构，在这些技能基础上构建基于另类数据的投资模型。根据Marenzi（2017）的分析，资产管理机构在这些技能的投入将会以21%的年增长率递增，如图5.5所示。

图5.5　另类数据上不同技能的支出变化

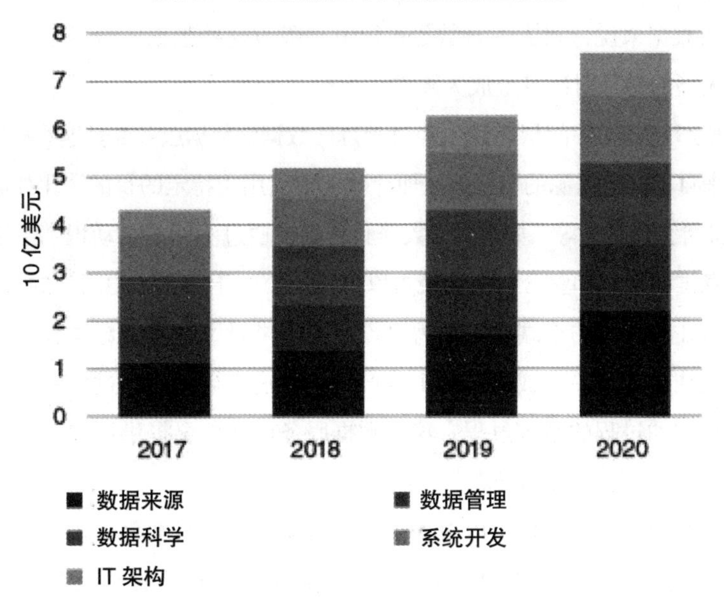

资料来源：Marenzi（2017）。

四、数据产业供应链

当前，数据供应商市场依然处于分散和支离破碎的状态，市场中有数以百计的供应商和数以千计的数据集，它们的数量和类型不断在增加。财经新闻经常会把数据比作是新的石油，其中《经济学人》（*Economist*）在2017年的一篇文章中说明了这个观点。Passarella（2019）则在一篇推文中也指出了数据产业的供应链和石油产业有很明显的相似性。我们下面就使用这种类比来了解数据产业的组成部分。不过在讨论之前还需要指出，石油和数据作为资产在特性上还是有差异的。和石油不同，数据是非消耗和非竞争性的资产，因此尽管数据的应用价值可能会随着时间而发生变化，但是原则上它们是不易销蚀的资产。

起初，数据就像石油一样是在“地下”的。例如数据可能是某家公司业务的副产品，也就是遗存数据。原始数据就像原油一样几乎没有经过任何加工处理，这些数据的供应商处于数据供应链的上游。对于这些数据来说，买方承担分析任务。因此它们就需要投入时间和资源，对数据进行清洗从而让其有用。对于原始数据来说，买方大多数是可以消化吸收这些数据的数据公司，当然也不排除大型的量化对冲基金成为买方。

数据产业链的中间层是提供经过处理的数据的数据服务商。这些机构会清洗和汇总来自不同数据源的数据，从而让数据可以用于特定的目的，比如股市的信号或者油价变动指标等。如果一家数据服务商把通过不同的自动识别系统获取的商船信息进行汇总和整合，由此就可以形成一个处于产业链中间层的数据集。

最后在产业链的末端是专门为投资行业提供投资信号的数据服务商。它们的数据往往会涵盖一个或者某几个资产类别。这个数据精炼过程就类似于大型化工公司炼油过程的精炼过程。这些数据服务商通常会提供白皮书，通过具体的案例来证明存在投资信号。

数据供应商的范围也可以根据提供的数据产品进行细分，也就是根据数据精细程度和技术基础结构加以区分。大多数数据供应商提供的是“数据即服务”（data-as-a-Service/DaaS），也就是给客户提供精炼程度最低的数据。在当前技术水平下，这些服务商提供的服务有：

（1）可以让客户通过单点接入（single point of access/SPA）连接数据，以及根据客户要求定制数据源；

（2）使用适当的插补和标准化数据概念清洗数据。

还有一些数据服务商会提供“基础架构即服务”（infrastructure as a service/IAAS）或“平台即服务”（platform as a service/PaaS）的案例，这是一种灵活的云基础架构和平台。在当前的技术水平下，通过在云环境下进行主机托管（collation），[7] 这些服务商可以提供的服务包括：

7　主机托管（co-location）是一个数据中心，其中的设备、空间和带宽都可以出租给零售客户。它指的是将互联网服务器放到互联网服务提供商（ISP）所设立的机房（这样的机房又称为数据中心），每月支付必要费用，由ISP代为管理。主机的管理者可从远程连线进入服务器做管理。主机托管可让服务器的管理者省去兴建机房、申请网络线路、机房管理、空调冷却、机房保全等费用及麻烦。主机托管和云服务存在一定的区别。云不是一个地方，它是一组服务、技术和工具，可以帮助客户改变业务方式。而主机托管则会涉及一个具体的物理地点，它是客户的IT环境所在的数据中心。客户可以同时获取主机托管和云服务，但是这并不意味着这两种服务是等价的。主机托管服务商可能不会提供云服务，而云服务也可以不必在主机托管的设备中。

（1）在改进使用监控的情况下简化数据访问；

（2）通过主机托管或者云服务的方式来支持超低延迟算法，并且降低通讯基础设施成本；

（3）可以使用弹性计算云（elastic computing cloud/EC2）或者云爆发（cloud bursting）的计算能力，[8 9]提供不同的数据存储方案。

考虑到技术复杂性和成本，通常只有像路孚特（Refinitiv）这样的大型数据服务商才会提供这样的服务。现在市场中还没有服务商提供“分析即服务”（anlytics as a service/AaaS）。AaaS是通过云提供数据分析软件和程序，它通常可以提供从端到端功能和完全客制化的大数据解决方案，是一种组织、分析和呈现数据的方式，它让即使是非IT专业人士也能从中获取洞见并采取行动。在这种模式下，服务商提供的可能服务包括：

（1）简化了对数据处理的访问，提供易于访问的现成数据平台方案；

（2）促进灵活的金融科技生态系统的应用程序商店（app store）参与模式；

（3）定价以客户效用为基础。

这里的一个关键考虑因素是客制化的数据分析平台在多大程度上代表了数据客户的差异。在很多情况下，这种客制化会带来成本，但是不会让服务商具有明显的市场优势。最后还会有从不同供应商获取数据的小型初创公司会提供投资信号服务，然后会出售给在细分市场中的客户。

数据服务商的数据转换程度以及交付模型需要根据对客户的调查以及目标客群偏好来确定。前面我们看到，在另类数据市场中存在着各种不同类型的用户。对于数据服务商来说，核心问题是针对需求确定细分市场，由此找到最合适的交付模型。

---

8 弹性计算云（elastic computing cloud/EC2）即云中的虚拟服务器。是用于在云中创建和运行虚拟机的服务。简言之，EC2就是一部具有无限采集能力的虚拟计算机，用户能够用来执行一些处理任务。EC2是一种可选择的虚拟集群的服务模型。

9 云爆发（cloud bursting）是一个应用部署模式，其应用运行在私有云（private cloud）或数据中心（data center）中，当计算能力的需求达到顶峰时突然进入公共云（public cloud）中。这种混合云（hybrid cloud）部署的好处是，组织只要在有需要时为额外的计算资源付钱。

第六章

另类数据的价值

在第四章第三小节中我们从另类数据所面临的挑战讨论了评估另类数据价值的方法。在本章中我们将分别从数据供应商和数据使用者的角度来进一步讨论这个问题。从数据供应商的角度来看，创建和营销数据集是有成本的，因此需要在销售中得到补偿，进而能够获取商业利润。而从数据使用者的角度来看，只有当数据可以对判断和决策产生影响并且带来可以用货币度量的结果时，才可以给这个数据集以合理的估值。

虽然我们已然深处大数据时代，但是要给某个数据集找到一个合适公允的价格这个问题依然没有太好的解决方案。鉴于数据这种产品的性质，还有很多挑战要解决，所以我们这一章有关另类数据集合理估值和定价的讨论依然是尝试性的。

一、价值变化

价值衰减

无论是另类数据还是传统数据，它们都将用在投资和风险管理中的问题上。就投资问题而言，如果所有或大多数市场参与者基于相同的信息做出了相同的预测，那么他们就会基于这些预测进行交易，这样获取超额收益的机会也会迅速消失。半强型的有效市场假说强调公开信息会快速融入金融资产价格中，因此希望基于这些信息而打败市场注定会失败。这个看法如果是正确的，那么一个直接结论就是我们只能通过内线信息、排他性信息或者是可得有限的信息来获得超额风险调整回报率。要直接检验这个说法的有效性会比较困难，[1]但是所有投资者会认同的是，如果信息在公开可得一段时间后，那么它就很可能失去其大部分价值。从这个意义上说，数据是随时间推移价值会衰减的资产，或者说就是具有易腐性的资产（perishable asset）。对于另类数据供应商而言，这就意味着数据集将面临快速过时的风险。上述分析可以让我们得出这样一个结论，数据无论另类与否，都必须在发布之后快速利用，否则其价值就会快速下降，这样打败市场就必须要有速度优势。

当然，就另类数据而言，其价值衰减的问题并不像表面上那么简单。因为现实中存在阻碍衰减的因素。首先，另类数据的多形式性和多变性会降低alpha衰减的速度。现在市场中不断出现新的数据源，这样市场中大多数投资者能够访问到这些数据集并且在它们可用的时候将其纳入到投资流程的可能性就变小了，更不用说这些投资者会同时把这些数据集和市场中已有数据集结合起来这种可能性了。和标准化金融市场数据相比，另类数据源要多得多，而且其形式也更加多样化。因此，随着另类数据的出现，使用不同数据源的自由度提高了。[2]

其次，即使两个投资者使用同一个数据集，它们使用这个数据集的方式方法也会存在差异，进而导致不同的预测和差异化的交易行为。比如它们可能会把这个另类数据集和不同数据集进行汇总，亦或者其中一个投资者使用线性回归模型生成交易信号，而另外一个投资者使用深度学习模型来生成交易信号。

1　我们可以用间接一些的方法来验证这个假说。标准普尔分析师Poirier-Soe（2016）分析了主动型基金经理相对于指数的业绩。结果表明，在2016年全年，84.6%、87.9%和88.8%的大盘股、中盘股和小盘股基金经理的表现分别低于标准普尔500指数、标准普尔中型股400指数和标准普尔小盘股600指数。报告还指出，在5年的时间范围内，91.9%、87.9%和97.6%的基金管理人业绩低于各自的基准。在10年的时间里，情况同样不容乐观：这三个数字分别是85.4%、91.3%和90.8%。

2　当然这在很大程度上取决于数据供应商的销售政策，其中涉及的关键问题包括：销售给客户的数据范围有多大？是独家销售给一个客户还是限制性地销售给少数客户还是可以面向所有潜在的客户？显然数据集的可得性会影响到为数据集支付的成本。当然即使数据不是限定在少数客户上，那么另类数据集往往具有的更高成本也构成了限制其使用范围的障碍。

第三，因为不同的投资机构具有不同的投资原则、时长、风格和风险偏好，这就会使另类数据集的价值保持持久性。从某个数据集或者某一组信息关联度不高的数据集中提取的特征可能会有助于具有不同投资策略的机构。比如，专注于方向交易（directional trading）的投资经理将关注能够预测股价趋势和特征的数据集；赌波动率的投资经理将寻找能够捕捉价格上下震荡信号的数据集；而采用多头或者多空策略的投资者则会寻找能够区隔股票的因子。

最后还需要指出的是，某个另类数据集所产生的超额收益可能会随着时间来回变化，而不是单调衰减。比如当经济体系和市场进入到和某个另类数据集无关的时期，那么从中可能就找不到有价值的投资信号；但是过一段时间这些数据可能会重新变得有意义。例如，在全球政治相对平缓的时期，政治新闻数据集对于金融市场的影响就很弱；但是在全球政治动荡的时期，例如类似2020年美国总统大选到2021年拜登就职美国新总统这段动荡时期，这个数据集就可能成为重要的信号来源。

价值维持

前面我们讨论了另类数据集生成的alpha随时间衰减的情况。对于最适合高频和低容量策略的数据集，这一点尤为突出。但是我们还需要注意的是，在某些情况下，随着时间的推移，数据集实际上可能变得更有价值，或者至少变得更加可用。

第一种情形就是历史悠久的数据集。我们知道某些另类数据集的历史比较短暂，这是这些数据集价值有限的一个原因。在没有足够时长的情况下，我们很难检测交易策略在不同市况下的表现，也就是说回测检验很难做。

第二种情形就是覆盖范围广的数据集。随着时间的推移，数据供应商很可能还会增加数据集覆盖的范围，比如覆盖更多的资产或者是覆盖更大的地理范围。以计算商场停车场数量的卫星图像为例，此时另类数据集不仅包括图像数据，而且还包括地图数据，因为需要建造地理围栏来画出停车场的边界。

我们可以把历史久远并且覆盖范围广泛的数据集称为成熟数据集（maturing

datasets），这样的数据集会随着时间推移变得越来越有价值。当然在一个数据集成熟之前，它还要面临alpha衰减的问题。

总的来说，随着时间的推移，各种处理数据的技术方法不断成熟，这样就可以让我们更好地结构化各种非结构化数据，同时也可以清洗丢失的数据，这些技术手段会有助于数据集的成熟度和可用性，从而可以维系数据集在证券投资中的价值。

二、数据的估值方法

购买数据的价格包含了获取成本（acquistion cost）和卖方加成（markup）两个部分。现在考虑一个可以监测地理区域温度和湿度的系统，我们可以用这个系统来估计农作物产量。首先购买温度和湿度传感器存在着初始成本；其次是给传感器提供电力以及维护传感器存在着运营成本；第三，收集的数据也会有存储成本；最后是将数据集成到其他系统的成本等。从本质上说它们都是获取成本。即使对于遗存数据，也不意味着它们的获取成本为零，企业可以把这些数据应用到其他地方而获取货币收益。在上面讨论的例子中，我们可以设想一个农民建立了一套监控体系，以此来提升农作物的产量。但即使是遗存数据，也会存在额外的成本，比如营销、生产和法律成本等。可能还存在这样的情况，就是把外部数据集纳入现有数据集中来提升价值，而采购这些外部数据集就需要付出额外的成本。

卖方加价则取决于卖方的定价方法，依赖于数据集的独特性，还依赖于卖方能否收取垄断价格以及可能会销售给多少个买家。另类数据的价格可能会有很大的差异，像情绪分析可能只需要几千美元，但是对于消费者的商品交易数据而言可能就需要数百万美元。

从买方的角度来看，他们愿意支付的价格取决于数据集的使用价值，也就是给买方自身活动带来的附加价值。这样另类数据的价格就成为能否给投资策略增值的因素之一。有时候我们可以用投资策略的超额收益，也就是alpha来衡量另类数据带来的投资增值，而有时候另类数据产生的附加价值就比较难以衡量，比如节约成本，也就是获取所谓的运营alpha（operational alpha）。[3] 当然买方为数据集支付的价格是预先设定的，但是买方从中得到的alpha并不能事先确定，即使在获取数据之前对数据样本进行了回测也是如此。而且我们还需要注意，某个另类数据集提供的信息相对独特也不意味着它对产生alpha是有帮助的。

在讨论定价之前，我们可以先退一步提出一个问题：如果某家公司拥有数据，同时它想把它记录在会计账簿上，那么这家公司应该如何确定数据的价值。显然这个问题不太容易回答，因为数据就像品牌或者知识产权一样是无形资产。当前并没有公司把数据正式作为资产记录在资产负债表上，因而也就没有会计价值。考虑到我们生活在一个信息爆炸的大数据时代，这是一个很奇怪的事情。作为一个例证，在“9・11”事件发生之后，很多在双子塔办公的公司要求保险公司赔付信息资产的损失，但是这些索赔都被拒绝了，因为信息不是有形资产，因为没有价值，而且当时也不存在大规模存储数据的云服务。

当然，从原理上看在资产负债表上记录数据的价值是可以通过间接方式来进行的，例如通过计算获取数据的成本，这包括开始记录所需要的资本支出（例如购买传感器），从第三方采购数据的成本，以及把这些数据集成到数据库的“安装成本”。当然，诸如维护数据库、传感器以及背后的人力工作这样的运营成本也可以计算在内。但要确定数据价值不能仅考虑获取成本和运营成本。还有一个重要的问题就是数据对于公司业务的影响是什么，这会涉及法务部、销售部以及其他各个业务部门。它可以包含诸多不同的估值元素，例如预期收入、使用频率、声誉、合规性和法律风险等。所有这些元素都依赖于特定的环境和场景。后面我们会给出成本价值法的简单形式。

这样，如果把数据看作是资产，我们可以对其进行估值，而不必考虑是否

3　运营alpha这个概念是由Northern Trust基金提出的，后者将其定义为“数据聚合、历史分析、客制化标记功能以及按需或实时数据检索对投资策略和运营产生的积极影响”。简单地说，这个概念刻画了消除运营流程中低效率的思维方式，以最大限度减少资源浪费，同时最大限度发挥技术威力。随着监管要求的提升、管理费的下跌以及交易本身变得越来越复杂，对冲基金行业就需要“看起来像赛马，但是工作起来像拉车的牛”。相关讨论读者可以参考SS&C（2017）和Northern Trust（2018）。

将它们在外部做商业化经营。而且从事实的角度来看，从组织内部了解数据的价值是很重要的，因为这意味着数据会成为需要更好维护的资源，同时也是有用的资源。如果在组织内部数据的价值被低估了，那么这个组织也很可能不会花费太多时间和精力去存储和分析数据。Short/Todd（2017）认为公司可以通过自上而下和自下而上两种方法进行估值，在自上而下的方法中，公司可以通过制定相关的政策来解决问题，其中公司确定关键应用，然后为在这些应用中使用的数据赋予价值。而在自下而上的方法中，公司可以采用启发式的方式来确定数据价值，这需要从公司核心数据的使用情况着手。这种方法的关键步骤是评估数据的流动以及数据之间的联系，然后对数据使用模式进行详细分析。

Laney（2018）给出了三种通过财务方法对数据进行估值的方法。这些估值方法可以用来确认数据资产相比其他资产的绩效，在数据的收集、管理、安全性和部署方面应该投入什么样的资源，以及在诸如并购、数据联合（data syndication）和信息交换（information bartering）等商业交易中如何表示数据的价值。从原理上看，这些方法类似于会计领域估计传统资产的方法。当然这些估值方法做了一些调整，以适应数据资产的非消耗性、非竞争性以及可授权而非可销售的这些独特性质。下面我们将对它们进行简单的介绍。

成本价值（Cost Value）

这种估值方法只是简单地评估为生成和收集数据而产生的财务费用，此外，这个方法还可以纳入在数据因为损坏或者丢失而不可用或者被复制的情况下对业务产生的影响。[4]当数据交易没有活跃的市场并且数据对公司收入的贡献无法很好确定时，这是首选的估值方法。另外这个方法可以评估数据资产在损坏、丢失或者被复制时带来的财务风险。这种方法的公式如下：

$$CV=\frac{T}{t}\sum_{i}E_i\times A_i+\sum_{p=0}^{n}L_p$$

其中

E_i：收集数据所涉及的第i个过程支出（process expense）；

4　数据作为一种资产如果被复制可以理解为传统资产被盗的情况。

A_i：用于收集数据的过程成本E_i所占的百分比；

T：数据使用的平均寿命；

t：度量过程支出的时长；

L_p：在第P个时段上损失的收入；

n：业务连续性受到数据受损或者丢失影响的时段数。

因为数据是在业务运营过程中获取的，所以在主观上就很难确定过程费用E_i及其可以归因于获取数据的百分比A_i，以及数据丢失对业务造成的损害。一般来说，会计师更倾向于用这种方法来评估无形资产，因为它更保守，波动性也更小。当然需要记住的是，在这种方法中所度量的支出很可能是已经发生的，因此它只是表示数据的价值从支出变为资产。

市场价值（Market Value）

这种方法着眼于数据在公开市场中可能的或者实际的货币价值，因此它不适合于诸如内部数据集这样的不用于出售的数据。这种方法同样适用于数据在买卖双方之间的私下交易，此时数据可以用兑换现金的方式进行交易，也可以用兑换商品、服务或者合同折扣的方式进行，前者可以看作是销售（sale），后者可以看作是易货（barter）。需要指出的是，即使数据交易是在类似Quandal、Qlik这样的市场平台或者说市场中介进行的，这些市场也是不受监管的，而且也不存在标准化的定价模型。

需要指出的是，在大多数数据交易中，实际出售的并非是数据的所有权以及引申而来的收集数据背后的过程，而是数据使用权或者说是数据许可证。因为数据几乎可以无成本地复制，所以从理论上讲数据许可证的数量是无限的。但是随着向更多的市场机构出售数据，数据的市场化程度就会下降，由此数据价值会随着更多投资者使用而下降。[5]

在这种方法中，我们可以从只出售给一个客户的专享价格（exclusive

5 需要注意的是，这个观点并不适合交易以外的领域。Jones/Tonetti（2019）就讨论广泛使用数据可以最大化社会利益。

price）开始，然后对其应用可变折扣因子（variable discount factor），以便反映出售给更多用户的价值衰减。[6] 上面提到的成本价值以及后面的经济价值可以作为确定专享价格的起点。

这种方法的公式如下：

$$MV = \frac{P \times N}{D(N)}$$

其中：

P：出售给一个客户的专享价格；

N：数据许可证的数量；

D：折扣因子（大于1）。

通过成本价值或者经济价值作为确定专享价格的基准之后，我们就要确定或者是估计在市场中可以发放多少张数据许可证。用于确定市场规模的传统分析方法可以处理这个问题。而折扣因子D的确定可能要依赖于充分的市场分析并进行主观判断，这种市场分析可以采用传统的方法进行，比如向客户发放问卷调查，询问客户为了得到数据的专享或者有限使用权而愿意支付多高的溢价，当然D会依赖于许可证数量N。

经济价值（Economic Value）

经济价值法就是使用传统的损益法对数据进行资产评估，也就是数据带来的收入变化减去和数据相关的费用，这里的费用包括获取、管理和应用数据的成本。就此而言，这种方法是用经验方法来计算数据的真实价值，因此它更多是数据价值的跟踪指标（trailing indicator），而非领先指标（leading indicator），除非我们可以较为准确地评估其中的收入项。

这种计算方法需要在某个特定时段t上进行一个A/B测试。所谓A/B 测试就是一种检验新产品或新功能的常规方法。它一般将用户分为两组，一组为对照组（control group），另一组为实验组（trial group）。对照组采用已有的产品或

6　这里的折扣因子可以看作是负溢价（negative premium）。

功能，实验组则采用新功能。A/B测试要做的是找到它们的不同反应，并以此确定相对绩效。这样评估数据价值的经济价值法就需要评估使用数据和不使用数据这两种备选方案产生的收入变化，然后减去数据在生命周期中的支出，具体而言就是：

$$EV=[R_A-R_B-(E_{AC}+E_{AD}+E_{AP})]\times\frac{T}{t}$$

其中：

R_A：使用数据（实验组）产生的收入；

R_A：不使用数据（对照组）产生的收入；

E_{AC}、E_{AD}和E_{AP}：获取、管理和应用数据的支出；

T：数据使用的平均寿命；

t：执行实验的时间长度。

在这种方法中，我们首先要衡量使用数据与不使用数据产生的收入差异，然后减去数据的生命周期成本，最后将得到的差值乘以数据资产寿命T和实验持续时长t之间的比率。在确定经济价值时，我们需要在实验期间内让产生收入过程的其他方面保持不变。

下面我们会看到，在投资和风险管理领域，用于检测的首选方法并不是A/B测试，而是回测（backtesting）方法。当然，从数据供应商的角度来看，它们并不知道另类数据对于投资机构的经济价值，而且两个不同的投资机构在应用另类数据时不大可能会产生相同的经济价值。投资机构在对数据集进行估值时要考虑自身的风险敞口，这样当风险敞口差异很大的时候，它们对同一个数据集的估值可能就会相差好几个数量级。

本节中我们从数据服务商的角度分析数据的价值，此时数据既可以用于内部作业，也可以在外部进行商业化。但是从数据用户的角度来看，某个数据集的价值应该是多少呢？在考虑购买某个数据集的时候，投资机构必须要评估从中产生的额外经济价值。虽然我们一般较难评估数据集对于品牌声誉、竞争力或者其他业务用途的价值，但是对于资产管理机构而言某个数据集产生的潜在影响是可以直接度量的。当然这听上去很简单，但是在实际操作中也存在着困难之处，下一节中我们将讨论这个问题。

三、投资中的回测

在证券投资中，确定某个数据集的经济价值最为通用的方法是回测，当然这种方法不一定总是可行的。在这种方法中，资产管理机构希望了解，如果在历史上把另类数据集融入策略中，那么会产生什么样的结果。因为这种测试是采用历史数据进行的，所以我们称之为回测。这种方法一个暗含的假设就是回测的结果在未来依然会成立，当然现实世界并非如此简单，因为历史并不会在未来以简单的方式重新显现。

对于量化投资者来说，我们可以通过在投资时长范围内估计采用某个数据集所增加的回报减去获取数据集的成本来估计其经济价值。对于主观投资者来说，我们可以通过数据集在投资决策中产生的附加价值来度量其经济价值。对于风险经理来说，我们可以通过数据集在多大程度有助于预测或者减轻超出风险承受能力的极端损失来量化其价值。在实务中我们会看到，所有这些度量方法都是近似的估计，而且也不存在唯一和确定的方法来进行这些度量。

量化投资者

对于量化投资者来说，他们可以考虑通过对比使用数据集形成的策略A和不使用数据集形成的策略B来计算在样本外的相对绩效，由此来分析某个数据集对投资预测能力的改进。例如，以t为当前时点，我们可以在时段（t–15，t–10）中校准两个模型，也就是策略A和策略B，然后计算它们在（t–10，t–9）之间的绩效。[7] 接着在（t–14，t–9）上重新校准模型，并在（t–9，t–8）上计算它们的绩效，如此滚动下去。最后我们会用一些指标来度量策略A是否优于策略B，这些指标可以是夏普比率（Sharpe ratio）、复合年回报率等。这些类型的回测应该在数据集可以覆盖的所有资产类型上进行。例如，我们可能会使用相同的数据集来生成股票、固定收益、外汇等增强策略。然后综合这些测试的结

7　这里的数字9/10/15可以是天、月，或者是任何我们选择的时长。

果来评估策略A的总体性能。

上述方法和本章第二小节中讨论的经济价值法很相似，但是要注意的是，我们这里描述的并不是A/B测试，也就是在同一时间将不同的策略应用于不同的分组上，然后评估和对比这两种影响。当然，我们可以把投资组合一分为二，进而采取A/B测试，但是从商业角度来看，我们很难证明这种方法的合理性，因此回测是投资中首选的绩效评估方法。

乍一看这是一种很容易操作的方法，但实际上在回测建模过程中一些因素的选择会影响到回测的结果，这些因素包括：

（1）在样本外测试和样本内拟合中选取的时间窗口长度以及滚动的时间步长；

（2）输入变量和输出变量的时间频率；

（3）输入变量的选择；

（4）对交易成本的不同假设；

（5）选取的预测模型类型。

以上列出的选项通常都需要在回测之前做出，这样当改变其中一个或者几个选项时，一个盈利的策略可能就会变为亏损的策略，反之亦然。上述这些因素表明，找到一个绝对意义上的最优模型并不总是可能的。当然基于经济直觉或者技术条件的限制，我们可以缩小选择空间，由此就消除了某些结果的可变性。例如，根据经济学的知识或者直觉，线性模型可能是唯一合适的模型，这样我们就无须考虑更复杂的非线性模型。另外如果投资者只能以周或者月这样的更低频率来接收数据，那么我们就不能选择更高频的时长了。当然在具体问题上，即使经济知识和技术条件会限制选择空间，但是依然会留下很多的选择。后面我们会进一步讨论这些问题。

通过回测检验，我们的目标是希望得出策略A优于策略B的结论，或者说在高于某个预设的阈值上策略A比策略B更好。当然有时候我们无法得出这样的结论，这就意味着所分析的数据集没有投资信号，或者只有很少量的交易信号，由此无法形成可行的投资策略。正如我们前面所述，一个数据集单独无法形成可行的投资策略并不意味着它是完全没有投资价值的。因为我们可以把它和其他数据集结合在一起进行研发。从经验上看，当把多个不同的数据源组合在一起的时候，通常可以找到非常明显的信号。因此如果从某个数据集自身中没有找到交易信号，然后我们就认为它是无用的，这种想法显然是为时过早了。

需要指出的是，虽然对于量化投资者而言，他们会使用回测这种看上去客观的统计方法来评估数据集的价值，但是这里也存在着主观性因素，例如前文提到的时间窗口选择、时频，等等。另外，回测是基于历史数据进行的，因为历史数据无法充分地代表未来，因此就需要在回测中加入一些主观调整因素。

另外一个复杂的问题是，回测中得到的结果会依赖于时间。也就是说如果明天我们重新检测两个策略，那么今天认为是有效的结果可能就会发生变化。产生这个变化的原因主要有两个。一个是过度拥挤，也就是当更多的人使用某个数据源时其在投资中的价值就会下降；另外一个原因是金融市场缺乏平稳性，这意味着某些今天有价值的信息在未来会变得过时。当然可能还存在着监管方面的原因，比如强化针对个人隐私的法律就会让某些数据集不能再用了。

如果投资者能够了解某个另类数据集带来的附加价值，那么这就可以有助于评估购买数据集需要花费多少钱。根据Denev/Amen（2020）的估算，这个价值乘数大约是10左右，也就是说如果一个资产管理机构认为可以从某个数据集获利100万美元，那么它愿意为这个数据集支付10万美元。当然不同的公司在价值乘数上会有所不同。

当然与某个另类数据集相关的成本不仅仅是其采购价格，还包括研发数据集需要花费的时间以及将数据集纳入到策略过程的支出，也就是资本支出和运营支出。这些费用中包含数据质量的检查和转换，例如填补缺失的数据或匹配实体标识符等。策略的容量也会影响到数据集的成本。对容量较大的策略来说，数据集的研发成本在收益中的占比就会相对更低。

如同第5章所述，在实施策略之前投资者可以通过概念验证的方式来检测在数据样本上是否存在投资信号，由此就可以节省不必要的时间和资源。如果在概念验证阶段发现存在投资信号，那么就可以考虑采购数据集并在其基础上构建交易策略。

最后，如果资产管理机构的投资政策要求回测满足一定的年限才能执行策略，那么这就可能会限制某些另类数据集的使用，因为我们知道这些数据的历史通常较短。当然对这些公司来说，它们可能会错失另类数据浪潮带来的信息优势，因此对它们来说最好是调整相关政策以适应新时代的大数据现实。缓解这个问题的一个方法是数据供应商扩大数据集的范围，例如可以涵盖更多的上市公司。

主观投资者

对于主观投资者来说，另类数据集的价值可以不是生成在特定资产上的买卖交易信号。这些投资者往往会自己做出买入和卖出的决定。在这种情况下，另类数据集可以称为投资决策过程中额外的输入元素，例如针对特定议题使用另类数据，从而可以深入研究某些公司或者某些政治或者经济事件。

在这种情况下，一次性购买数据集的情况并不少见，尤其是那些希望获得更多信息的基本面投资者。在这种情况下，调查数据总是有帮助的，我们将在第七章中说明这一点。在本例中，我们不可能进行统计评估，因为一次性数据集意味着一次性评估，因此就缺乏重复性。但在这种情况下，我们如何给数据集定价呢？这显然是非常困难的。然而，解决这个问题的一种方法是询问这个额外的数据集是否改变了您的观点，或者至少有助于添加额外的证据。数据集是否有助于您回答没有它就无法回答的问题？这类问题的答案是非常主观的，因此买方愿意给出的价格变动是相当大的。

有些时候主观投资者会对重复发生但是在时间上没有规律性的事件感兴趣，此时他们可能就会向某个服务商订阅一个信息服务，以便对这些事件进行监控，例如在特定地区的军事冲突。在此基础上，主观投资者可以对这些事件的时间分布及其过去的影响建立一个近似模型，从而可以用来评估这个信息服务带来的附加价值。

与量化投资者一样，另类数据集价格的确定在很大程度上取决于买卖双方的议价能力。但是如前所述，主观投资者需要的数据集类型与量化投资者需要的类型有所不同。比如在调查数据（survey data）或者专家观点这样的数据集上，服务商提供的是收集数据的服务，这和利用传感器和数据库开发的数据流相比在成本上会更加透明，这样就会增强买方的议价能力。与此同时，市场中供应给主观投资者的另类数据集也有很多，因此市场竞争也会把价格压低到略高于成本的点位上。

风险经理

风险经理日常要关注的一个重点是极端事件（rare event/extreme event）。当然根据定义，极端事件是很少发生的，它们在时间上的分布相比于普通的事件会更不规则，而且在性质和特征上不同的极端事件之间也差异很大。比如长期资本管理公司的投资失败、“9·11”事件、安然事件、次贷危机以及主权债务危机这些极端性事件之间就存在着根本的差异。能够预测这些事件的预警指标很可能存在于不同的数据源中，因此我们评估某个另类数据集在多大程度上可以预测极端事件的发生是很困难的，即使可以做也缺乏统计上的支持。从这个意义上说对极端事件进行回测是不可能的任务，所以从预测极端事件的角度来评估一个另类数据集的价格就很难进行，这种时候往往就只能依赖于专家的主观判断了。

虽然比较难以预测极端事件，但是另类数据可以给风险管理经理提供洞见，帮助他们预测一些诸如波动率这样的风险指标，进而把后者作为更为广义的风控指标的输入变量。在这个时候我们可以通过回测的方式来测算另类数据集的价值。举例来说，我们可以通过新闻来预测市场在央行执行新的货币政策行动前后的波动率变化。

四、回到卖方

如果数据市场具有流动性，并且存在完全竞争，那么数据集的价格将由市场自己决定。然而在大多数情况下，另类数据集具有唯一性，或者是几乎唯一的。在这个时候，我们就需要考虑市场结构导致的垄断定价。另外我们还需要考虑另类数据的另外一个特点，这就是过度拥挤，也就是某个数据集大量被使用的时候，数据价值会降低。在本节中，我们将讨论数据服务商处于垄断或者近似垄断时的定价问题。

在分析之前我们需要注意，对于数据产业来说垄断并没有准确的定义，就如同电力或者水市场一样，即使是某种数据流只有一个供应商。在数据产业中，两个不同的数据集即使收集的方法不同，但也很可能会包含重合的信息，例如购物中心的流动人口流量和汽车数量的卫星图像就属于非常相似的信息。此时如果卫星图像过于昂贵，那么数据买家就可以转向使用可能更便宜的步行数据，由此垄断定价并不能总是严格成立。数据供应商必须意识到这种情况，否则它们就要面临倒闭的风险。

垄断

如果某个另类数据集具有唯一性，那么数据供应商可以应用垄断定价。在一个理想的世界里，供应商会最大化收入，而后者是数据集的价格p和基于这个价格所确定的出售数量$x(p)$。现在供应商的问题是如何确定价格p，从而使$p \times x(p)$最大化。这意味着市场上潜在的用户必须要表明它们对数据的偏好。但是解决这个问题并不容易，可能的方法包括对数据用户进行调研，或者是使用拍卖机制，或者是给数据用户设计一个专门的机制从而让其有动机显示自己的偏好。下面我们比较歧视定价机制：

- 一级/完美价格歧视（first-degree/perfect price discrimiation）：在这种价格歧视中，卖家可以让每个消费者支付其愿意支付的最高价格。这种价格歧视很难操作，因为卖家很难获取针对每个客户定价所需要的个体偏好信息，现实中我们可以把消费者显示各自愿意支付最高价格的拍卖或者说竞价看作是这种价格歧视机制。
- 二级价格歧视（second-degree price discrimination）：在这种价格歧视中，价格取决于产品数量或质量，数量越大或者质量越低就可以按照更低的单价出售。现实中机票的头等舱、商务舱和经济舱分类就是这种价格歧视的应用案例。
- 三级价格歧视（third-degree price discrimination）：在这种价格歧视中，价格

取决于不同的消费者群体。现实中的例子包括交通高峰和非高峰时期的车票价以及电影中的学生票价折扣等。

对于价值较高的数据集而言，我们可以通过拍卖（auction）这种方法来限制使用范围，然后通过延迟使用和其他的一些技术手段支持多个用户使用，由此可以保证不会对某个另类数据集过度使用和对获取alpha产生侵蚀。简单来说，就是首先通过拍卖的方式将数据使用权以许可证的方式分配给数量有限的用户，然后以固定的价格通过延迟供应的方式把数据集出售给市场中剩下的客户。当然在这种方案中，数据市场需要有足够的流动性，从而可以在拍卖中存在足够多的竞拍者。

拍卖这种经济活动的结果依赖于三个因素，首先是拍卖的规则，其中包括投标是公开还是密封的？投标方可以出价多少次？中标方支付的价格是自己报价还是其他价格？第二个和拍卖标的的价值有关。拍卖标的是对不同的投标方有不同的价值含义，还是这些投标方会用相同的方式对标的进行估值？第三个因素涉及不确定性，不同的投标方对于标的价值拥有什么信息？

2020年诺贝尔经济学奖颁给了在“改进拍卖理论和发明新拍卖模式”中做出突出贡献的两位经济学家，即Paul Milgrom和Robert Wilson。在诺贝尔奖组委会发布的科学背景文章中对拍卖理论做了很好的综述。[8] 拍卖理论可以告诉我们，上述三个因素会如何影响投标方的策略行为，并且因此影响拍卖结果。与此同时，拍卖理论还可以告诉我们如何设计拍卖从而让其产生更多的价值。

现实世界中四种主要的拍卖方式是英式拍卖（English auction）、荷式拍卖（Dutch auction）、首价拍卖（first-price auction）和次价拍卖（second-price auction）。次价拍卖在实务中也被称为集邮者拍卖（stamp auction）或者维克里拍卖（Vickrey auctoin），其中集邮者拍卖这个名称的由来是这种拍卖形式最早起源于1893年的邮票拍卖，而维克里拍卖这个名字是为了纪念1996年度诺贝尔经济学奖获得者威廉·维克里（William Vickrey），以表彰他对拍卖分析所进行

8　参见Nobel Prize Organization（2020a, 2020b）。

的开创性工作。[9]

英式拍卖和荷式拍卖是公开拍卖，其中前者从最低价开始逐渐加价，直至最高价赢标；而后者则是从最高价开始逐渐减价，直至最低价赢标。首价拍卖和次价拍卖都是密封投标拍卖（sealed bid auction），这两种方式都意味着出价最高者赢标，但是在首价拍卖中中标方要支付自己报出的最高价；而在次价拍卖中，中标方只需要支付第二高的报价即可。次价拍卖可以引诱买家显示它们的真实估值意愿，进而让卖家可以近乎应用完美价格歧视策略，同时它基本上可以实现与英式拍卖相同的结果，进而达到帕累托效应，这一点在Vickrey（1961）原创的学术文章中得以证明。因为次价拍卖所具有的特别优势，所以在实际应用中备受赞誉，谷歌和易趣等公司已成功地将次价拍卖嵌入其商业模式的核心。[10]

当前拍卖作为数据交易的定价机制还没有出现，但是Denev/Amen（2020）就认为在不久的将来，数据产业中将看到这方面的应用案例。到目前为止，数据交易中最流行的定价方法是差别定价，这意味着价格将由卖方根据买方的资管规模进行调整，其中没有太多的谈判余地。买方对某个另类数据集的个体估值取决于报酬，而报酬则与风险敞口成正比。因此资产管理机构的规模越大，愿意支付的价格也就越高，而数据的卖方也很清楚这一点，因此在实践中我们看到，根据客户的规模，数据供应商会向不同类别的客户提供不同的

9　次价拍卖在学术上最早是由Vickrey（1961）提出并且进行分析的。关于维克里拍卖方式历史演进，读者可以参考Lucking-Reiley（2000）。

10　需要指出的是，在Vickrey（1961）的原文中，讨论的是单一且不可分商品的拍卖情况。只有在这种情况下，维克里拍卖和次价拍卖才是等价的，并且可以相互混用。而如果拍卖的标的商品是可分的，或者是多个，那么这两种拍卖就不完全一样了。在多个相同商品情形中，投标方需要提交需求曲线，并且要支付机会成本。在实务中，易趣（eBay）的代理出价（proxy bid）和维克里拍卖很像，但是并不完全一样。同时谷歌和雅虎在线上广告程序中应用的是维克里拍卖的广义形式，也就是所谓的广义次价拍卖（generalized second-price auction）。关于这方面的详细介绍可以参考维基百科有关维克里拍卖的介绍（https://en.wikipedia.org/wiki/Vickrey_auction）。

价格。[11] 但是正如前所述，拍卖在经济上可能是一种更好的价格揭示机制，因为用户最清楚数据对于投资的价值，因此也就知道在购买数据集上应该花费多少钱。

收益分享

在数据服务商对外销售数据时，我们假设数据价格是事先商定和固定的。例如，资产管理机构将按照一定金额从数据服务商那里购买某个数据集，然后通过证券交易来体现这些数据的价值，因此数据的价格是数据服务商收到的收入。如果某个另类数据集特别有价值，而资产管理机构的收益可能远远超过购买数据的初始成本，但数据服务商不会从中获得任何收益。当然我们可以说这样的交易是公平的，其中投资机构支付了固定价格。这就像数据供应商出售期权，而投资机构在购买期权，因此我们可以把它看作是一个实务期权的应用案例。当然在这个案例中无论最终买方的收益如何，期权卖方都会保留期权费。

现在我们考虑一种不同的数据定价方式，其中数据不是按照事先约定的一个固定价格，而是根据最终交易结果定价。这类似于一些投资经理的薪酬安排。比如投资经理可以使用固定工资制，也可以采用从交易策略中得到的利润中提成的方式来获得工资。当然后一种方式会鼓励投资经理承担过大的风险，因为此时投资经理的损失是有下限的，而收入是无限的，这会给投资机构带来破产风险，如同流氓交易员Nick Leeson在1995年搞垮巴林银行那样。

为了简化问题，现在我们假定一个投资经理会负责某个交易账户的所有交易决策。我们可否让数据供应商分享这位投资经理投资中的收益呢？一种简单的方法是数据服务商向投资经理出售交易信号，然后投资经理将使用这个信号获取的部分收益返还给数据服务商。从某个角度来看，这种做法就让数据服务商转变成为投资经理。在这种机制中，数据服务商需要将某个另类数据集转换

11　我们也看到过价格受阈值影响的情况，超过这个阈值，投资经理在采购数据集的时候就必须通过上级管理层的批准程序。

为可以直接投资的交易信号。显然这需要一套和数据技术不大相同的技能，然而大多数数据服务商并不具备这种能力，这是这种机制的主要困难所在。而且在很多情况下，数个数据集结合在一起才可能提升预测性，但是对于资产管理机构来说它们不大可能允许外部机构调查自身的投资决策过程，查看使用了哪些另类数据集以及分析哪个数据集的价值贡献度最大。

解决上述问题的一种可能方法就是让某个具有金融市场技能的独立机构把许多数据集汇总在一起，然后生成交易信号。投资机构可以从这个独立机构中购买信号来执行交易。当然这个独立机构也可以执行这些信号，此时它就转变为一个小型私募机构，由此就成为一个受到金融监管的投资实体。

因为投资机构需要为交易提供资金，同时承担风险，这样它们理应获取大部分的证券投资收益，独立机构因为汇总和提供交易信号而获取一部分收益，同时根据自己的分析把剩余的收益分配给每个数据供应商。当然数据供应商也可以尝试管理上述流程，但是这种做法就会降低独立性，特别是在把投资收益分配给其他数据供应商的时候。

投资信号的"定价"可以通过市场方式来进行，比如我们前面谈到的拍卖机制。但是此时依然存在着下面的问题：生成投资信号的技术主要被投资机构而不是数据供应商所掌握，因此如果是基于数据供应商生成的投资信号进行交易，相比于投资机构来说可能就无法获利了。

免费和软美元

我们前面讲到的直接从销售数据中获取收入，或者是分享使用数据带来的投资收益，都属于对数据的直接货币化过程。这个小节我们将讨论一些间接货币化的方式。

有些时候，创建数据集的机构是大公司，它们的主营业务也不是数据服务，但是希望把自己业务过程中产生的遗存数据进行货币化处理。和主营收入相比，这些大公司直接销售数据的收入可能是微不足道的，这个时候它们可以考虑让客户免费使用数据，由此这些数据的价值就体现在公司的营销价值上。[12]

另一种方法就是以软美元（soft dollar）的方式把数据和其他产品或者服务捆绑在一起，由此出售给有限的客户。软美元就是投资机构为了获取一项服务所支付的隐性成本，也就是成本不直接用现金进行支付。这将有助于数据服务商向客户提供更多的服务。[13]

12　Denev/Amen（2020）以美国公司安德普翰（ADP）为例说明了这一点。ADP是一家为人力资源和工资支出提供软件服务的公司，因此它就获取了大量的美国就业数据。ADP将它们汇总，由此就产生了有关美国就业状况的信息。ADP在每个月初发布全国就业报告，在时间上早于美国官方公布的就业报告。金融市场和媒体都对这个数据非常关注，这样就增加了APD的品牌知名度。

13　欧盟在2018年启动的《金融工具市场指令II》（*Markets in Financial Instruments Directive II/MiFID II*）中要求卖方机构将提供给买方机构的服务分拆进行销售，因此买方必须要为诸如研究报告这样的服务提供费用。这个指令会让软美元的安排机制在欧盟内部变得困难起来。

第七章

一些另类数据的介绍

本章我们将先介绍一些典型的另类数据，包括文本数据、图像数据、位置数据、调查和众包数据、投资者关注数据、动量（领先—滞后）效应的数据以及其他的另类数据。考虑到ESG数据的特殊性和重要性，我们将在下一章中单独对它进行分析。

一、文本数据

文本数据可能是金融和经济学中使用得最显著的另类数据。比如新闻通讯和报道就是重要的文本数据源，英文世界中的《华尔街日报》《纽约时报》和《金融时报》以及中文世界中的《财经》《财新》《第一财经》等数据，在学术界中得到了广泛应用。新闻不仅会传递信息，而且根据Schwenkler/Zheng（2019）的分析，新闻还可以解释隐性的企业网络结构。除新闻之外，央行通告、公司电话会议记录、分析师报告、IPO招股说明书、专利数据和社交媒体等都是可供选择的数据来源。如同Shiller（2017）在美国经济学会年会上发表的主席研究中表示："随着研究方法的进步，以及更多社交媒体数据的积累，文本分析将在未来几年成为经济学中一个更为强大的领域。"

最早把新闻文本应用于股价分析的是20世纪30年代的Cowles（1933）。他把当时《华尔街日报》主编Peter Hamilton[1]在1902到1929年发表的社论文章归类为看多、看空和不确定三类，然后使用这些分类来预测道琼斯工业平均指数（DJIA）的未来收益率。进入21世纪后，文本分析在金融中的应用走向

1　Peter Hamilton（1867—1929）是《华尔街日报》的第四任主编，同时也是著名的道氏理论（Dow Theory）的支持者，他和Dow一起著有《股市晴雨表》（*The Stock Market Barameter*）一书，后来该书成为股市计数分析的经典之作。

了算法驱动，不过其中早期的研究思路类似于Cowles的方法，这就是计数方法（count-base method）。在这方面，Antweiler/Frank （2004）、Tetlock （2007）和Loughran/McDonald （2011）这三篇在《金融学杂志》（*Journal of Finance*）发表的文章做了开拓性的研究。[2] 现在文本分析中用得越来越多的是机器学习技术，特别是自然语言处理方面的技术。自然语言处理通过编程计算机来处理自然语言语料库以获得有用的信息。比如基于潜在狄利克雷分布（Latent Dirichlet al.location/LDA）算法创建的主题生成模型，[3] 就应用在Huang et al. （2017）和Jegadeesh/Wu （2017）中的金融和经济研究中。词嵌入（word embedding）则是另外一种机器学习工具，它在保持计算可行的情况下可以很好地保留句法和语义结构。Cong et al. （CLZ, 2019）开发了一个文本因子（textual-factor）方法，它可以将数值或者文本信息投射到一组可解释文本因子所张成的空间上。Cong et al. （CFM, 2019）和Hanley/Hoberg （2019）进一步结合LDA和词向量（word2vec）技术来衡量公司治理和经济中的系统性风险。Loughran/McDonald （2016）对文本分析在金融中的应用做了一个综述。需要指出的是，起源于经济学、统计学和计算机科学的各种文本分析工具各有优点和局限性，如图7.1所示。

2　文本分析在金融研究中已经相对成熟，而有关经济学、社会学和政治学中基于文本分析的综述文章可以参考Gentzkow et al. （2019）、Evans/Aceves （2016）以及Grimmer/Stewart （2013）。Gentzkow et al. （2019）就指出需要使用新的分析技术来处理大规模和复杂的文本数据。

3　LDA算法是由Blei et al. （2003）开创的。

图7.1　各种方法之间的比较

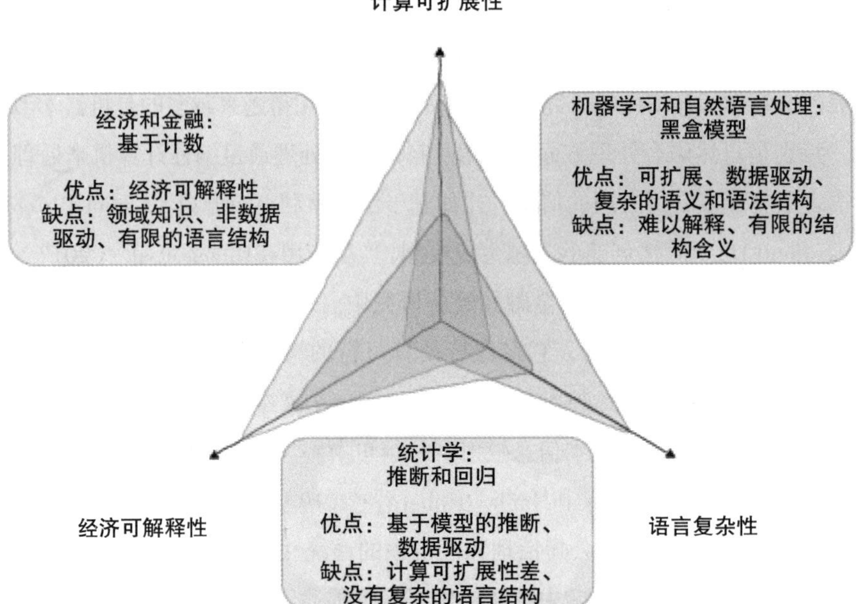

资料来源：Cong et al.（CLZ, 2019）。

随着网络的出现，投资者可以访问到越来越多的文本资料。除网络之外，我们还有很多的文本来源，有些是公开的，比如报纸和图书，同时还有很多私人数据的文本，比如电子邮件、短信和聊天记录等。在金融机构中，这些私人文本资料会和交易监督或者是价格数据收集等任务有关。对于金融市场而言，新闻是最重要的文本资料，除新闻之外，其他的文本数据源还包括公司发布的关于自身的材料，比如公司电话会议记录和访谈等。

需要指出的是，对于冗长而又复杂的金融文本而言，无论是财经报道还是财经博客，处理它们的机器学习算法都面临着所谓Winograd模式挑战（Winograd Schema Challenge/WSC）的问题，也就是无法有效处理代词消解

（anaphora resolution）的问题。[4]

网页数据

1989年，英国计算机专家Tim Berners-Lee在欧洲原子能研究中心（Conseil Européen pour la Recherche Nucléaire/CERN）工作时发明了网络。30多年后的今天，网络内容数量如大爆炸一样迅速增长。网络上包含新闻、社交媒体、博客、公司公告等各种文本信息，也包含类似图像、音频和视频这样的非文本内容。网页上的资料有些是免费提供的，有些则是需要付费后才能访问的，例如网上付费专区的内容。因为网络上的内容来源众多，所以它们主要以非结构化的形式呈现，因此为了让网页上的这些信息具有投资价值，我们首先要花费大量的精力对不同的数据源进行结构化处理，然后还要破译其中的含义。

现在我们考虑网络上的文本资料。为了收集这些数据，我们首先要使用一个网络爬虫的自动程序，[5]它可以系统地浏览网页并下载内容。网络上有太多可以浏览的网页，即使是使用通过大量计算和带宽资源对网络进行索引的网爬搜索引擎，也不可能覆盖全部网络，更不用说有些网页会限制网络爬虫的访问，或者是有限制自动进程的使用条款，所以我们通常需要对网络爬虫进行指导。

一旦我们抓取到了特定网页，下一步就是要理解其内容。从特定网页获取内容需要利用网页抓取（web scraping），[6]它通常包括以下的过程：

- 将网页内容下载为原始格式；

4　一组经典的WSC问题是：（1）市议会拒绝给示威者发放游行许可，因为他们害怕暴力。请问谁害怕暴力？A. 市议会；B. 示威者。（2）市议会拒绝给示威者发放游行许可，因为他们倡导暴力。请问谁倡导暴力？A. 市议会；B. 示威者。显然问题（1）的答案是A，而问题（2）的答案是B，但是让计算机来回答这两个问题的准确率并不高，这就表明人工智能尚不具备人类逻辑推断的能力和常识。

5　网络爬虫（web crawler），又称为网页蜘蛛、网络机器人，在FOAF社区中间，更经常被称为网页追逐者，它是一种按照一定的规则，自动地抓取万维网信息的程序或者脚本。另外一些不常使用的名字还有蚂蚁、自动索引、模拟程序或者蠕虫。参见百度百科的“网络爬虫”词条。

6　参见3.1节中有关网页抓取的法律风险讨论。

- 为抓取网页的时间分配时间戳，可能的话还可以为创建内容的时间分配另一个时间戳；
- 删除HTML标记；
- 确认诸如页面标题、超链接等的元数据；
- 捕获页面正文；
- 获取诸如图像这样的多媒体内容。

然后，我们可以将这些内容中的每一个元素存储到数据库中单个记录的不同字段中。我们可以将每个数据库记录作为网页内容的摘要来查看。我们可能还想要进一步结构化数据，由此需要添加额外的元数据字段来描述内容。对于文本内容，这将涉及大量应用自然语言处理技术。

除后面介绍的新闻和社交媒体之外，网络还包含了大量既不属于新闻也不属于社交媒体的信息。很多个人会在网络上以博客的方式发表文章，同时企业也会发布大量信息作为日常业务的一部分，其中包括做自我宣传以及与客户做线上互动。考虑到网络上有大量的数据，因此很有可能从中构造出一些相对独特的另类数据集，并且从中来增加对金融市场的洞察力。有一些数据服务商会专注于从网站上创建和金融投资相关的数据集，例如Import.io和ThinkNum。

新闻

在文本数据中，新闻一直是最重要的数据源。自从有证券市场以来，新闻就是驱动投资者进行证券交易的重要力量，公司、宏观经济和政治新闻都对金融市场有着强烈的影响。早在1815年，罗斯柴尔德家族就利用拿破仑在滑铁卢战败的新闻从证券市场上大赚了一笔。随着技术的进步和市场参与者之间的联系越来越紧密，新闻的数量和频率都在迅速增长。根据Landro（2016）的分析，过去几年创造的数据比人类过去5000年创造的数据还要多，其中很大一部分数据是新闻，这么大体量的新闻信息让以人工方式来处理它们变成一件不可能的任务。

图7.2对比了标准普尔500指数和彭博新闻社含有这个指数的新闻数量。从中可以看出，在20世纪90年代末期，有关标准普尔500指数的新闻数量还不到现

在的一半。很明显，随着网络的普及，新闻报道的数量显著增加了。

图7.2　标准普尔500指数与彭博新闻的文章数量

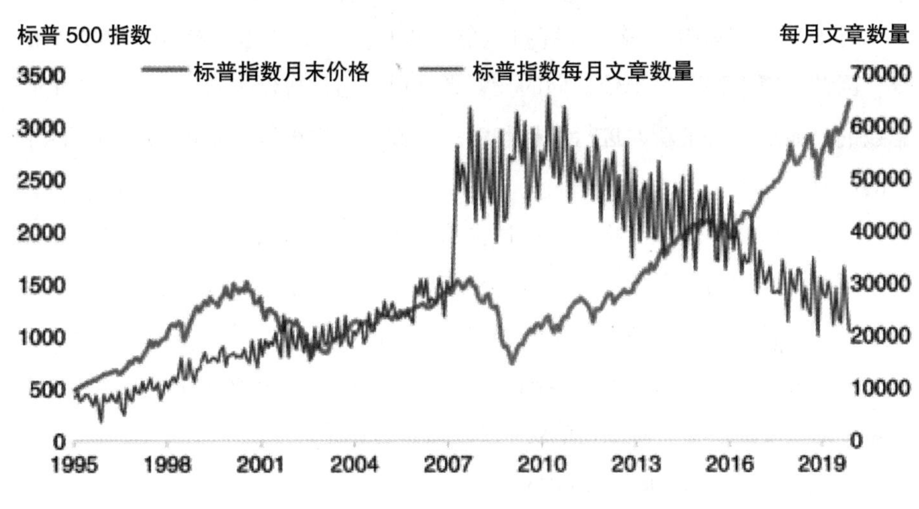

资料来源：Denev/Amen （2020）。

有效利用财经新闻数据需要及时发现相关新闻，根据Mitra/Mitra （2011）的综述，重大新闻会对市场和投资者情绪产生重大影响，从而导致投资领域风险特征的动态变化。为了做出明智和及时的决策，投资者越来越依赖于帮助他们实时提取、处理和解释大量新闻数据的程序化解决方案。

分析新闻数据的自然语言处理模型不仅可以用于资产管理和交易领域，而且也可以用于风险管控。就前者来说，自然语言处理可以作为提炼知识的技术工具，由此让投资精力从大量的阅读当中脱离出来，从而把注意力放在有选择的议题上。而就后者来说，自然语言处理则可以通过对新闻的监控、过滤以及情感分析而了解市场风险的变化。

近年来一些财经新闻服务商，比如彭博新闻，开始用机器可读的方法来发布新闻。所谓机器可读的含义，就是这些新闻可以被计算机解析。通常情况下，机器可读新闻已经具有了很多的结构，这使得我们可以更容易提取其中的内容。此外，新闻服务商往往还会添加很多的元数据，比如新闻报道的主题、情绪以及涉及的实体。还有就是这些新闻的写作格式相对也比较一致。

现在大量的新闻是在网络上发布的，其中既有传统的新闻媒体，也有博客这样的社交媒体。从实际应用来看，从不同网页收集的信息需要进行大量的结构化处理，从而形成适当并且一致的格式，然后才能形成投资者可以使用的形式。

对于高频交易者来说，计算机显然可以比人类更快地解析和诠释文本信息，因此反应更快。对于较长期的投资者来说，通过机器来自动解析文本也是有益的。通过对大量新闻进行解析和汇总，投资者就可以更全面地了解新闻报道的内容。

Sesen et al.（2019）指出，在过去的十年，金融新闻数据量的激增主要原因包括传统媒体的电子化，监管机构和交易所大规模采用网络传播方式，以及基于网络的社交媒体和内容共享服务的兴起，因此我们可以将新闻来源分为这三大类，从而让研究人员来检验测试不同的金融假说。考虑到社交媒体在另类数据中的重要性，我们将把它单列一个小节进行讨论。

1. 主流新闻（mainstream news）

主流新闻服务商如汤森路透（Thomson Reuters）、彭博（Bloomberg）和慧甚（Factset）等，它们会通过自家的新闻推送（news feed）服务让客户访问自己生产的新闻报道。[7]通常一则新闻会包含一个时间戳、简短的标题、标签以及

7　“feed”一词的英文原意是“投喂、饲料”等，在社交媒体应用中其含义可以理解为用户需要什么，社媒运营商就给用户提供什么。从技术层面上讲就是通过数据算法给不同用户推荐他们感兴趣的内容，从而吸引他们持续下拉网页。根据维基百科中“web feed”（https://en.wikipedia.org/wiki/Web_feed）的说明，feed就是将用户主动订阅的若干信息源组合在一起形成内容聚合器，从而帮助用户持续获取最新的订阅源内容。Feed最早是指RSS订阅中用来接收某个信息源更新的接口，后来就用来指代站点和其他站点之间共享内容的一种方式，其本质就是站内推送。在社交媒体兴起之后，feed就成为所有主流社交媒体信息分发的方式，因为其交互简单，用户上手容易，后端信息配置灵活，同时又符合移动设备单屏操作的特点，所以就成为内容型App的最佳呈现方式。感兴趣的读者可以参阅下面的网络文章《基础知识讲解：什么是feed流？》（www.woshipm.com/marketing/1023818.html）、《如何构建社交网络中的News Feed/Timeline？》（www.zhihu.com/question/19565222）、《一篇文章教你读懂Facebook和新浪微博的智能FEED》（https://zhuanlan.zhihu.com/p/24718309）、《Feed 是什么？在知乎上如何应用？》（https://zhuanlan.zhihu.com/p/31440655）、《什么叫feed流？》（www.zhihu.com/question/20690652）等。在本书中我们把这个单词简单地译为“推送”。

其他元数据。过去十年间，很多数据服务商投入大量人力和物力资源来处理主流新闻服务商发布的文章，当前，包括汤森路透、彭博、瑞文（RavenPack）等机构都提供了低延迟的情绪分析和主题分类服务。

2. 主源新闻（primary source news）

在美国，新闻记者在撰写文章前研究的主要信息源包括美国证券交易委员会（SEC）的文件、产品说明书、法庭文件和并购交易。特别是，美国证券交易委员会的电子数据收集、分析和检索系统（Electronic Data Gathering, Analysis and Rerieval/EDGAR）可以让人免费访问美国2,100多万份公司文件，包括注册声明、定期报告和其他报表，因此它就成为很多自然语言处理研究项目的焦点，其中包括Gerde （2003）、Grant/Conlon （2006）、Hadlock/Pierce （2010）、Li （2010）、Bodnaruk et al. （2015）等。EDGAR中大多数报告的分析都相当简单，因为它们具有一致的结构，所以就可以比较容易地通过HTML Parser进行分节识别和提取相关文本。[8] 与EDGAR系统相比，其他国家公司文件的内容和结构都不太规范，同时公司管理层还有更多的自由裁量权来决定在某个主题上披露哪些信息以及披露多少信息。如果没有一致性的模板，那么从公司文件中提取文本数据对于研究人员来说就变得非常困难。

我们可以进一步将主源新闻分为预定新闻（scheduled news）和非预定新闻（unscheduled news）。预定新闻的例子包括货币政策委员会公告或公司盈利公告。非预定新闻，也就是事件驱动新闻的例子则包括并购或者公司重组公告。预定新闻的优点是市场参与者会提前准备，以便及时消化和反应这些信息。考虑到使用者的需求，所以预定新闻往往会以结构化或者半结构化的方式发布。与之相比，事件驱动的新闻往往是有很多噪声的，并且在形式上通常也是非结构化的，因此就需要对它们进行持续的监控和处理。

为了处理和提取新闻中的模式，自然语言处理模型需要根据历史数据进行训练。我们可以通过订阅新闻推送或者是访问诸如彭博、汤森路透这样的第三

8　HTML Parser是一个用纯粹Java语言编写的HTML解析的库，它不依赖于其他的Java库文件，主要用于改造或提取HTML。它能超高速解析HTML，而且不会出错。它的基本功能包括信息提取和信息转换。参见百度百科的“htmlparser”词条。

方供应商数据库来获取这些数据。还有一种方式就是通过网络爬虫来提取有关历史新闻的文本和元数据，例如从简易信息聚合（RSS）的提要、[9]新闻服务商或监管机构的公开档案中提取文本和元数据。

社交媒体

伴随互联网兴起的社交媒体（social media），也成为一个重要的新闻来源。社交媒体上新闻的进入门槛比较低，因此这些新闻的信噪比也就比较低。社交媒体包括微信、微博、博客、推特等。社交媒体上的新闻尽管噪声很大，缺乏核实和编辑，但是它们在网上传播的速度非常快，因此也可以看作是有价值的信息源。实际上，随着社交媒体时代的到来，信息传播方式发生了显著的变化，它让个人和企业可以对金融市场发生的事件做出即时反应。诺贝尔奖得主Shiller（2016）就指出，在现代社会中，面对面或者口碑传播相比于报纸或电视等传统媒体更能够引发人们的投资行为和活动。按照他的说法："这些互动（如果不是面对面）交流形成的新兴并且有效的媒体，可以进一步扩大思想在人际的传播"。

Standage（2014）指出，最早的社交媒体可能是人类祖先在洞穴中的涂鸦，亦可能是古罗马墙上的涂鸦。Blackshaw/Nazzaro（2006）和Gaines-Ross（2010）则认为社交媒体这个术语描述了各种"由消费者创建、发起、传播和使用的新的和新兴的在线信息源，旨在相互讨论产品、品牌、服务、个性和问题"。社交媒体使个人能够公开分享他们的观点、批评和建议。如今互

9　简易信息聚合（也称为丰富站点摘要、资源描述框架站点摘要、聚合内容）是一种基于XML标准，在互联网上被广泛采用的内容包装和投递协议。它是一种描述和同步网站内容的格式，是使用最广泛的XML应用。简易信息聚合搭建了信息迅速传播的一个技术平台，使得每个人都成为潜在的信息提供者。发布一个RSS文件后，这个RSS提要（RSS feed）中包含的信息就能直接被其他站点调用，而且由于这些数据都是标准的XML格式，所以也能在其他的终端和服务中使用，这是一种描述和同步网站内容的格式。RSS可以是以下三个英文词组中的任何一个：Really Simple Syndication；RDF（Resource Description Framework）Site Summary；Rich Site Summary。但其实这三个解释都是指同一种Syndication的技术。参见百度百科的"rss"词条。

联网上有许多社交媒体网站，包括英文世界中著名的推特（Twitter）和脸书（Facebook）以及中文世界中新浪微博和抖音等，这些社交媒体有着广泛的受众，在上面有大量的话题进行讨论。此外，还有在特定领域上的社交媒体，比如英文的股票推特（Stocktwits）、中文的股吧等，在这些社交平台上用户群会关注股票市场。

许多社交媒体通常会有API，允许机器程序自动读取用户发布的讯息。这些讯息通常会包含一些结构化因素，比如时间戳、发布者用户名和地理位置等。当然，这样的讯息流往往包含的是不涉及任何主题或者情绪的原始文本，因此用户对于这些讯息就需要进行额外的结构化处理。一些社交媒体分析服务商会提供这方面的服务，从而可以提供有关主题和情绪的元数据。[10]

要理解文本资料不是一件容易的事情，而要分析社交媒体上的文本讯息则会面临更多的挑战。在传统媒体的新闻通讯和报道中，写作方式通常是唯一的。与之相比，社交媒体上发布的讯息往往含有更大的噪声，也更难以理解。社交媒体的贴文通常要比一篇新闻稿件要短很多，因为社交媒体平台通常对发布的贴文有明确的字数限制。社交媒体中使用的语言经常是非正式的，并且包含很多口语化并且带有反讽意味的俚语。比如“韭菜”，就是指证券投资中赚不到钱的散户，而“割韭菜”就是指利用散户在各方面劣势而赚钱的行为。

在解释社交媒体资讯时存在很大的语境依赖性。以推特为例，虽然“#”号标签（hashtags）可以用来表示某个主题，但是这些标签也常常被省略掉，这个时候就很难孤立地理解一条推文。比如一个和欧洲央行会议有关的推特，发推者可能会说“真是一只鸽子啊！”。此时如果不知道相关的欧洲央行会议背景，那么就很难理解这条推文。比如我们可能就把它理解为一只鸟，而不是央行支持低利率政策的官员。解决语境依赖性的一种方式是将社交媒体和另外一个数据源结合在一起，比如和来自新闻通讯的结构化数据。汤森路透的分析师DePalma（2016）讨论了如何把社交媒体对某些股票炒作声量和这些股票在机

10 一些知名的英文社交媒体分析服务商参见https://sproutsocial.com/insights/social-media-analytics-tools/。

器可读新闻中的情绪结合起来的问题，其中的想法就是把社交媒体的炒作量当作是投资者关注的代理指标。

在社交媒体的使用上存在着不同的声音。Bartov et al.（2018）认为博客、微博或者推特能够挖掘出“群体智慧”，也就是把多人提供的信息加以汇总往往要比群体中任何一个成员做出的预测会精准。当然社交媒体的贴文往往缺乏可信度，因为大多数社交媒体运营商没有审核信息的机制，或者是缺乏让客户发布高质量信息的激励机制。来自发达国家选举的故事表明，社交媒体贴文中可能存在着误导性信息，以便服务于特定候选人。[11]

作为一种信息提供的替代方式，社交媒体现在在传播公司信息方面变得越来越重要了。从美国的情况来看，2013年4月，证券交易委员会（SEC）允许通过贴文和推文来发布诸如公司盈利这样的财务指标。根据Jung et al.（2015）的分析，截至2015年，标普1500指数的成分公司中约有一半拥有公司推特账户或者脸书页面。而Lee et al.（LHS, 2015）则表明，企业会通过推特等社交媒体和投资者互动，以弱化消费者产品召回等负面新闻对价格的影响。

Glassdoor

大部分有关社交媒体的数据来自于企业外部的利益相关方，比如消费者对有关品牌的评论以及投资者对公司的情绪表达。而公司员工评论网站则传递了有关公司内部情况的信息。在这方面，Glassdoor网站就是一个这样的平台。公司的现任员工和前任员工可以在这个平台上发布评论。不过Glassdoor为了保证发布诚实、真实和平衡的评论，每一篇评论在发布之前都必须符合严格的社区指导原则。同时员工需要同时发表好评（pros）和差评（cons），以确保必要的平衡。图7.3就给出了一个有关IBM公司的评论范例。从图中可以看出，每个评论都包括一些元数据，由此确定评论人是公司现任还是前任员工，以及员工的职称、工作地点、公司服务年限以及全职或者兼职的工作身份等。员工可以用五星评级（star rating）的方式对公司从六个维度进行打分。这些维度包括文化和价值观、工作—生活平衡、高层管理、薪酬和福利、职业机会和总体得分。

11　在美国2016年总统大选中，有证据表明剑桥分析（Cambridge Analytics）公司通过分析社交媒体的讯息而帮助特朗普赢得了大选。

Glassdoor的网站编辑会对每则评论进行审查，以防止评论人发表诽谤性、重复性或者虚假评论，同时对身份进行匿名处理，以减轻员工对发布负面评论会招致公司报复的担心。

图7.3　IBM公司的员工评论范例

"IBM - I'm not leaving any time soon..."

Current Employee - Marketing Manager in London, England

Recommends　Approves of CEO

Pros

Terrific breadth of career opportunities - I've worked for IBM since university (12 years now), and I've held 10 different roles, and had opportunity to be part of 3 different start-ups with opportunity for rapid advancement.

IBM also offers great flexible working opportunities - I work a condensed working week now that I have children, and my job is mostly based at my home office.

Cons

Strong US work ethic - rare for anyone in my department to leave on time in the evening, and overtime is not paid. Really hard to work part-time in a company like IBM - you really need to have a presence 5 days per week unless you're happy for your career to go on the back-burner for a while...

Maternity leave pay is pretty rubbish, sliding scale down to 40% pay (better than a few years ago, but still poor).

资料来源：Moniz（2019）。

联储沟通

从历史上看，各国央行通常不会对外公开自己的运作方式。前任美国联储会主席Bernake（2007）就曾经援引英格兰银行行长Montagu Norman的一句座右铭“永不解释，永不辩解”。[12] 自从二战以后，全球的央行变得更加开放，正如Bernanke本人所说，各国央行并不总是对自己的运作方式持开放态度。以美联储为例，它采取了一系列方法来改善和公众的沟通。之所以这样做的一个重要原因就是央行政策的制定者是公务员，他们的决策会影响到社会大众，因此他们有责任向社会解释其决策背后的理由。

美联储中最重要的机构就是联邦公开市场委员会（FOMC）。它由12名成员构成，这些成员可以对美联储的货币政策进行投票。联储理事会的7名成员和联储纽约银行行长是FOMC的常任成员，其余的四名成员将从其他11位储备银行行长中选出，这四名成员的任期是轮值一年。没有投票权的储备银行行长依然可以参加FOMC会议以及所有关于美联储政策的讨论，并且协助美联储做出对经济形势的判断。从1981年开始，美联储每年举行八次预定的会议，每次会议间隔时间大体上是六到八周，同时从1994年开始，美联储会在每次预定的会议结束后对外公布做出的决策。图7.4给出了1994年到2016年期间FOMC会议召开日历日期的柱状图，就每次会议而言，每年之间的日历日期差异相当大。FOMC的日程每年都会变化，这样就让FOMC的会期日历和其他重要经济日历不大可能保持一致。

12　Montagu Norman（1871—1950）全球著名的银行家，曾经在1920年到1944年之间担任英格兰银行行长。Norman在英国现代经济史上最困难的时期领导了英格兰银行。根据《华尔街日报》的报道，曾经有人把他称为“欧洲货币的独裁者”，而他本人也承认了这个事实。

图7.4　FOMC每年八次会议的会期日历：1994—2016年

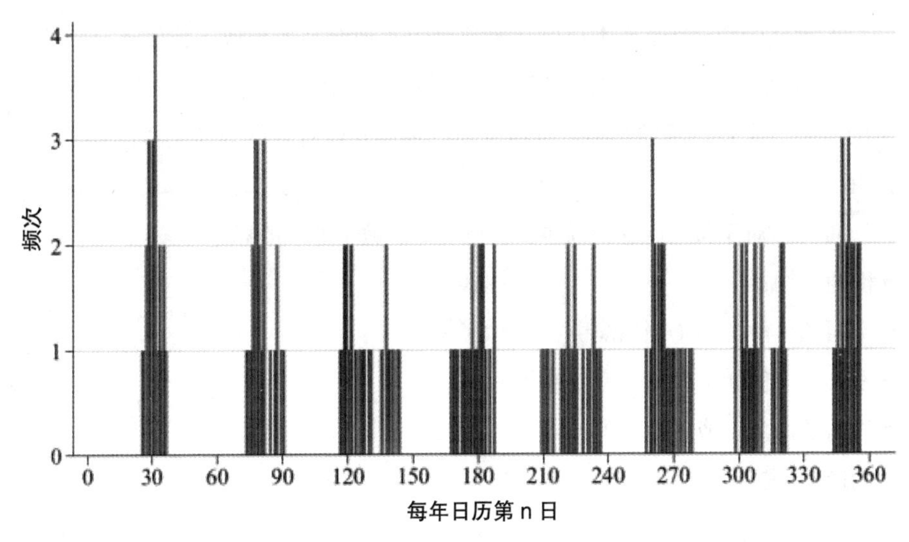

资料来源：Cieslak et al.（2019）。

美联储的沟通方式包括每次FOMC会议的声明和新闻发布会。这些会议上会做出调整货币政策的决定。同时在数周之后FOMC的会议纪要（minutes）也会发布，从而可以让公众对于决策过程有更深入的了解。而FOMC的会议记录（transcripts）则要在数年之后才能公布。尽管从市场的角度来看，会议记录关系不大，但是这些记录可能会揭示美联储的运作机制。FOMC的投票委员和非投票委员也会定期向公众发表演讲，有时候这些演讲会涉及货币政策以及美联储职权范围内的议题，比如金融机构的监管。同时这些委员还经常出现在广播电视等新闻媒体上，甚至他们还会通过自己的社媒账户对外发声。除此之外，美联储的委员还需要在国会议员面前做证、定期发布经济和货币政策报告。金融市场的投资者把所有这一切统称为“联储讲话”（Fedspeak）。这些联储讲话事后会形成大量的文本数据，考虑到美联储以及FOMC对于金融市场的影响力，因此这些文本就成为重要的另类数据源。

虽然沟通文本通常页数众多，但是因为它们的容量可能只有几兆字节，所以严格意义上说它们是“小数据”（small data）。这样从理论上说，经济学家如果是美联储的观察家，那么他们就可以阅读其中大部分的文本。但是从实务的角度来看，许多市场参与者往往只是会浏览少量的联储沟通文本。

大量FOMC的沟通文本可以从美联储的各种网站上获取，当然还有一些文本需要订阅一些新闻机构的服务才能获得。为了更快速地了解美联储沟通文本的含义，宏观市场的另类数据服务商Cuemacro就对联储沟通文本进行了语义挖掘。

首先，对于每个联储沟通事件，Cuemacro做了如下的标签（tags）：

- 沟通日期；
- 沟通的事件类型（例如演讲、FOMC声明等）；
- 发言人（例如美联储主席鲍威尔）；
- 沟通的对象（或者地点）；
- 沟通文本；
- 文本标题；
- 文本长度；
- 文本分数。

截至2017年，Cuemacro总计整理了四千多篇联储沟通的文本数据，覆盖了大约25年的“联储讲话”。这些文本不包括需要授权才能访问的文件，也排除了美联储高官们视频采访形成的文本。[13] 图7.5刻画了Cuemacro联储沟通文本数据集在文本长度、事件类型和发言次数上的特征，其中图A表明了文本长度（对数）的直方图，从中可以看出各种联储沟通事件的文本长度差异很大。图B给出了各种不同联储沟通的事件类型次数，可以看到，其中大约有75%是联储成员（包括主席/副主席、地区银行行长和理事会成员）的演讲。接下来的是FOMC的沟通事件，包括声明（statement）、会议纪要（minutes）以及新闻发布会（press conference），大约占比12%。剩下的就是一些不大常见的沟通事件，包括专家讨论、短文等。

13　在《另类数据：投资新动力》一书中，我们将介绍一个基于联储视频文本的案例。

图7.5　联储沟通文本数据集特征

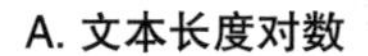

A. 文本长度对数

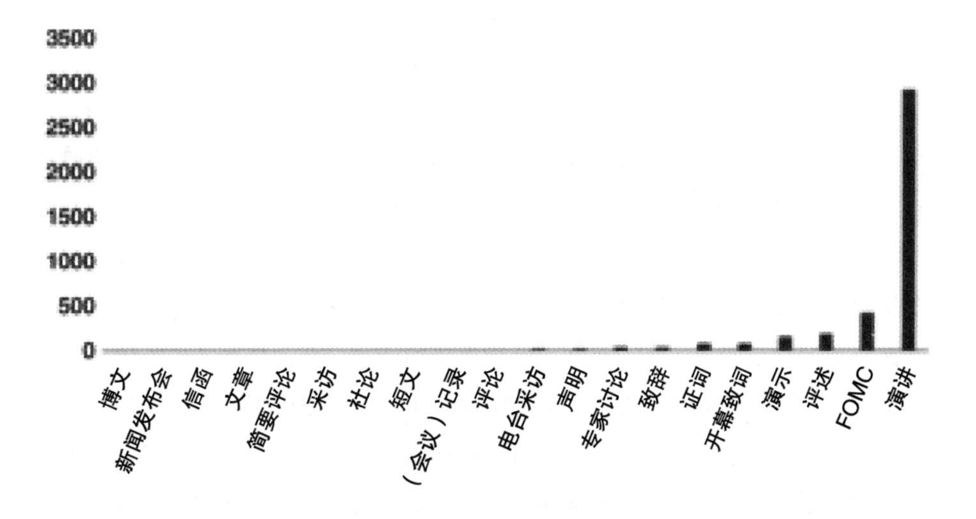

B. 联储事件类型

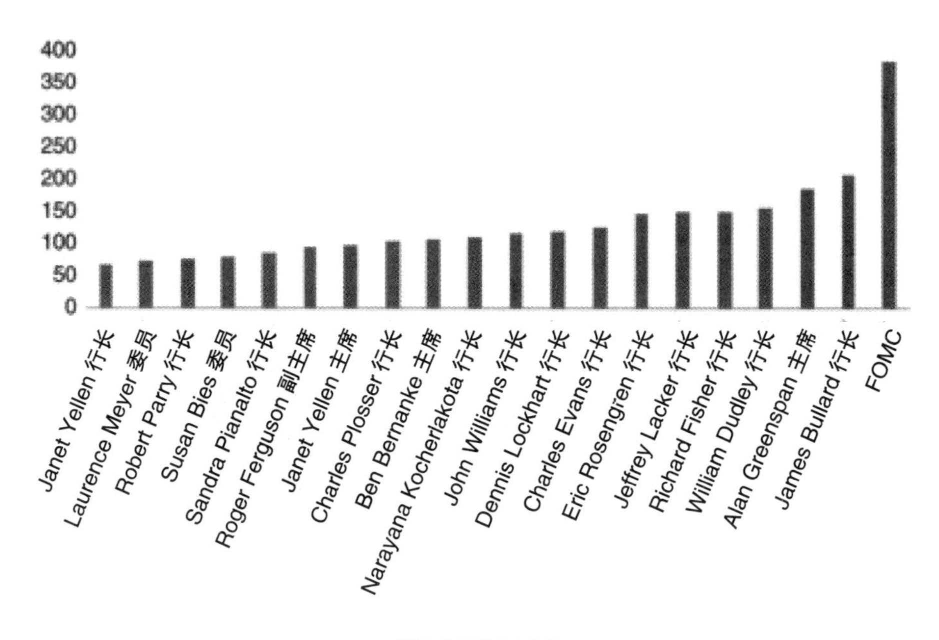

C. 联储成员沟通次数

资料来源：Denev/Amen (2020)。

Cuemacro会通过一个自创算法对每个文本进行分析，从而得到联储沟通文本评分（Fed Communication Scores/CSores），后者可以刻画这篇文本的情绪。然后将这些文本分数在所有不同的联储沟通事件中进行汇总，从而就可以创建一个反映联储总体情绪的指数（Fed Communication Index）。这些指标可以了解美联储沟通的动态变化，从而有助于金融市场的交易。我们将在《另类数据：投资新动力》这本书中介绍这个指数和美国国债收益率之间的关系。

获取联储沟通文本的情绪指标需要前期做很多工作。首先需要确定有哪些网页提供了沟通文本。在填充联储沟通时间的历史信息时需要阅览大量存档的网页。这些网页格式往往差异很大，而且就算是同一个网站不同历史时期的网页格式也不大一致，因此就需要对原始文本进行结构化处理，其中需要省略类似HTML这样的标签，而仅仅保留正文文本。另一方面，虽然可以公开从网站上获取联储沟通的文本数据，但是因为这些文本数据源自于不同的网站，这样就需要持续对这些网站进行解析，为此Cuemacro做了大量更新代码和人工检查这样的维护性工作。考虑到这些文本中可能包含有关系重大的联储沟通事件，同时也存在着一些虚假的事件，为此Cuemacro还通过一些规则和机器学习的算法来识别其中的“异常值”。Denev/Amen（2020）就联储沟通文本仔细讨论了这些识别异常值的方法。

应用场景

1. 交易和投资

文本数据在金融领域中最为常见的应用就是量化交易和投资。过去10年，量化投资在全球范围内都得到了巨大的成长，并且遍布股票、债券、外汇、商品和期货期权诸多市场。很多市场投资者都把针对新闻和社交媒体数据进行的文本分析看作是一种可以带来竞争优势的工具箱，其核心思想就是用这些数据对未来进行预判，这和过去投资者需要运用其他数据来了解市场的动态机制是非常相似的。在《另类数据：投资新动力》一书中，我们会看到数个应用文本数据进行量化交易的案例。

按照Mitra et al.（2015）的说法，财经新闻可以看作是会影响市场微观结构的信息事件，这样就会影响到证券市场上的价格形成、波动率和流动性。虽然文本分析的方法论并不局限在某个领域，但是显然文本分析在交易和投资方面的应用场景主要是股票市场。

学者和业界专家在相关分析中使用的信息源存在着不同。相对来说，因为从EDGAR数据库中提取数据相对容易，这样处理和分析在美国证券交易委员会（SEC）存档的文件就非常普遍。Li（2010）在对公司披露的文本分析中表明，大多数针对公司文件研究的重点是信息披露中的语调和复杂性，进而会如何影响到公司盈余和股价。Bodnaruk et al.（2015）通过分析10-K文件中的语调来预测公司的流动性事件。[14] 他们设计了一组限制性词语，包括“义务”“损害”“强加”等，通过计算这些词的频率来度量10-K文件的语调。结果表明限

---

14 10-K是美国证券交易委员会（SEC）要求上市公司必须每年提交的有关其财务表现与公司运营的综合性报告，具体来说包括公司历史、组织架构、财务状况、每股收益、分支机构、高管薪酬等信息。该报告所包含的内容比常见公司年度报告要详细得多。

制性词语发生的频率可以产生不可忽略的影响。比如，限制性词语增加一个标准差会让公司股息停发的可能性增加10.32%，同时让股息增加的可能性减少6.46%。

与之类似，公司的募资说明书同样也具有预测股票收益率的功能。Hanley/Hoberg（2010）研究了公司首次公开发行（IPO）募股说明书的语调会如何影响定价和上市首日的收益率。他们把募股说明书的文本分解为标准成分和信息成分两个部分，结果发现信息含量低的募股说明书会降低定价的准确性，因为这意味着要更多地依赖投资者在簿记建档阶段如何给证券定价，由此就会导致更大的发行价变化以及更高的首日回报率。

文本数据在证券投资和交易中的一个重要的领域就是情绪分析，它正在变得越来越重要和流行开来，下面我们对此进行讨论。

2. 情绪分析

投资者情绪分析或者说情感分析（sentiment analysis）是金融经济学中的重要话题，就此而言主要有三种度量方法。第一种方法是使用基于市场的指标，包括成交量、封闭式基金折价程度以及初始公开发行首日收益率等。在这方面最经典的指标是由Baker/Wurgler（2006）构造的投资者情绪指数，这个指数由六个基于市场的指标构成。第二种方法是基于我们后面在本章第四小节将要分析的调查数据。美国比较知名的情绪指标包括密歇根大学开发的消费者情绪指数（University of Michigan Consumer Index）以及瑞银和盖洛普联合开发的投资者乐观情绪指数（UBS/Gallup Index of Investor Optimism）。[15]第三种方法就是依赖于我们当前讨论的文本数据。就此而言，目前最常见的数据源就是社交媒体，例如推特（Twitter），其次是各种财经新闻和博客网站，然后还有公司的10-K报告以及联储公告等。[16]相比于其他的另类数据集，用于分析情绪的数据

---

15 Ilut/Schneider（2014）和Bollerslev et al.（2018）针对职业分析师调查（Survey of Professional Forecaster/SPF）中的离散程度衡量投资者异见（investor disagreement）也可以看作是其中的案例。

16 基于社交媒体的分析有Antweiler/Fran（2004）；基于财经新闻的有Tetlock（2007）和García（2013）；基于公司10-K报告的分析有Loughran/McDonald（2011）；而基于联储公告的有Bollerslev et al.（2018）。

通常价格会更为便宜。通常来说，基于文本的情绪分析可以分解为下面这几个步骤：

- 实体识别：首先要确认文本中的各种实体，包括作者身份、地点/地址、组织/机构和产品/品牌等。
- 主题和类别识别：这一步是要提取文本讨论的主题，这里的"主题"就是重要的行业短语，比如美联储加息、制裁伊朗、华为Mate X2等，类别是预先定义的，它是情绪指标（sentiment indicator）或者说情绪得分（sentiment score）对应的标的对象，比如股票代码。
- 意图和情绪：通过自然语言处理技术，我们可以给一篇文章的情绪打分，其中可以采用简单的词袋模型（bag-of-words/BOW），亦或者是基于规则的方法。
- 关联和影响：根据和可交易的标的资产关系，每篇文章就可以赋予一个量化的关联指标。同时，我们还可以就每篇文章（包括推文）给出一个量化的影响指标，以此来衡量某个观点在社交网络中的影响力。这个指标可以基于作者的受欢迎程度、粉丝数量以及与其他知名媒体人的互动频率等衡量。

整合不同文本资料存在着很多的挑战，每个数据源可能存在独立的界面以及不同的数据交付格式。很多数据源会多次报告相同的活动，所以就必须要仔细对待和处理重复性的问题。同时，不同文本的语言风格也是不一样的，比如微博和证监会公告之间的区别。

这些挑战让数据中介商有机会来弥合投资经理和社交媒体之间的距离。通常数据中介和文本数据源有着合作关系，它们可以提供一个API，由此让客户访问多个数据源。比如GNIP就是推特的企业API平台，[17] 除推特之外，它还可以访问脸书（Facebook）、油管（Youtube）、谷歌+（Google +）和程序溢栈（Stack Overflow）。

基于文本数据的市场情绪分析可以适用于个股、市场指数以及其他资产种类，一些具体的服务商有：

17　2014年4月推特收购了GNIP，目前进入GNIP的网页端口就是https://console.gnip.com/users/sign_in。

- 追踪个股情绪，包括瑞文（RavenPack）、Sentiment Trader、InfoTrie、Knowsis；
- 追踪被动、宏观和主题ETF情绪，包括Social Alpha、Sentiment Trader、Knowsis；
- 追踪市场指数情绪，包括iSentium、Knowsis；
- 追踪债券、外汇和大宗商品市场情绪，包括瑞文、笛卡尔实验室（Descartes Labs）。

有些情绪分析服务商只是给基本面投资者提供服务，例如DataMinr公司提供的数据。这家公司通过对每天推特推文的分析，向其客户提供有限量的投资预警。有些服务商的客户既有基本面投资者，也有量化投资者，比如Social Alpha给前者会提供标准化的预警，同时也会针对后者进行回测。基金经理可以根据对原始文本数据的处理能力来选择服务商。领先的量化基金可以直接使用Lexalytics公司的自然语言处理引擎来分析文本数据，而弱量化或者侧重基本面的基金经理可以通过DataSift公司的分析工具来处理社交媒体的数据。

在社交媒体中，有一类只是针对证券投资人士，比如英语世界中的股推（StockTwits）和金融八卦（Scutify），[18]它们可以提供类似推特的推送服务，其内容着重于交易机会和市场走势的变化。而SumZero和TrustedInsight的报告没有局限于投资的意见，还会涉及和买方机构相关的资料，包括研究纪要和工作岗位等。除上述针对投资专业人士的社交媒体之外，还有一些公司会分析博客文章的情绪，包括Accern、Alphamatician和DataSift。还有一些情绪分析的服务商关注新闻媒体，GDELT项目（GDELT Project）记录了1979年以来通过上百种语言发表的新闻文章。[19] 这个数据集可以在谷歌云平台上公开获取，因此可以用于学术和行业研究中。像RelateTheNews这样的公司不仅提供情感数据，而且还扮演着“平台即服务”（Platform-as-a-Service/PaaS）的功能，这样用户可

18　Scutify这个词源于英文单词Scuttlebutt（传言、谣言）。

19　GDELT是全球事件、语言和语音数据库（Global Database of Events, Language, and Tone）的英文首字母缩写，参见维基百科https://en.wikipedia.org/wiki/GDELT_Project。

以将自己的数据载入平台自有的情感分析引擎上，由此来提取交易信号。[20] 大多数金融情绪分析服务商专注于美国的公司，而Alphamatician和Inferess也会分析欧洲和亚洲公司的文本资料。另外除英文文本之外，现在已经有越来越多的公司支持其他语言的文本分析，例如Lexalytics和Repustate，其中后者涉及15种不同语言的社交媒体，包括法语、德语、俄语和汉语。除二级市场的情绪分析之外，Heckyl还针对风险投资（venture capital/VC）和私募股权（private equity/PE）投资提供了情绪分析工具。

一般来说，情绪可以建模为“积极”与“消极”的二元分类，或者是建模为刻画文章积极和消极程度的排序分数。情绪分析是一种有监督学习，这样在将训练数据输入到分类或者回归算法之前，需要对训练数据人工标注不同的情绪类别或者分数，这是一项劳动密集型的工作，而且会受到标注者主观性的负面影响，并且在多个注释器的情况下，很容易在标注者之间出现不一致的情况。Loughran/McDonald （2016）就指出金融新闻很容易被错误分类。除人工标注之外，另一种方法是编制一份单词列表（word list），它可以将单词与不同的情感联系起来。通过使用这样一个列表，我们可以计算出与特定情绪相关的词量。这样当文本中悲观词汇较多时，其负面情绪就更为严重。现在市场上存在着一些公开的单词列表，比如Henry （2008）专门针对金融文本编辑的单词列表，当然很多文本分析的专家会使用自身编辑的单词列表。最后一种从情绪标注中消除主观性的方法就是把新闻文章和后来的回报率关联起来。在这方面的一个数据集是路透社发布的新闻范围事件指数（NewsScope Event Indices/NEIs）。Healy/Lo （2011）表明，这个指数具有预测资产回报和波动率的能力。

新闻服务商汤森路透创建了新闻范围情绪引擎（NewsScope Sentiment Engine），这个引擎根据积极、中性和消极情绪对公司特定新闻进行分类，这成为情绪分析在金融领域中的一个重要应用。[21] Groß-Klußman/Hautsch （2011）分析了路透社这个引擎的日内未预定新闻（unscheduled news）会在多大程度上

20　在卫星数据领域笛卡尔实验室扮演了类似的功能。

21　相关介绍可以参考Reuters （2015）。

可以解释回报率、波动率和流动性的变动。结果表明，尽管情绪标注对未来价格趋势有一定的可预测性，但是这类新闻到达市场后会导致波动率和买卖价差的大幅上升，由此基于新闻的交易策略就变得无利可图。Heston/Sinha（2017）做了一个相似的分析，他们使用从2003年到2010年间从新闻范围引擎提取的情绪数据，讨论了个股收益可预测性的问题。结果表明某个交易日的新闻情绪和随后1到2天内的股票收益正相关。但是，预测时长的长度在很大程度上取决于构建投资组合的方式。与之类似，Das/Chen（2007）的分析表明，情绪数据对于摩根斯坦利高科技指数（Morgan Stanley High-Tech Index/MSH）有一定的解释力，但是自相关性质让这种实证关系很难证实。

除使用主流新闻外，很多学者也把焦点对准了社交媒体的情绪分析。我们在前面第2章提到的Bollen（2011）就是这样的一个分析，作者分析了推特推文上的数据是否与道琼斯工业平均指数（DJIA）相关。为了刻画情绪指标，他们使用了意见发现者（Opinion Finder）和谷歌情绪状态档案（Google-Profile of Mood States/GPOMS）的数据。前者将人的情绪分为积极和消极两类，而后者则更细致地划分为平静（calm）、警觉（alert）、肯定（sure）、重要（vital）、友好（kind）和快乐（happy）六类。作者得出的结论是，某些GPOMS的情绪状态和3到4天后的道琼斯指数变化有关系，但是意见发现者的情绪指标看起来没有什么预测力。同时作者也指出，尽管GPOMS情绪状态和道琼斯指数有一定的相关性，但是这并不能够保证两者之间存在因果关系。

还有一些研究分析了主源新闻中的情感。Huang et al.（2014）分析了超过35万份分析师报告中的情绪，这些报告涵盖了标普500指数成分公司。作者将这些分析师报告中超过2700万个句子划分为积极、消极和中性情绪，然后在一篇报告中汇总这些情绪，从而确定整体报告情绪。通过使用朴素贝叶斯（Naïve Bayes）方法，他们发现投资者对负面文本的反应要比正面文本的反应更为强烈，这表明分析师在传播坏消息方面特别重要。

金融中的情绪分析也会有一些难题和挑战，比如提取一致的情绪以及和特定证券匹配的问题。同时情绪分析也存在着数据可得性和偏误的问题。Moniz et al.（2011）就指出，对于投资者而言，某家上市公司可以得到的新闻数据量在很大程度上和公司规模有关，标普欧洲大盘股中排名在前20%的公司占据了新闻报道量的40%，而排名在后20%公司的新闻报道量只有5%。对于市值较小的公司来说，除缺乏数据以外，Das/Chen （2007）还发现正面新闻相比负面新闻数量要多很多。与之相比，Tetlock （2007）的研究发现，和正面新闻相比，个股价格对负面新闻的反应会更为强烈。因此对于公司情绪分析存在的陷阱就要特别注意。

情绪分析常用的技术是自然语言处理这种方法。和很多机器学习的方法相似，在应用自然语言处理的时候存在着不断参数化模型来改进结果，这样就可能在无意识的情况下产生过拟合的结果。换句话说，就是模型过于适应了训练集的模式，但是对于新数据的解释能力就表现较差。虽然这个问题在金融时间序列的机器学习方法中普遍存在，但是因为情绪评分和标注增加了复杂性和主观自由度，因此在情绪分析中的问题相对就会更为严重。

作为一个大拇指法则，情绪分析中得出的结论需要做特别检查，以验证其中获取的信息优势是否完全来自于新闻，而不是来自于其他的市场信号。换句话说，我们需要确认基于情绪做出的预测的确包含增量的信息。

3. 做市

做市商是金融市场的流动性供应者，并且从买卖价差中获利。就金融市场的做市业务来说，新闻数据可以帮助交易商更新对交易量、市场深度以及波动率的估计，由此来调整价格和买卖价差。在市场有重大事件发生的时候，因为做市商承担了风险敞口，所以他们就会扩大买卖价差来获取风险补偿。这些事件可以是事前预定的货币政策公告，也可以是导致相关金融工具波动率或者成交量激增的事前未预定的新闻发布会。

如我们所预期的，我们往往需要更多的事件来处理未预定新闻事项的含义，以及制定适当的行动。在这段时期内做市商通常会对交易比较谨慎，从而导致市场流动性的下跌。Groß-Klußman/Hautsch（2011）指出新闻发布对买卖价差存在着重大影响，但是不一定会影响到市场深度。此时做市商的反应主要是更新报价，而不是调整订单量。按照Mitra et al. （2015）的分析，这个现象与信息不对称环境下的市场微观结构理论是一致的。

von Beschwitz et al.（2013）研究了文本数据服务商会如何影响市场微观结果，特别是如何影响股票对新闻的反应。他们发现瑞文（RavenPack）这样的服务商会以一种特别的方式影响市场。如果瑞文报道了一篇文章，那么股价和交易量对于新闻的调整速度就会更快。市场会暂时性地对误报做出反应，但是会迅速恢复。因此对于做市商来说，重要的是吸收这一类的信息，从而在金融新闻发布的时候设定相应的仓位。

4. 风险管理

文本数据同样也可以应用在风险管理的场景中。随着金融市场的演进和日益复杂，风险管理工具也在不断发展，以此来满足更具挑战性的需求。重大新闻事件会对市场环境和投资者情绪产生重大影响，从而导致金融证券交易的风险结构和风险特征都快速变化。文本分析可以用于风险管理，包括检测和管控事件风险（event risk）以及检测欺诈和内幕交易。

我们可以把事件风险定义为未预定新闻带来的不确定性。这些新闻通常会导致市场在短时间内发生重大波动。在日常金融业务中，事件风险经常提及，但是很少得到有效管理。Healy/Lo （2011）就指出，由于难以量化处理文本新闻，所以事件风险就通常要基于管理者的定性判断来自行决定。文本分析在金融风险中的一个用途就是作为执行交易的熔断工具。对于资管经理来说，当某种证券的实质性或者未知的新闻发布时，他们可以暂时停止交易。Brown（2011）就指出，在自动交易策略中使用新闻分析作为熔断机制可以有助于提升策略的稳健性和可靠性。此外，因为价格的波动率往往会在投机性市场新闻出现之后剧烈上升，而这种风险是不可分散的特异风险，因此当某些证券和这类市场新闻相关时，把它们排除在投资范围之外也是明智的。我们在《另类数据：投资新动力》一书中讨论了一个文本分析在风险管理中的用例，其中要准确区分涉及并购的新闻和与并购无关的新闻，由此降低并购公告引发的特异风险。

文本分析在风险管理中的另外一个应用领域就是异常值检测，由此用来识别公司可能的异常行为和带有欺诈性的报告。Purda/Skillicorn（2015）分析10-K文件中公司管理层讨论章节使用的语言，由此区分欺诈报告和真实报告。他们的方法是分析公司报告之间是否存在着明显偏差。显然异常值检测的研究在发现和检测不规则模式方面很有价值。

除异常值检测这个外部视角以外，文本分析还可以改进公司内部的报告体系，从而可以对关键事项进行及时更新，特别是有关合规性的内容。在这方面LaPlanter/Coleman（2017）就指出，对元数据的文本分析以及对内容的理解，可以让公司更有效地跟踪法规要求的变化，从而合理确定合规要求相关的成本。这样，文本分析就可以极大地减少为保证监管和法律合规性所需要的人工成本，而且还可以汇总不同业务条线的相关数据，从而更好地和监管机构进行接触和交流。

需要注意的是，对财经新闻的文本分析也会产生意外的后果。文本分析提升对新闻的相应速度，但是同时也增加了对反应正确的需求。快速但是错误的反应会带来危险的后果。2013年4月，黑客侵入了美联社的推特账户，并利用该账户发出一条白宫发生爆炸的消息，由此导致金融市场发生了一次短暂的闪崩。而在同年7月，纽约州的总检察长Eric Schneiderman就指责汤森路透提前两秒向高频交易员出售关键性的经济调查数据。这些证据表明基于新闻的文本分析可能存在着扭曲市场价格的情况。

二、图像数据

卫星图像

卫星图像（satellite imagery）是另一个在金融中得到广泛应用的另类数据。

从19世纪末开始，人们就开始用附在气球、风筝或鸽子上的照相机来拍摄地球的照片。在美国南北战争中，Thaddeus Lowe就使用热气球为北方执行空中侦察任务，以便对抗南方联军。而在第一次世界大战期间，航空摄影就成为一种重要的武器。虽然在战争的头六个月里只拍了几百张照片，但是在1918年英国制作的航空照片就高达500多万张。而在经济领域，至少从20世纪30年代起，这些遥感信息就已经得到应用了。例如，Monmonier（2002）讨论了几十名摄影人员在20世纪30年代开始飞越美国农田，研究农业生产和农田的保护，到1941年，他们已经记录了超过总面积90%的图像数据。

1957年10月4日，苏联发射了第一颗人造卫星“人造卫星一号”。1959年8月14日，美国宇航局的探索者六号地球卫星拍摄了第一张卫星拍摄的地球图像，如图7.6所示。[22] 这张照片显示的是太平洋中部的一片阳光照射区及其云层，它的拍摄位置距离地球表面27,000千米。自此以后，遥感和计算机科学、工程、地理等相关领域发生了技术革命，从而让我们可以用越来越高的分辨力获取高达PB级的卫星图像数据。进入21世纪之后，卫星遥感行业的进入门槛越来越低，随着广泛采用越来越强大的轻量化组件，现在出现了更便宜的重量在70到100千克范围的微型卫星（micro-satellites）、重量仅有10多千克的纳米卫星（nano-satellites）以及重量甚至仅有1千克的微微卫星（pico-satellites），由此就极大地降低了卫星发射和获取卫星图像的成本。与此同时，深度学习技术，主要是卷积神经网络（convolutional neural network/CNN），包括LeNext（46.1万个参数）、AlexNet（6100万个参数）以及VGG16（1.38亿个参数）等，已经可以实现对图像识别的标准化。根据目前现有的技术，卫星图像数据服务商已经可以做到近实时获取图像资料。在这个背景下，经济科学和更广义的社会科学开始关注这些卫星图像的数据，并且从中提取有意义的信息。而新世纪后开启的云计算又让高效处理卫星图像数据的算法可以在全球范围内运行开来。

卫星图像和航空摄影之间存在着不少差异。首先最明显的是，卫星可以从更高的高度捕捉到更大的区域。其次，卫星图像还可以更容易和更广泛地发现天气模式。第三，因为卫星可以定期经过相同的地点，因此它们可以持续地更新图像数据。随着近年来天空中卫星数量的增多，这种持续更新的频率就增加了。与之相比，当然航空摄影的分辨率往往会更高。

Donaldson/Storeygard（2016）把卫星图像数据的优势总结为以下三类：

（1）通过其他手段获取信息的难度大；

（2）空间分辨率非常高；

（3）地理覆盖广泛。

在这些方面，通过卫星遥感技术获得的夜光、气候和天气、地形、农作物选择

22　参见NASA（2009）。

与农地利用、城市发展、建筑和道路、污染监测、海滩质量等方面的数据就可以开启其他数据所无法进行的经济分析。

图7.6 来自探索者六号卫星的第一张地图照片

资料来源：NASA（2009）。

作为一个例证，我们可以看看Costinot et al.（2016）就气候变化对农业的经济影响分析。以气候变化对世界上最重要的两种作物水稻和小麦的相对影响为例，作者将卫星图像输入模型中，然后得到了图7.7的结果：气候变化将可能导致全球农业产出减少1/6。

图7.7　气候变化对（A）小麦和（B）水稻产量的影响。

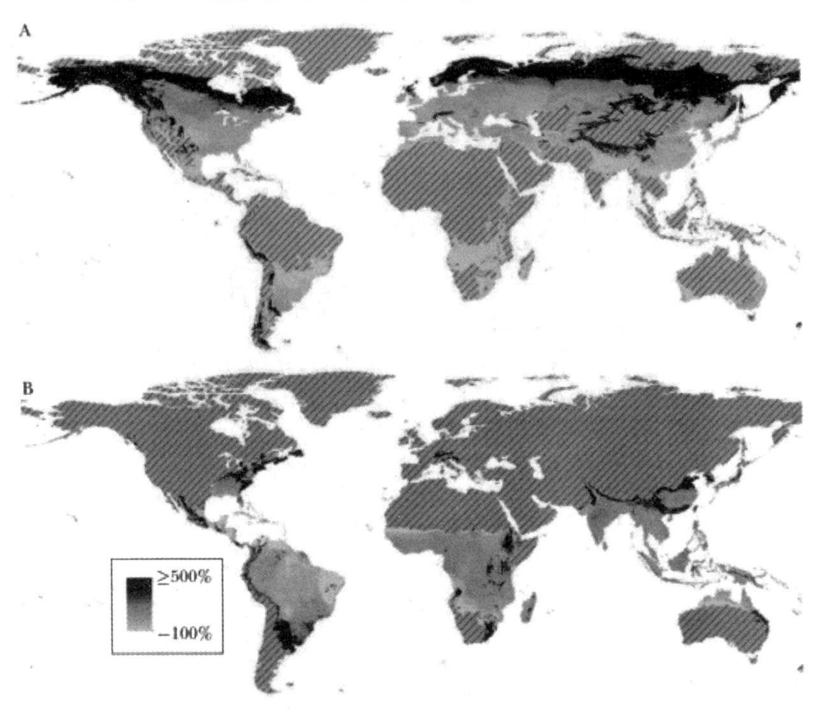

资料来源：Costinot et al.（2016）。
注：带对角线条纹的区域表示预测变化为零的区域。

从太空拍摄地球存在着诸多困难。首先，考虑到地球表面面积的巨大以及得到有意义的分辨率，这就需要大量图像。其次，云层覆盖会降低一些图像的分辨率，从而降低使用价值。最后，卫星图像基本上是非结构化的数据，因此在被投资者使用之前，它们就必须要经过结构化处理，从而能够形成统一的通用格式。这就像我们人类观看世界的方式：通过视网膜接收大量信息，然后省略其中的大部分而仅仅关注最为重要的部分。

处理卫星图像需要使用计算机视觉（computer vision）技术，它可以帮助计算机使用和人类相似的方式来观看世界。计算机视觉技术涉及几个步骤。首先是处理图像采集问题，包括像数码相机那样把图像转换为二进制格式。这里要指出的是，计算机视觉并不仅仅处理人眼可见的图像，它还可以处理人眼看不见的波长，比如在夜视条件下的红外线。同时计算机视觉还有一些变换可以增强原始图像，包括彩色化（colorization）、模糊消除（blur removal）以及图像重建（image construction）等。

第二步是图像处理，也就是对图像进行预处理和清洗，从而为更高层次的分析做好准备。这会涉及改变对比度、锐化图像、去除噪声和边缘跟踪。在业界中得到广泛应用的图像编辑程序包括Photoshop和Instagram。这一步图像处理的输出也是一幅图像。

接下来的一步就是要对图像进行分析和解释，从本质上说就是把图像转换成能够描述它的文本。在最高层次上，图像识别将试图理解图像整体。而为了深入研究图像的特定部分，对象检测（object dection）用一个有界方框来标记图像中的对象。对象分类和标识分别标记对象是什么以及所属的类型。如果是视频，这些概念可以扩展到对象跟踪（object tracking）。

从经济角度来看，卫星图像可以让我们用相对自动化和低成本的方式了解世界，而如果是采用传统或者人工的方式实现这一点要么成本高昂，要么非常困难。显然卫星图像的分辨率越高，我们从图像中提取到的内容就越多。此外，如果能够重复捕获某个位置的信息，那么就可以建立一个时间序列数据来衡量经济活动的变化。当然对卫星图像的采样频率越高，获取和存储原始数据的成本就越高。在卫星图像数据中存在着一些困难和挑战，比如天气变化特别是云量会影响到图像处理，另外卫星扫描地面的方式让我们不大可能对每个感兴趣的地理位置定期采集图像。

近些年来，业界和学界出现了很多利用卫星图像来验证公司收入或者商店流量这些业务指标的创新方法。卫星智能公司给很多行业提供了经过预处理后的数据集。下面是几家知名的公司：

- Orbital Insight　它提供具有广泛行业应用的卫星数据，可以用于跟踪停车场的车辆数量，进而对股票交易的决策提供帮助。

- Genscape　它用卫星跟踪美国库欣（Cushion）的油储数据。[23]
- Kpler　它用卫星、政府和其他公开注册源提供全球石油和天然气的物流数据。
- RS Metrics　它专注于卫星图像在金属（包括铜、锌和铝）和大宗商品、房地产和工业领域中的应用，图7.8给出了几张RS Metrics针对零售商店和矿业的卫星图像。
- RezaTec　它通过卫星图像提供小麦、玉米、咖啡和木材的数据。
- SkyWatch　它提供有关石油的卫星图像资料。
- Spire Global　它提供卫星收集的ADS-B数据用于跟踪飞机，[24] 而GPS掩星技术则可以实现更精确的天气预报。[25]
- Umbra Lab和ICEYE　它们使用微卫星技术生成原始卫星数据，从而可以在任意气象条件下获取图像。
- 笛卡尔实验室（Descartes Labs）　它可以跟踪来自数百颗卫星的数据，某些

23　2020年4月底美国西德州原油期货价格跌到负值让库欣这个小镇名扬天下。库欣位于俄克拉荷马州境内，它有13条管网系统，将美国中西部产油州、加拿大生产的石油以及从墨西哥湾进口的石油汇集起来，然后输送到各地的炼油厂和码头。1983年，考虑到库欣位于美国中部，再加上当时这个地区已经建立了较为成熟的石油基础设施，这样纽约商品交易所就把西德州中质原油（West Texas Intermediate/WTI）期货的交割地点放在了库欣，由此这个默默无闻的小镇就成为全球石油重要的定价中心。

24　ADS-B系统即广播式自动相关监视系统，由多地面站和机载站构成，以网状、多点对多点方式完成数据双向通信。它主要实施空对空监视。一般情况下，只需机载电子设备（GPS接收机、数据链收发机及其天线、驾驶舱冲突信息显示器CDTI），不需要任何地面辅助设备即可完成相关功能，装备了ADS-B的飞机可通过数据链广播其自身的精确位置和其他数据（如速度、高度及飞机是否转弯、爬升或下降等）。ADS-B接收机与空管系统、其他飞机的机载ADS-B结合起来，在空地都能提供精确、实时的冲突信息。ADS-B是一种全新科技，它重新定义了当今空中交通管制中的三大要素（通信、导航、监视）。参见百度百科的“广播式自动相关监视”词条。

25　GPS掩星（GPS-RO/GPR-Radio Occultation）是指GPS卫星发射的电波信号被地球大气所遮掩，经过地球大气和电离层折射后到达观测卫星。GPS掩星可用于观测反演大气温度、密度、气压和电离层电子密度剖面。与传统卫星观测相比，该技术具有测量精度高、垂直分辨率高、全球覆盖、长期稳定和全天候等特点，其探测资料对于天气学、气候学、空间天气学一级测地学具有重要意义。

情况下获取图像和在网页上呈现的时间间隔只有几个小时；它利用这些信息预测了全球不同地区棉花、大米、大豆和小麦的产量，包括美国、巴西和阿根廷以及俄罗斯和乌克兰。

- SpaceKnow　它通过卫星图像可以提供超大规模行星分析，通过解析卫星图像，并且应用机器学习算法就可以自动识别诸如汽车、船只、树木、游泳池这样的实物，这家公司最著名的案例就是创建了卫星制造指数（Satellite Manufacturing Index/SMI），后者可以很好地跟踪中国采购经理人指数，后面我们会讨论这个案例。

表7.1总结了上述卫星成像的一些应用。

图7.8　RS Metrics的卫星图像

A. 室内商场

B. 沿街商铺

C. 中国炼铜厂

D. 储铝基地

资料来源：RS Metrics（2018b）。

表7.1 卫星成像应用

用例	所需图像GSD（m）	提取的特征	其他数据源	客户	公司
零售商收入/利润预测	0.3–1	停车场的车辆数量	社会经济、金融市场	金融、财富500强企业	Orbital Insight SpaceKnow RS Metrics
农作物产量预测	5–25	NDVI	土壤、气候	农业、金融、保险	Tellus Labs Descartes Labs
石油库存估计	0.3–1	油罐位置和阴影		金融、能源、政府	URSA SpaceKnow Orbitral Insight
经济活动估计	0.3–1	基建施工率、汽车/轮船/飞机数量、夜间亮度等		金融、政府	Orbital Insight SpaceKnow

注释：
GSD（ground samle distance）：地面采样距离
NVDI（normalized difference vegetation index）：归一化植被指数
资料来源：Komissarov（2019）

需要指出的是，在卫星生态系统中，除上述卫星图像数据服务商之外，还有可以根据客户需求进行设计和发射卫星的公司，比如地球实验室（Planet Labs）。它可以把只有鞋盒大小的一系列微型卫星作为次级有效载荷（secondary payload）发送到低地轨道上，[26] 而AggData则为公司编制了有关经纬

26 卫星一般都由两大部分组成，即有效载荷和平台。有效载荷（payload）是指卫星上用于直接实现卫星的自用目的或科研任务的仪器设备，如遥感卫星上使用的照相机，通信卫星上使用的通信转发器和通信天线等，按卫星的各种用途包括通信转发器、遥感器、导航设备等。平台则是为保证有效载荷正常工作而为其服务的所有保障系统，一般包括结构系统、温度控制系统、电源系统、无线电测控系统、姿态控制系统和轨道控制系统等。次级有效载荷是较小规模的载荷，它通过运载火箭运送到太空轨道上，并且主要由付费机构确定发射时间以及轨道轨迹。次级有效载荷运输服务的价格通常很低，这是因为付费机构在将有效载荷交付给运载火箭服务商并与运载火箭进行集成之后，就要舍弃掉一些控制权，包括发射时间、最终轨道参数的设定，或者是在发射前地面处理过程中出现有效载荷故障从而停止发射以及移除有效载荷的权力。就这些控制权来说，主要有效载荷（primary payload）通常可以通过合同获得这些发射权。更多信息读者可以参见维基百科（https://en.wikipedia.org/wiki/Secondary_payload）。

度的地理位置信息，从而便于卫星获取相关的图像资料。

下面我们对表7.1中卫星图像中的几个特征变量做更深入的讨论。

1. 车辆计数

卫星图像数据在股票市场中的应用通常涉及停车场的车辆计数这个特征变量，而这个应用主要涉及的是零售和餐饮行业。如果我们想要了解某个商场的零售额，或者某个餐馆经常光顾的食客数量，一种简单的方法就是计数，也就是统计进入商场或者餐厅的顾客数量。如果一家商场只有一个入口和出口，那么这样的手工计数方法是可行的。但是在当今社会，人们会经常光顾那些在各地拥有分店的大型商店，其出入口众多，这样人工计数的方法就会变得非常笨拙了。而如果我们希望跟踪整个零售行业的变化情况，那么获取这些数据并且有效管理获取数据的流程就成为一件几乎不可能完成的任务。这个时候我们就可以采用零售商店停车场的卫星图像来解决这个问题。

我们可以使用不同的算法对图像或者图像中的目标进行分类。当前针对图像最流行和精确的算法就是卷积神经网络了。当然无论采用哪一种算法，我们的目的都是要对图像进行结构化处理，同时从中提取出有价值的信息。在当前的场景中，我们就是在卫星图像中识别出车辆，同时对这些车辆进行计数。这里的想法就是在任何时点上，汽车的数量可以表征商场或者餐厅的销售动态和繁忙程度。从这个角度出发，我们可以合理地认为停车场的汽车数量可以很好地表示公司的收入和利润。因为通过卫星获取停车场的汽车数量在时间上的频率更高，而公司发布的财报在时间上频率很低，这样我们就找到了一种表征公司收入和利润的良好指标。当然从卫星的角度来看，要获取地面上停车场车辆的信息所需要的分辨率和测量夜光强度所需要的分辨率是不同的，前者需要更高分辨率的卫星，而后者只需要较低分辨率的卫星就可以了。

显然汽车数量只是公司收入和利润的近似替代变量，因为我们无法从中了解到每个客户的实际消费情况。而且这种方法也只适用于那些大部分客户是开车去光顾的零售商店。当然从另外一个角度来看，虽然我们现在讨论的场景是零售业或者餐饮行业，但是这里讨论的技术同样也可以适用于任何其他消费行业，如果客户主要是通过开车来进行采购的话。

为了让车辆计数的想法有效，我们还需要匹配卫星图像中没有的信息，比如停车场的地址数据，这样我们就可以把卫星图像和地理空间数据关联起来。当所有的卫星图像中的停车场都有了地址数据，那么我们就可以重点关注那些和特定零售商店或者餐厅相邻的停车场了。另一方面，如果我们希望卫星图像的数据能够生成交易信号，那么我们还需要进行实体匹配的工作，换言之就是把停车场相关联的零售品牌和特定的证券标的进行匹配，在此基础上构造交易信号。当然我们在第四章第二小节中已经指出，需要和证券进行实体匹配是很多另类数据集的一个典型特征。

需要指出的是，通过卫星图像来计算停车场车辆数这种方法存在着一些问题。首先，卫星只能覆盖一部分零售商店的停车场。这是因为要匹配到某个具体的停车场，那么卫星上的相机就必须要指向这个地理区域，同时每个卫星数据的用户能够得到的数据容量是有限的。另外还有很多停车场位于地下或者具有多层结构，这样的停车场就无法从太空中观测到了。其次，卫星轨道的设计方式让卫星只能够在每天相同的特定时间通过某一个地理位置，这样我们用卫星获取的停车场图像就只能是一个快照，从而无法形成动态的影像资料。再次，虽然近些年来卫星图像的分辨率已经有了很明显的提升，但是因为云雾、树木、阴影以及其他环境因素的影响，要从卫星图像中提取出停车场的车辆计数就不是一件容易的事情。

基于停车场卫星图像数据的学术研究这两年开始起步，主要使用的是来自Orbital Insight和RS Metrics的数据集。Zhu（2019）分析了车辆计数数据能否提高价格信息性，进而能否有助于约束公司高管的行为。结果表明这种另类数据提供了更多未来能否获利的信息，同时还可以约束公司高管做出更好的投资决策。Katona et al.（2021）的分析表明，能够获得车辆计数的投资者可以构造出盈利的交易策略，特别是在那些季报中出现负面信息的公司上。与此同时，因为不是市场中所有投资者都可以公平地获取另类数据，这样这些数据会强化市场参与者之间的信息不对称，所以考虑获取另类数据的不平等产生的社会福利影响就是一个重要问题。Cao et al.（2021）使用和Katona et al.（2021）相同的数据集表明，获得基于卫星图像的车辆计数数据可以让分析师获得人和机器（人工智能）相结合的优势，从而获得比纯粹人工智能算法更好的预测绩效。Kang et al.（2021）使用停车场汽车数量来度量当地零售商店的经营绩效，进而分析本地的机构投资者是否具有相关的信息优势。他们发现机构投资者的确会根据汽车数量来调整证券持仓量，并且会从中获取交易利润。最后Chi et al.（2021）分析了八种不同另类数据对于分析师预测的影响，他们的结论是基于卫星图像的车辆计数数据并没有明显提升分析师的预测绩效，而且这还是分析师较少使用的另类数据类型。

最后要指出的是，基于卫星图像的汽车计数数据集具有如下一些共有的特征：

- 这类数据集往往比较稀疏，因为观测值不一定每天都会存在；
- 就卫星数据来说，在同一天上得到的不同观测值往往不是相同时间拍摄的；
- 卫星扫过地球的方式让它们会在不同时间覆盖不同的区域；
- 不同日期拍摄到的停车场数量也会有很大的不同；
- 云层等环境因素会影响到图像的精度。

上述这些问题导致停车场的卫星图像存在着明显的缺失值，因此我们需要特定的计数对这些数据进行预处理。[27]

2. NDVI

遥感卫星会搭载多个传感器，每个传感器可以观察一个或多个波段的能量，或电磁光谱的范围，它们会分别对应微波、红外线、紫外线或可见光的光谱段。多光谱卫星携带的传感器可以记录数十个波段的信息，而高光谱卫星携带的传感器则可以获取数百个波段的信息。与之相比，我们人眼感受到的可见光波长从长到短分别是红色、橙色、黄色、绿色、靛色、蓝色和紫色。图7.9给出了电磁辐射波长以及可见光谱的情况。

27　Beckers/Rixen（2003）提出了经验正交函数数据插值（data interpolation with empirical orthogonal functions）的方法来处理停车场卫星数据集中的缺失值问题，参见Denev/Amen（2020）的8.2节。

图7.9　电磁辐射波谱

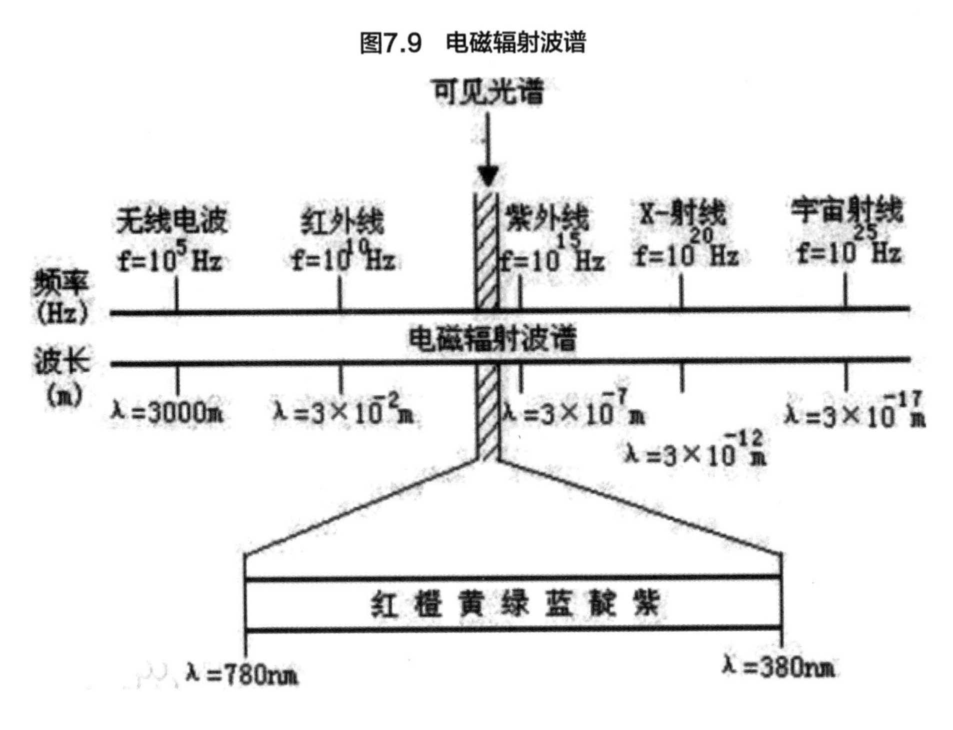

资料来源：百度百科（可见光谱）。

不同波段以及它们的组合会形成不同的特性。比如农作物会在生长周期的不同阶段用不同的频率进行反射，因此在可见光谱和红外光谱特定范围的反射率就可以提供植物生长的信息。基于这个想法，Rouse et al.（1974）就提出了如下定义的归一化植被指数（normalized difference vegetation index/NDVI）概念：[28]

$$NDVI=\frac{R_{NIR}-R_R}{R_{NIR}+R_R}$$

其中R_{NIR}和R_R分别表示近红外（near-infrared）波段和红色（red）波段的反射率。根据这个定义，热带雨林的NDVI值是正数，并且介于0.6到0.8之间；裸露土壤的NDVI值就比较小，大致是0.1左右；而岩石或者雪的NDVI值就是负数。

28　在Rouse et al.（1974）之前，Colwell（1956）最早尝试利用航空红外照片来监测农作物长势状况，后来Kumar/Silva（1973）则研究了农作物反射率与叶绿素含量之间的联系，特别是他们发现了在红外光谱上的明显特征。

NDVI指标在农业遥感中有着广泛的应用，尤其是在农作物产量预测中。学术界已经研发了众多基于NDVI的农作物产量预测方法，包括简单的线性回归以及更为复杂的人工神经网络，[29]涉及的国家包括匈牙利、美国、中国等，[30]覆盖的农作物包括玉米、大豆、小麦、大麦、水稻、烟草、马铃薯、甘蔗等品种。同时研究中也使用不同的卫星数据源，包括先进甚高分辨率辐射仪（advanced very high resolution radiometer/AVHRR）、中分辨率成像光谱辐射仪（moderate resolution imaging spectroradiometer/MODIS）或哨兵2号卫星（Sentinel-2）等。[31][32]在这些研究中NDVI和农作物产量之间具有很高的相关性，通常R^2能够达到0.9。

NDVI不仅可以用于估计和预测农作物的产量，它还可以用于评估工业活动。当官方经济数据的可靠性不足，或者是发布时间有很大滞后的时候，NDVI就可以作为一种度量经济活动的替代方法。其基本的想法是，作为工业材料的水泥和钢材会反射不同波长的光，这样我们就可以用它们来计算地表上水泥和钢材的覆盖率，由此来跟踪特定地区的经济活动。

29　基于线性回归的分析包括有针对玉米的Prassad et al.（2006）、针对大豆的Ma et al.（2001）和针对小麦的Mkhabela et al.（2011），而Li et al.（LLWQ，2007）使用了神经网络的算法。另外，Zhang et al.（2012）基于农作物的生长期对NDVI序列分成了两个时段，进而预测农作物的产量。

30　Ferencz et al.（2004）针对匈牙利、Prasad et al.（2006）和Becker-Reshef et al.（2010）针对美国以及Ren et al.（2008）针对中国讨论了NDVI对于农作物产量预测的含义。

31　AVHRR是NOAA系列气象卫星上搭载的传感器，从1979年TIROS-N卫星发射以来，NOAA系列卫星的AVHRR传感器就持续进行着对地观测任务。MODIS是搭载在1999年2月发射的Terra和2002年5月发射的Aqua卫星上的重要的传感器，是卫星上唯一将实时观测数据通过X波段向全世界直接广播，并可以免费接收数据并无偿使用的星载仪器，全球许多国家和地区都在接收和使用MODIS数据。哨兵2号是高分辨率多光谱成像卫星，携带一枚多光谱成像仪（MSI），用于陆地监测，可提供植被、土壤和水覆盖、内陆水路及海岸区域等图像，还可用于紧急救援服务。哨兵2号分为2A和2B两颗卫星，其中2A卫星是2015年6月发射的，而2B卫星则是2017年3月发射的。

32　基于AVHRR的分析有Rasmussen（1997），基于MODIS的分析有Doraiswamy et al.（2005），基于哨兵卫星2号的分析有Skakun et al.（2017）。

3. 石油库存

石油占世界能源的三分之一以上，超过煤炭，是核能、水电和可再生能源总和的两倍多。英国广播公司的记者Harford（2019）就指出："毫无疑问石油价格可以说是世界上最重要的价格"。石油也是目前为止最大的大宗商品：2018年石油消费大约是1.7万亿美元。就油价而言，石油库存是其中重要的影响因素。近些年来，很多数据服务商开始提供基于卫星的石油库存估计服务。尽管涉及卫星技术的严谨分析超出了本书的范围，但是为了更好地理解卫星在估计石油库存方面的应用，我们简要介绍卫星是如何"看到"石油库存的。

石油通常是储存在带有浮顶（floating roof）的储罐（tank）中，由此避免石油油面和储罐顶部之间蒸发带来的损失。浮顶本身的特点让卫星可以度量其阴影，由此可以评估储罐的油量。在储罐满油的情况下，其内部影响是非常小的，这里的阴影就是指浮顶上的罐壁投射的。而如果在完全没有油的情况下，内部阴影就和地面上罐壁投射的外部阴影是一样宽的。图7.10就用几何方法说明了这些阴影，同时显示了如何使用它们来推估油罐中的油量。在图7.10中，上方左边的小图显示了一个原始的浮顶油罐图像，它成像于晴天；上方中间的小图显示了油箱边缘；而上方右边的小图则表明了地面上的罐壁投射的外部阴影宽度（用L表示），以及浮顶上的罐壁投射的内部阴影宽度（用l表示）。下方的图描述通过几何的方法说明了油罐中的油量可以从内外部阴影宽度比率l/L中计算出来，在计算这个比率的时候我们只需要知道某个地理位置在某一天特定时点上的太阳角度α，亦或者是知道油罐高度H。

图7.10 卫星如何“看到”石油库存

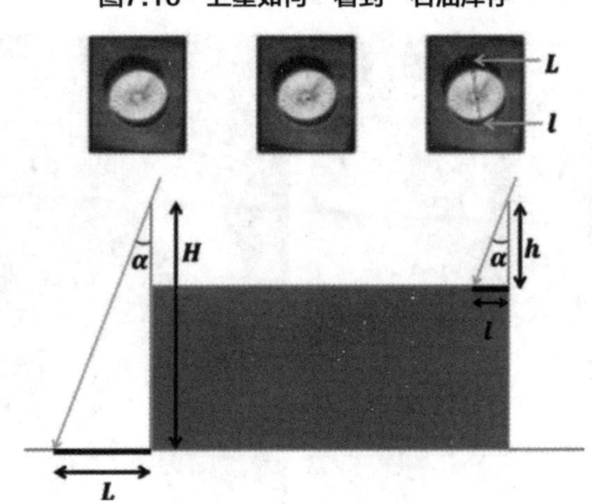

资料来源：Mukherjee et al.（2021）。

虽说上述的几何结构很简单，但是实际的图像处理技术却并不容易，它需要利用计算机视觉以及依赖数据科学科技的发展，同时也需要合格的人员能够确定油罐及其高度和直径。与此同时，另外一个难题是云层。图7.11就说明了卫星在晴天和阴天观测油罐阴影时存在的差异，其中图A和图B分别是哨兵2号卫星在2018年11月26日和22日这两天在俄克拉荷马州库欣上空拍摄的照片。哨兵2号是两颗在同一轨道上飞行的多光谱卫星。这两张照片说明了卫星成像在晴天和阴天之间的差异。图A中可以看到大量的石油储罐，尤其是可以清晰识别浮顶罐壁上和地面上的阴影，这些阴影就可以帮助估计储罐中的油量。而图B中尽管可以看到很多的油罐，但是却无法观察它们的阴影。从这张图还可以看到，即使像图B中分散的云层，也会影响到阴影的测量。近些年来随着红外传感器以及雷达技术的发展，我们可以让卫星透过云层进行观察，但是这些新技术依然在发展阶段。到目前为止，云层依然会影响通过卫星估算石油库存的准确性。

图7.11　美国俄克拉荷马州库欣石油库存的卫星图像

A. 晴天

B. 阴天

资料来源：Mukherjee et al.（2021）。

4. 金属供应链

从历史上看，基金属（base mentals）的价格与伦敦金属交易所（London Metals Exchange/LME）或芝加哥商品交易所（Chicago Mercantile Exchange/CME）交割仓库（on-warrant）的金属库存存在着密切的关系。然而，近些年来随着市场参与者和交易越来越全球化，非交割（off-warrant）仓库同样也在增长，这就导致金属价格和这两个交易所官方的注册库存水平之间出现了扭曲。[33]

33　“on-warrant”和“off-warrant”是常用仓单的分类。当现货商把符合交割标准的货物交付到交易所的交割仓库同时交割库检验合格后，就会给货物持有人开具标准仓单或者说注册仓单，货物持有人可以拿着这些仓单到交易所交割办理注册手续，经过注册的仓单才可以进行交割，其总数就是交易所公布库存数量。这些标准仓单在英语中就是“on-warrant”。需要注意的是，已经注册的仓单同时可以办理注销手续，但是此时仓单所标示的货物未必就出库了，可能还在交割库中存放着。当某个月份合约履行交割手续后，就会有部分仓单办理注销和出库手续，这样每次交割就会有部分仓单进入现货市场流通。

为了能够获取非交割仓库和转运地的库存以及铝、铜和锌等有色金属冶炼厂实时的生产变化，卫星智能公司RS Metrics开发了所谓的“金属信号”（MetalSignals）的工具。通过卫星，RS Metrics衡量了全球接近400家冶炼厂、转运码头和仓储设施在室外的金属和精矿（concentrates）储存量。金属信号覆盖了全球六大洲的主要有色金属国家，包括中国、智利、俄罗斯、美国、澳大利亚等。

金属信号数据包括以下一些重要的字段信息：

- 金属堆场面积（metal stockpile area）
- 精矿堆场面积（concentrates stockpile area）
- 阳极铜面积（copper anodes area）
- 阴极铜面积（copper cathodes area）
- 半挂车数量（semi-trailers count）
- 汽车车辆（cars count）
- 自卸卡车/翻斗车车辆（dump trucks/tippers count）

图7.12给出了伦敦金属期货交易所（简称伦金所）描绘的铜、铝和锌这三种基金属的生产过程。其中A图反映了阳极铜和阴极铜成品的生产过程；B图描述了原生铝（primary aluminium）和铝合金（aluminium alloy）的生产过程；而C图刻画了锌精矿（zinc concentrates）和高品位锌锭（high-grade zinc ingots）的生产过程。图7.13则刻画了卫星对于这些金属生产和储藏的观测照片，其中图A是位于中国内蒙古的包头华鼎铜业公司，它是一家铜冶炼厂，卫星图像可以捕捉到其中泡铜成品；图B是位于墨西哥圣何塞伊图尔比德（San José Iturbide）的Aluminicaste公司的仓储设施，卫星可以观测像铝锭和铝合金这样的产品；图C是位于几内亚卡姆萨尔港（Port Kamsar）的铝土散装储存，铝土可以提炼成氧化铝，而后者可以进一步提炼为成品铝；图D是位于澳大利亚塔斯马尼亚州霍巴特冶炼厂（Hobat Smelter）的锌精矿。

图7.12　铜、铝和锌的生产过程

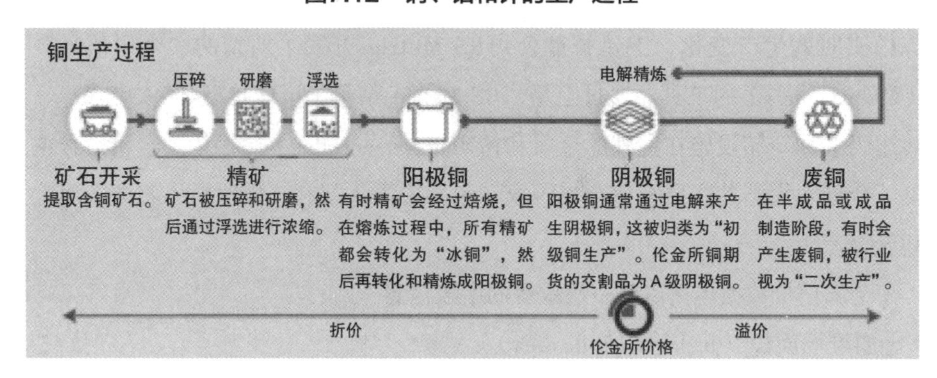

A. 铜

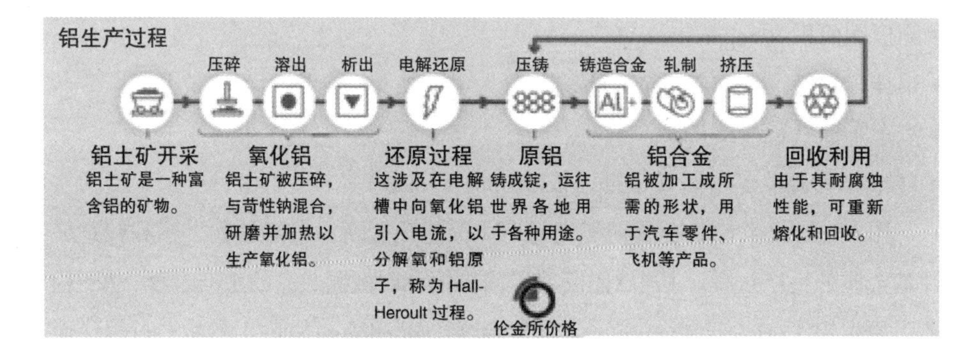

B. 铝

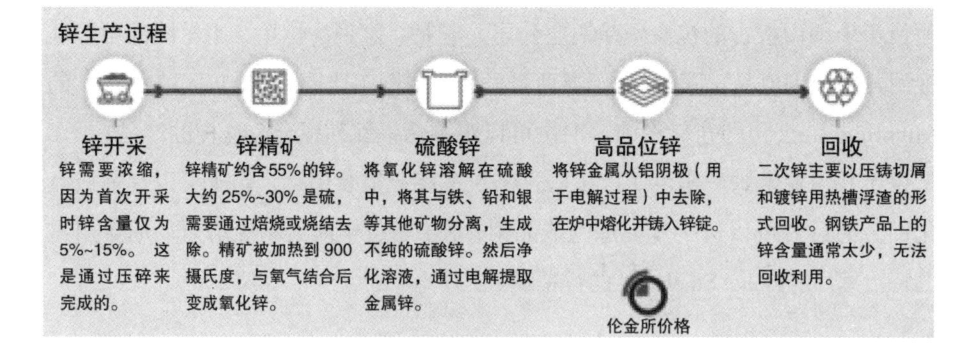

C. 锌

资料来源：RS Metrics（2018a）。

图7.13　全球铜、铝、锌的储存图像

A. 中国公司的泡铜

B. 墨西哥公司的铝

C. 几内亚港口的铝土散装储存

D. 澳洲冶炼厂的锌精矿

资料来源：RS Metrics （2018a）。

就上述这三种金属而言，RS Metrics的金属信号可以衡量不同的指标。就铜而言，它可以衡量在室外存储的阳极铜和阴极铜面积。卫星无法衡量在室内储存的铜，但是卫星可以捕捉冶炼厂的活动，比如车辆和卡车的数量，然后用后者作为衡量生产活动的指标。为冶炼厂提供原材料的铜精矿信息通常是铜产业总体供需统计中的一部分，但是卫星也很难衡量这些信息。就铝而言，金属信号可以衡量在室外储存的原生的铝锭、铝条、铝片、铝卷等面积，同时RS Metrics也在开发衡量铝土矿生产和消费的方法。[34] 而在锌方面，金属信号可以衡量储存在室外的锌精矿和高品位锌锭的面积。

金属信号可以提供基于不同采样、处理和更新频率的数据服务：

- 每周或每月汇总数据可用于开箱即用的分析，并且使用卡尔曼滤波平滑调整缺失值。

34　铝土矿产量的大部分增长来自非洲的几内亚。

- 未经处理的原始位置级数据，它们可以用于定量分析和数据整合。
- 为每个地点收集数据的频率从几天到几个月不等，这主要取决于地理位置的距离远近和卫星任务的商业价值：
  - 日数据集：每日更新，在48小时内处理超过90%的所有观察结果。
  - 周数据集：每周三更新，处理前一周所有的观察结果。
  - 月报：对信号进行总结，以及按金属类型和区域列出度量值的年同比和月同比变化，作为一个范本，RS Metrics（2018d）给出了2018年8月的铝业报告。
- 每个月底发布的1个月和3个月的价格和库存预测。

个人图像

除卫星图像之外，个人资料照片也用于金融和商业决策相关的研究中。Willis/Todorov（2006）的研究表明人们通常会在100毫秒的面部暴露后做出决定。Graham et al.（2016）表明在CEO的选择和薪酬中，感知能力比“美”更重要。Bai et al.（2019）发现，表面“自信”的公募基金经理业绩会优于同行；Huang et al.（2018）则发现企业家融资的可能性会随着其外在表现力的增强而增加。

还有一些研究使用面部特征来指代睾酮水平，以此从生物学的角度分析经济决策。Jia et al.（2014）发现男性CEO的面部宽高比（facial width to height ratio/fWHR）与财务误报的倾向正向相关。He et al.（2019）表明在中国男性卖方分析师的面部宽高比和更高的预测精度相关。Teoh et al.（2019）将社会心理学模型和机器学习技术应用于美国卖方分析师在领英（LinkedIn）的个人资料图片，以研究面部特征会如何影响分析师的行为和绩效。

三、位置数据

卫星不仅可以生成图像，它们还让全球定位系统（global positioning system/GPS）、北斗系统或者伽利略系统更容易找到我们的位置。现在汽车、轮船、飞机以及手机和各种智能穿戴设备上广泛应用了GPS功能。对于手机而言，我们还可以通过不同手机发射器的信号利用三角测量法（triangulation）来给手机进行定位。因为GPS可能无法穿透建筑物，所以三角测量法就显得很有必要了。我们可以通过手机上不同的应用程序来收集手机位置数据。

在金融投资中有很多种位置数据是有价值的。下面我们介绍手机位置和商船位置这两种比较重要的位置数据。

手机位置

我们可以用多种手段来跟踪人群。第一种方法是在本地安装一个传感器，比如说通过闭路电视监控系统（closed-circuit television/CCVT）的红外传感器来自动计算人数。[35] 如果可以广泛安装这样的传感器，那么我们就可以得到一个很大的人群样本以及更大的覆盖范围。但是这种方法的缺点是，要安装此类设备往往需要对相关场所拥有所有权，或者至少是使用权，否则基本上不大可能采用这种方法来跟踪人群。

作为备选的方法，在各种智能设备广为流行之后，另外一种就是跟踪人们携带的手机。就手机而言，使用Wi-Fi是可以跟踪到个人的，但是这种做法有一个缺点。根据Cobbs （2018）的讨论，每个Wi-Fi设备都只有唯一的MAC地址，[36] 因此可能会识别到个人，从而在法律上可能存在着个人隐私风险。因为通过Wi-Fi来跟踪人无需在手机上安装任何特定的软件，所以手机用户可能并不

35　闭路电视监控系统是一个跨行业的综合性保安系统，该系统运用了世界上最先进的传感技术、监控摄像技术、通信技术和计算机技术，组成一个多功能全方位监控的高智能化的处理系统。闭路电视监控系统因其能给人最直接的视觉、听觉感受，以及对被监控对象的可视性、实时性及客观性的记录，因而已成为当前安全防范领域的主要手段，被广泛推广应用。参见百度百科的 “闭路监控系统”词条。

36　MAC地址，英语是Media Access Control Address，直译为媒体存取控制位址，也称为局域网地址（LAN Address）、MAC位址、以太网地址（Ethernet Address）或物理地址（Physical Address），它是一个用来确认网络设备位置的位址。MAC地址用于在网络中标示唯一一个网卡，一台设备若有一或多个网卡，则每个网卡都需要并会有一个唯一的MAC地址。参见百度百科的“MAC地址”词条。

会同意应用这种功能。

除使用Wi-Fi以外，我们还可以通过其他的方式来跟踪手机位置，最常见的方式就是通过手机的应用程序。有些应用程序安装了位置跟踪功能，当手机用户选择启用这些功能时，这些程序就会记录位置数据。此时的手机位置可以通过GPS测量，也可以通过手机基站和Wi-Fi接入点的位置来判断。如果使用这种方式来跟踪人群，那么就需要有足够多的人安装这一类的应用程序，以便使得样本足够大，从而可以表征足够规模的消费者群体。当然对于手机用户而言，他们有时候也会选择不启用这种跟踪功能。

为了让手机位置数据有价值，我们需要对它们做很多的结构化处理。如果只是孤立地观察手机位置数据，从中获取的投资信号是很有限的，此时我们就需要把地理位置的数据集和公司业务地址的数据集结合起来使用，同时也需要为感兴趣的地理位置设置足够的地理围栏，以及为诸如营业时间这样的指标设置元数据，由此就可以确认一个人正在访问的位置。地理围栏同时需要用即时时点的方式进行记录，因为地理位置的性质会随着时间的变化而改变；例如随时都会有新商店开张，同时也会有旧商店关门。当然和诸如大型购物中心这样的区域相比，某个人是否访问过地理围栏较小的区域，比如社区超市，就会比较困难。对于通过手机定位个人位置而言，我们需要排除那些只是通过开车或者步行通过地理围栏的个人。

投资者有时候会对某个特定商店感兴趣，希望从中了解哪些品牌的欢迎度更高，亦或者只是简单地对进入某个品牌商店的客流量和人数进行汇总。当然为了和金融市场发生联结，我们需要把品牌和公司名称以及交易的证券代码进行实体匹配，以便于后续分析。除客流量数据之外，我们还可以记录位置数据中其他有意义的变量，比如在商店的驻留时间（dwell time）。如果顾客在某家商店的驻留时间较长，这对于公司收入而言就是一个正向指标。如果只是客流量比较大，但是驻留时间很短，那么这就意味着顾客很可能并没有采购相关的商品或服务。

需要指出的是，手机位置数据集不大可能是一个全面性的总体数据集，而往往只是其中的一个样本，这样我们就需要考虑样本对于总体的表征程度。此外，我们还需要对所有的观测值进行规范化处理。例如不能仅仅因为样本量的增加就增加客流量指标，而是需要根据面板规模的变动而进行调整。此外，我们还需要对其他的人群、地理或者行为偏差进行调整。例如，有些人可能会高强度地使用手机应用程序，这样就会发出更多的地理位置数据，此时就要避免过度计算人头的问题。通常手机应用程序在启用的时候要比在后台运行会频繁记录位置信息。

为了得到更有价值的投资见解，我们最好把地理位置的数据和其他以零售商为主要目标的数据集相结合，以此来交叉验证在零售客流量数据中观察到的结果。比如，可以将位置数据和卫星对商场停车场汽车的计数数据结合在一起，或者是把消费者的交易记录数据结合进来，这样就可以更加精准地了解每位顾客的实际消费支出。当然，反映顾客情绪的数据集也是可以进行汇总的。

对于手机位置数据服务商而言，在向外出售这种数据的时候需要做充分的匿名化和汇总处理。对于投资者来说，汇总数据远比个体数据来得重要。当前通过手机传感器来获取商店内外客流量的有AirSage、Placed、Advan Research等。

最后要强调的是，虽然当前应用手机位置数据主要是在零售行业，但是这类数据还可以应用于其他的行业，比如通过进入某个区域的工人人数来跟踪工业企业的活动，或者是通过实时跟踪货车获取的数据对B2B公司进行分析。

商船位置

全球贸易数据对于大宗商品、汇率等宏观资产的投资非常重要，我们可以从联合国商品贸易统计数据库（UN Comtrade）或者各国政府统计机构获得这类数据。[37] 通过它们我们就可以衡量各种商品在各国之间的流量。每种类型的商品贸易都有标准代码，其中一些代码会很精细。但是这些“传统”数据集有着不少问题：它们更新的频率比较低，数据发布往往也有很大的滞后性，而且这

37　全球最大、最权威的国际商品贸易数据型资源，由联合国统计署创建，每年超过200个国家和地区向联合国统计署提供其官方年度商品贸易数据，涵盖全球99%的商品交易，真实反映国际商品流动趋势，收集了超过6000种商品、约17亿个数据记录，数据最早可回溯至1962年。数据库网站是https://comtrade.un.org/。

种滞后性在各国之间也各不相同。作为一种替代方式，我们可以观察在各国之间运输商品的商船航程，然后汇总这些数据，由此就得到了相对于传统贸易数据的另类数据。

过往涉及商船航程的信息是由商船经纪商整理的，因此这些数据也很难以更高的频率来获取。但是随着自动识别系统（Automatic Indentificiation System/AIS）的出现，对商船运输进行高频率的监控就变为可能。自动识别系统是安装在船舶上的一套自动追踪系统，借由与邻近船舶、AIS岸台以及卫星等设备交换电子资料，并且供船舶交通管理系统辨识及定位。AIS整合了标准的VHF传送器以及由GPS或LORAN-C接收器所提供的位置讯息，以及其他的电子航海设施，例如回转罗盘（gyrocompass）或是舵角指示器（rudder angle indicator）。船舶装有AIS接收器时，可以被AIS陆基岸台所追踪。或者当远离海岸过远时，可借由特别安装的AIS接收器，经由相当数量的卫星以便从庞大数量的信号中辨识船位。AIS信息记录了船舶的位置、航速、当前航向以及其他各种细节，比如船名、船型、吃水、当前航程的目的地等。我们可以通过收集这些信号来创建船舶运动的历史。很明显，跟踪船只位置的频率很可能存在差异，这取决于船只与接收器的距离。船舶在公海中发出的AIS信息，仅由卫星AIS接收器跟踪，每隔几个小时才会收到一次。因此以更高频率评估船舶位置的唯一方法是从最后一个可用的AIS讯息中根据运动速度和方向来推断位置。这样陆基的AIS接收器可以实时接收其范围内的船舶信号，但是卫星AIS接收器接收的信息就存在着较大的滞后性。

原始的AIS数据集规模往往非常大，而且难以破译。AIS数据中的某些字段是否被故意伪造，比如当前航程目的地，也会涉及一些复杂的问题。还有就是实体匹配问题，Button （2019）就注意到，就荷兰鹿特丹港的英文名称Rotterdam而言，船长们会使用好几种缩写方式，包括R'dam、Rdam、Roterdam和R-dam。因此，如果要使用AIS数据来量化海上商品贸易流动，那我们就需要对原始数据进行结构化处理，然后才能做更进一步的商业洞察分析。

许多数据服务商会提供基于AIS的数据产品，比如埃信华迈（HIS Markit）、Spire Global、Windword、Vessel Finder 和Marine Traffic等。为了让数据产品变得更有价值，这些数据服务商往往需要花费大量时间对AIS数据进行结构化处理。在这方面，数据服务商往往会添加标签，比如每艘航船的航程出发港和到达港、携带的商品以及其他一些细节，同时定期（比如每天）把这些信息进行汇总。为了确定出发/到达港口，数据服务商需要使用地理围栏技术划出相关的区域。同时它们还会使用吃水数据以及每种货物的相对密度对船舶所载货物做出合理的估计。

很多商船都有特定的用途。比如油轮是专门为运送原油而设计的，它不能运送其他商品。同样，还有些商船只是运载液化石油气（liquefied petroleum gas/LPG）。而对于那些装载煤炭或者谷物的干散货船而言，[38]要了解它们所装载的货物就会比较困难，此时就需要利用有关卸货泊位类型这种更细粒的数据。通常港务局拥有相关的数据，而GPS数据有时可能并不足以精确确定使用了哪个泊位，而且即使要做到这一点还需要对每个泊位进行地理围栏。当然某些泊位可能只能允许装运某些特定的货品，这个时候就比较容易处理。此外有关泊位类型的数据还可以和其他数据结合在一起使用，例如港口代理商的报告。最后，把各种经过结构化处理的数据汇总起来，我们就可以全方位了解商品贸易了。通常，数据服务商提供的结构化装运数据集要比原始的AIS数据在规模上小好几个量级。

诚然，通过AIS数据可以捕捉主要是通过商船运输进行的商品贸易，比如说原油。但是对于通过其他方法进行的贸易，比如说通过管道运输的原油，这种方法就无能为力了。同时对于装运各种货物的集装箱来说，AIS数据集的用处也会比较有限，因为此时无法确切知道其中的货物细节。当然我们可以通过诸如提单这样的资料来获取货品信息，[39] 但是获取这类数据并不容易，同时也不是

38　干散货船，是指专门用于装载干散货物的“船舶”。由于散货不怕压，为了装卸方便，其货舱均为单层甲板，舱口围板高而大，货舱横剖面呈棱形，货舱四角的三角形舱柜为压载水舱，可以用于调节吃水和稳性高度。一般用于运输大宗货物，故吨位较大，其始达的港口一般都有装卸设备，所以大型散货船可以不设置起货设备。

39　提单，英文是bill of lading，简称为B/L，它是指用以证明海上货物运输合同和货物已经由承运人接收或者装船，以及承运人保证据以交付货物的单证。在对外贸易中，运输部门承运货物时签发给发货人（可以是出口人也可以是货代）的一种凭证。收货人凭提单向货运目的地的运输部门提货（若收货人手里是小单，则需要向国内货代换取主单），提单须经承运人或船方签字后始能生效。

所有国家都存在着这类数据集。

IHS Markit（2019）报告了埃信华迈通过海运方式的原油运输数据集，其中对多段航程情况进行了处理。这个数据集利用了陆基和卫星上2600多个AIS探测器，并且结合了港口和特定泊位的位置数据。此外埃信华迈还汇总了原油进出口信息。原油贸易可以按照产品类型（超过300个品种）进行分组，也可以按照从地区到港口不同的地理层级位置进行分组。埃信华迈的数据可以表明当前海上运输的石油量，同时通过结合其他一些另类数据，它还可以用来预测未来五周的原油流量。

最后要指出的是，除了用于了解原油的流动，AIS数据集还有其他的用处，Olsen/Fonseca（2017）和Button（2019）就做了这样的分析。

商务飞行位置

随着新冠肺炎疫情从2019年底蔓延开来，全球很多会议通过电话、视频等线上方式进行。现在高速通信技术的发展让人与人之间的跨地交流变得异常迅捷和清晰。但是另一方面，线下的面对面商务会议依然很重要，特别是对并购这类的公司层面交易更是如此。从这个角度来说，如果有数据集可以帮助跟踪公司高管的商务旅行，那就可以深入了解公司之间的交易活动。显然商务飞行位置的数据集可以发挥这样的功效。

商务飞行位置数据集是伴随着空管监视（air traffic surveillance）技术以及软件无线电（soft-defined radio）技术发展产生的。当代的空管监视主要依赖两种技术，它们是广播式自动相关监视（automatic dependent surveillance-broadcasting/ADS-B）系统和二次监视雷达（secondary surveillance radar/SSR），后者也被称为空管雷达信标系统（air traffic control radar beacon system/ATCRBS）。SSR是一种协作技术，它包括应答机模式A、C和S。地面站使用1030MHz的频率来询问飞机的应答机，然后在1090MHz频率上接收飞机的请求信息。ADS-B则是比较新的技术，它可以通过更便宜和更精确的方式进行空管，并且已经应用在大多数的空域中。在这个系统中，飞机通过GPS来自动获取自己的位置，然后以不加密的方式每秒两次向附近所有飞机和地面站广播自己的位置和速度。图7.14

概述了这两种空管监视技术。

图7.14　现代ATC技术概述

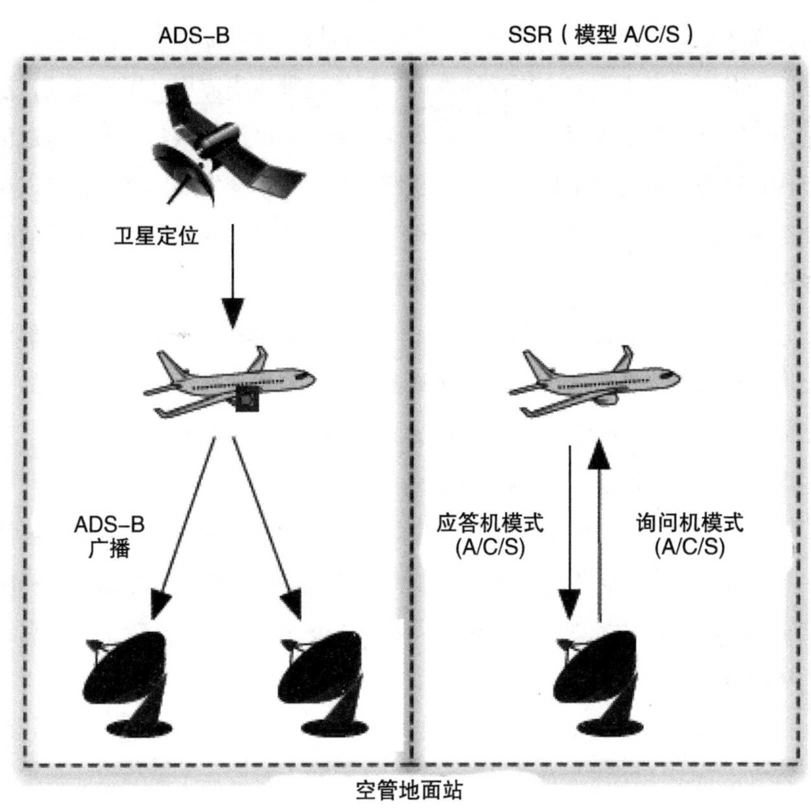

资料来源：Strohmeier et al.（2018）。

国际民航组织（International Civil Aviation Organization/ICAO）给每架飞机一个在全球范围内识别的24位地址码（24-bit address），这个地址码可以通过上述两套系统进行传输。需要注意的是，这个地址码和飞机呼号（callsign）或者应答机代号（squawk）是不一样的。飞机每次飞行的时候需要设定飞机呼号用于空中交通管理和飞行策划；而应答机代号是从0000到7777的四位8进制数字，总计4096个，并且由当地的空管来分配。一些组合具有特定的含义。通过应答机代号，航空管理员可以对飞行器进行区分。国际民航组织的24位地址码可以持续跟踪飞机的动向。虽然工程师可以对应答机进行重新编程，但是飞行员不会很容易以及合法地修改地址码。

软件无线电是一种无线电广播通信的新技术，它是基于软件定义的无线通信协议而非通过硬连线实现。频带、空中接口协议和功能都可以通过软件下载和更新来升级，而不用完全更换硬件。一开始这种技术应用在军事领域，进入21世纪，在众多企业的努力下，它从军事领域转向民用领域，成为全球通信的第三代移动通信系统的基础。伴随着软件无线电技术的发展，软件就可以用于多种类型的射频通信。当前航空通信和飞行跟踪是最为活跃和最受欢迎的软件无线电社区之一。航空爱好者可以购买RTL-SDR，这是一款价格非常低廉的U盘，它可以改装为软件无线电接收器，同时使用免费软件来接收几乎全部的空中交通通信协议。全球各地的飞机观测者会通过使用软件无线电以众包的方式给诸如Flightradar24或者ADS-B Exchange这样的航服信息供应商提供数据。[40] 后面本章第四小节我们会讨论众包数据。

随着软件无线电技术的出现，获取飞行数据的难度大大降低，这使得ADS-B信息的接收以及许多飞机位置的跟踪都变得非常容易。类似Flightradar24和FlightAware这样的成熟信息运营商，将从ADS-B接收到的空管信息汇总在一起，从而可以在全球范围内跟踪航班的信息。

在商务飞行位置数据集中，实体匹配是一个需要解决的难题。Quandl的首席执行官Kamel（2018）对此做了讨论。Quandl本身有一个航空智能数据集，后者可以用来跟踪公司飞机的活动。为了让记录飞机位置的原始数据集可以使用，Quandl做了很多的实体匹配工作。首先要把这些公司拥有的飞机和公司所有者匹配，然后再和公司可交易的证券代码进行匹配。在欧美国家，公司飞机的所有权结构往往比较复杂，因此实体匹配就不是一件容易的工作。另外公司可能是租赁而不是拥有飞机，这就需要额外的工作才能把特定商务飞行旅程和公司股票代码匹配起来。

40　这些服务商也参与了一些著名的飞行事件的调查，例如针对马航两架客机在乌克兰空域和印度洋上空失事事件的调查，参见Topham（2014）和Hart（2014）。

出租车乘坐数据

现代的出租车通常配备GPS设备来追踪其行程和位置。纽约市出租车和豪华轿车委员会（NYC Taxi & Limousine Comission/TLC）从2009年开始每年收集相关的数据。[41]收集这些数据并非是为了满足公众的好奇心，而是为了更好地监管纽约市的出租车行业。根据纽约州《信息自由法》（*Freedom of Information Law*）的要求，TLC的出行数据从2014年开始对外发布。这个数据集列出了每次出租车服务的细节，同时还列出了纽约市的优步（Uber）和来福车（Lyft）等专车服务。[42]每一条记录包含有上下车时间、上下车地点（GPS坐标）、出行距离、乘客数量、票价、消费和付款方式等字段。这个数据集描述了纽约人在工作和休闲时的丰富图景。图7.15就刻画了高盛和花旗集团总部的下车量和下车时间，从中可以推断这两家公司员工居住的区域。

图7.15　工作日出租车下车次数直方图

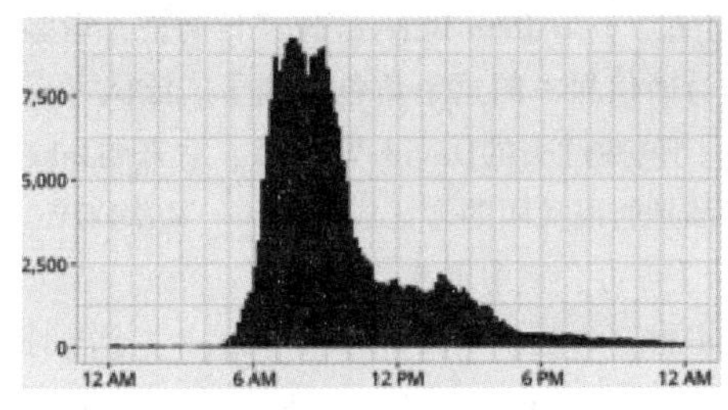

A. 高盛总部

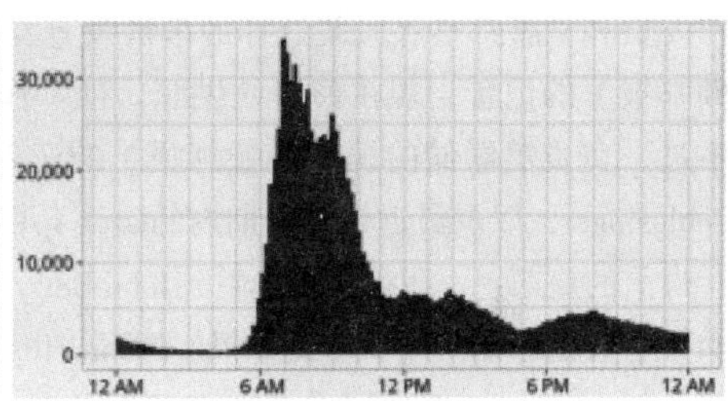

B. 花旗总部

资料来源：Schneider （2015）。

41　这个数据集的网址是：https://www1.nyc.gov/site/tlc/about/tlc-trip-record-data.page。

42　来福车（纳斯达克交易代码是LYFT）是一家交通网络公司，总部位于美国加利福尼亚州旧金山，以开发移动应用程序联结乘客和司机，提供载客车辆租赁及共乘媒合的分享型经济服务。乘客可以通过发送短信或是使用移动应用程序来预约车辆，利用移动应用程序时还可以追踪车辆位置。Lyft 拥有 30% 的市场份额，是美国仅次于优步的第二大叫车公司。

这些数据每年发布一次，因此对于金融市场的短期交易来说意义有限。当然投资者可以操作的短线交易是交易像来福车这样的股票，或者是使用出租车的出行统计数据作为衡量整体经济活动的指标。另外，这个数据集虽然发布相对滞后，但是它对于了解优步和来福车这样的专车服务对于出租车行业影响的长期分析也是有价值的。

本章第一小节中讨论了和联储对外沟通相关的数据集。尽管美联储有着严格的规则来保护和货币政策决策相关的敏感信息，但是有很多证据表明相关信息的确存在着泄露。Meyer（2004）就指出，联储对外沟通的一个明显特征就是向媒体“通信兵”（Signal Corps）泄露信息。[43] 同时在联储前任主席Ben Bernanke（2015）的书中，他也列出了一些自己最常用的记者。[44] 除向媒体放话以外，美联储也存在着泄露信息给金融机构的证据，[45] Cieslak et al.（2019）

43　Meyer（2004）给出了所谓媒体“通信兵”的记者名单：“使用记者作为美联储通信兵团并非是联储理事会或者公开市场委员会的官方规则。（联储）公共关系部的工作人员和主席都喜欢假装这样的事情没有发生过。……John Berry，曾经长期是《华盛顿邮报》的记者，现在彭博社供职，他（作为通信兵）的这个角色得到了广泛认可。不过，负责美联储的《华盛顿邮报》的记者，包括过去的David Wessel、后来的Jake Schlesinger，以及最近在我任期内的Greg Ip也都是通讯兵团的常任成员。……某次FOMC会议前的星期一，我很惊讶地看到John Berry从主席办公室中出来。”

44　这些记者包括《华尔街日报》的Jon Hilsenrath、《经济学人》的Grep Ip、《金融时报》的Krishna Guha、《华盛顿邮报》的Neil Irwin、彭博社的John Berry、CNBC的Steve Liesman以及《纽约时报》的Ed Andrews。

45　2010年11月FOMC会议记录中曾经记录了一段时任联储达拉斯银行行长Richard Fisher讲的一段话：“就有些人和市场参与者关系密切的第二个问题，我认为近似于内幕交易。有些人从中获利了。一位前理事会成员曾经拜访我们银行，……这个人——我让你们猜猜他是谁，根据我们FOMC成员的人数，他是FOMC的第18位或第19位成员，而且还是一位有投票权的成员。当他讲话并且推销的时候他就从我们身上赚钱。如果我们不能解决这个问题，那么我认为我们应该认真考虑那些对内幕交易发起诉讼的严厉法律条款。如果有人从我们决策的内部信息中赚钱，那么这和从证券内幕信息交易中赚钱就没什么不同。而且事实上，我认为这是一种更为严重的滥用。”根据事后的媒体报道以及2016年1月公开的会议记录，Fisher提到的是时任美联储宏观经济顾问的Larry Meyer。《华尔街日报》记者Josh Zumbrun在2016年1月15日撰写了一篇报道，指出Meyer在FOMC会议记录在向公众公布之前几周离职了。

就收集和整理了一些著名的泄露案例。[46]

为了分析联储和市场参与者之间私人会晤和沟通渠道是如何运作的，芝加哥大学的博士研究生Finer（2018）应用了上述出租车出行数据。他分析了2009年到2014年之间接近纽约大型金融机构的附近地区和接近联储纽约银行附近地区之间的出租车往来情况。这些出租车出行数量可以作为市场参与者和联储纽约分行之间沟通交流的度量指标。当然严格来说，这些地点的每次出租车服务并不见得都一定和联储的对外沟通有关。

Fine对2009年到2014年之间5亿多辆出租车数据进行调查后发现，在FOMC会议前后，从大型银行前往联储纽约银行的出租车出行数量有所增加，其中最为明显的就是在FOMC会议的静默期（blackout/quiet period）取消之后的凌晨1点到3点之间。所谓的“静默期”就是要求在FOMC会议前夕，联储会成员不能就货币政策对外发表言论。同样一个重要的时段是在会议前后几天之内的中午11点到下午2点的午餐时间，这段时间联储纽约银行和其他金融机构附近区域同时使用出租车的出行量会增加。尽管美联储对其人员和市场沟通进行了限制，但是这些证据表明联储可能有意无意地让市场参与者获取市场敏感信息。

图7.16给出了联储纽约银行和其他金融机构之间的出租车出行地图。而表7.2则给出了联储纽约银行和位于纽约金融区内的重要金融机构，其中包括了这些机构的总部以及下属的投行或者交易部门。需要指出的是，即使上述出租车搭乘行程中大部分和联储官员与市场参与者之间的私下会晤有关，我们也难以准确获取在这些会晤沟通的信息流。同时这样的方法也无法获取通过大众交通

---

46 这些案例可以参考Cieslak et al.（2019）的表XII。在这些案例中，最出名的一个是2012年10月3日泄露给政策情报公司Medley Global Advisors（MGA）的。MGA分析师Regina Schleiger有一份2012年9月FOMC会议纪要的副本。这份纪要计划在她发表文章的后一天发布。此外，她还提供2012年9月FOMC会议前各位成员就政策辩论的详细情况，显然这些信息超出了会议纪要的内容。在泄漏事件发生后，国会要求提供与MGA有联系的美联储人员名单。这份名单是保密的。Jeffrey Lacker在承认参与其中后辞职，但是声称他不是MGA的信息来源。Janet Yellen的日程显示和MGA有几次会面，不过都不是安排在泄密发生的9月。另外MGA在其网站上公开指出：“MGA通过与全球高层决策者建立关系，提供有关宏观经济和政治事件的准确和公正的情报。我们的网络包括中央银行、财政部、监管和情报机构以及国际金融和贸易组织。”

实现的行程数据。

图7.16　纽约出租车上车和下车地点：2009—2014

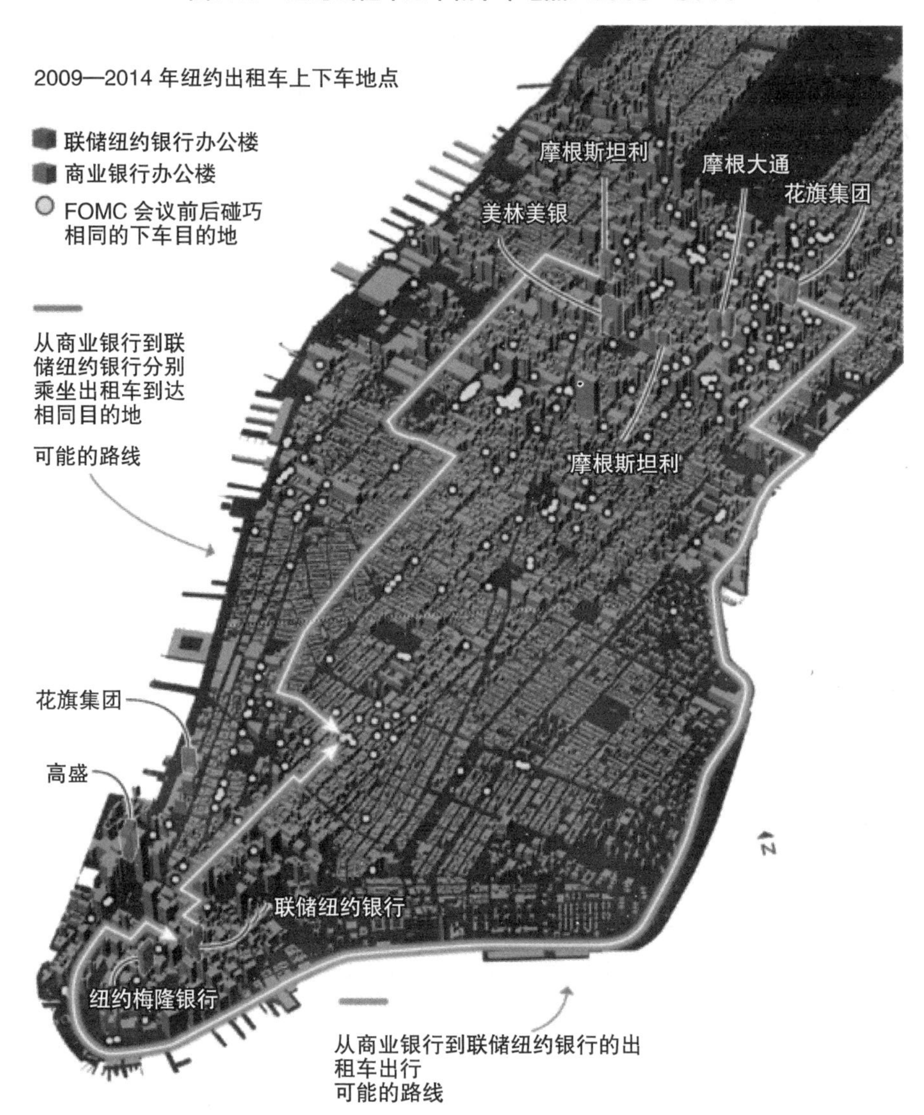

资料来源：Burke（2018）。

表7.2　联储纽约银行和纽约重要金融机构地址

机构	地址	纬度	经度
Federal Reserve Bank of New York 美联储纽约银行	33 Liberty Street	40.7084	–74.0087
Bank of America （Merrill Lynch） 美林美银	One Bryant Park	40.7557	–73.9849
BNY Mellon Original Headquarters 纽约梅隆银行旧总部	1 Wall Street	40.7075	–74.0116
BNY Mellon New Headquarters 纽约梅隆银行新总部	225 Liberty Street	40.7120	–74.0153
Citigroup I-banking and New HQ 花旗投行和新总部	388-390 Greenwich Street	40.7207	–74.0111
Citigroup Old Headquarters 花旗集团旧总部	399 Park Avenue	40.7591	–73.9717
Goldman Sachs Old Headquarters 高盛旧总部	85 Broad Street	40.7041	–74.0111
Goldman Sachs Old Trading Floor 高盛旧交易部	One New York Plaza	40.7022	–74.0118
Goldman Sachs New Headquarters 高盛新总部	200 West Street	40.7149	–74.0145
JPMorgan Chase Headquarters 摩根大通总部	270 Park Avenue	40.7558	–73.9754
JPMorgan Investment Banking 摩根投行	383 Madison Avenue	40.7555	–73.9766
Morgan Stanley Headquarters 摩根斯坦利总部	1585 Broadway	40.7604	–73.9857
Morgan Stanley Investment Management 摩根斯坦利投资管理部	522 Fifth Avenue	40.7548	–73.9805

资料来源：Bradley et al.（2020）。

其他传感器数据

前面我们讨论了在卫星图像、手机定位和商船AIS系统中的传感器数据。在这一节的最后我们将给出其他一些类型的传感器形成的另类数据集。Genscape通过非接触式的地面传感器来监控输电线，由此形成的数据供电网所有者和运营商使用。现在很多商店和超市会安装传感器来跟踪顾客，Flir Brickstream通过摄像机拍摄的3D立体视频来计算商店的访客量。Irisys则在全球的商铺安装了超过50万个传感器，然后通过热成像技术来计算访客量。热成像技术因为不涉及拍照，所以可以避免隐私问题，但是这项技术只对移动目标有用。RetailNext

则在天花板上安装固定传感器，然后通过极光技术提供商店内部的分析数据。Sensormatic旗下的ShopperTrak可以通过植入压力传感器的压力敏垫来记录步数，从而记录商店内的人流量。Precolata则汇总了来自视觉、音频和手机传感器的数据来记录商店中的人流量、停留时间、转换率和访问频率。最后，无人机上的传感器也可以形成对投资有用的信息。DroneDeploy通过无人机的传感器来获取有关农业、采矿业和基建行业的数据，而AgEagle旗下的Agribotix则在无人机上安装了红外线传感器，因为只有健康的叶子会反射红外线，所以这种传感器就可以监控农产品的生长。

四、调查和众包数据

调查数据

在人类研究中，调查（survey）是一系列旨在从特定人群中提取特定数据的问题。调查可以通过电话、邮件或者互联网进行，有时也可以在繁忙的街道或商场进行。调查可以用来增加社会研究和人口统计学等领域的知识。调查研究通常用于评估想法、观点和感受。调查可以是具体的和有限的，也可以是有着更广泛的目标。根据Gault （1907）的考据，伦敦统计学会在1838年设计了最早的调查问卷，目的是对罢工历史做完整和公正的分析。

很多时候投资者可以利用调查数据。通过对公司（或者其他实体）或者资产有见解的人进行调查所获取的数据很多时候是很有洞见的。如果无法使用其他方式获取信息，或者只能延迟获取信息，亦或者获取信息的成本很高，那么调查数据就显得很重要了。通过调查数据获取的信息可用于监控仓位、评估交易、提取交易信号以及评估风险状况。在这种情况下，被调查的对象并不是公司的内部人。他们可以是那些教育和行业背景可以让其就公司、行业或者市场未来情况和态势发表独到见解的人，亦或者是搜集公司资产外观或者其他信息的调查侦探（scouts）。对于后者来说，这些调查人员并不需要专业领域的知识。

调查会搜集整理多人的意见，然后对这些意见进行平均化处理，从而可以提供群体智慧，在原理上这会比一个人的观点提供更好的信息。图7.17显示了调查对象的层级结构，在最基层是商业组织的外围相关人员，中间层是公司的经理，而到最高层就是公司高管。

图7.17　调查对象的层次结构

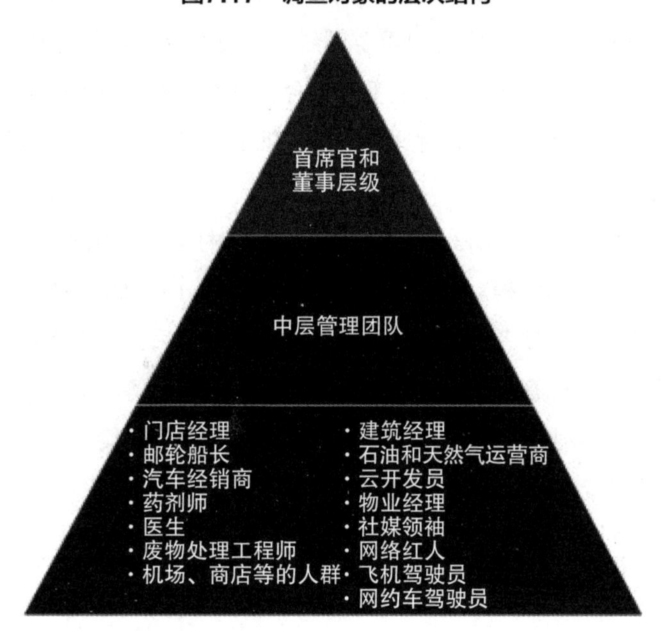

资料来源：Denev/Amen （2020）。

现代科技的发展让调查可以通过手机的应用程序来寻找和联系调查对象。地理位置、上传图像以及对象评级等功能让调查设计者可以控制这类数据来源的准确性。这样调查对象的样本就可以在几天甚至几个小时的时间内建立起来，同时调查结果也会很快出炉。手机调查的对象人群范围在全球估计约有30亿人，而且从地理范围上看，它的覆盖面是全球性的，甚至包括那些其他方式无法进入或者监控的偏远地区。

调查可以用来预测产品发布、盈余报告或者是选举结果，也可以用来确认已经公开的信息或者是私人的看法。当然调查也可以不和特定事件相关联，比如用来分析未来趋势的调查，这些趋势可以是对折叠屏手机的偏好，亦或者是购买特斯拉电动车的愿望，等等。这些调查数据可以给投资者和风险管理者提供宝贵的洞见。

为了进一步说明，下面我们以一个调查数据服务商Grapedata为例进行说明。这个服务商提供了一个另类数据来源平台。通过这个平台，人们可以即刻与全球任何个人或者个人团体建立联系，并且根据需要进行调查。这就让人们有机会挖掘对金融决策来说很重要的线下信息，而这些信息往往无法从其他来源中获得。它使用了一个线上手机平台，目前有来自87个国家超过10万名的贡献者在这个平台上。[47] 同时这个平台提供了合规性监管、汇总和匿名化等服务。

图7.18A给出了一个Grapedata进行调查的时间轴，而图7.18B则给出了Grapedata进行调查的流程。在客户问询之后，Grapedata根据地理位置对贡献者进行筛选，然后对贡献者的背景进行审查，以便让随后交付给客户的数据集满足准确性要求。在应答阶段结束之后，Grapedata会对应答者进行评分，评分的标准是应答质量和速度。评分低的应答者应答将排除在最终的数据集外，同时这些应答者也不会受雇进行未来的调查。

47 这个数据来自于2021年3月16日访问这个网站。

图7.18　调查过程框架

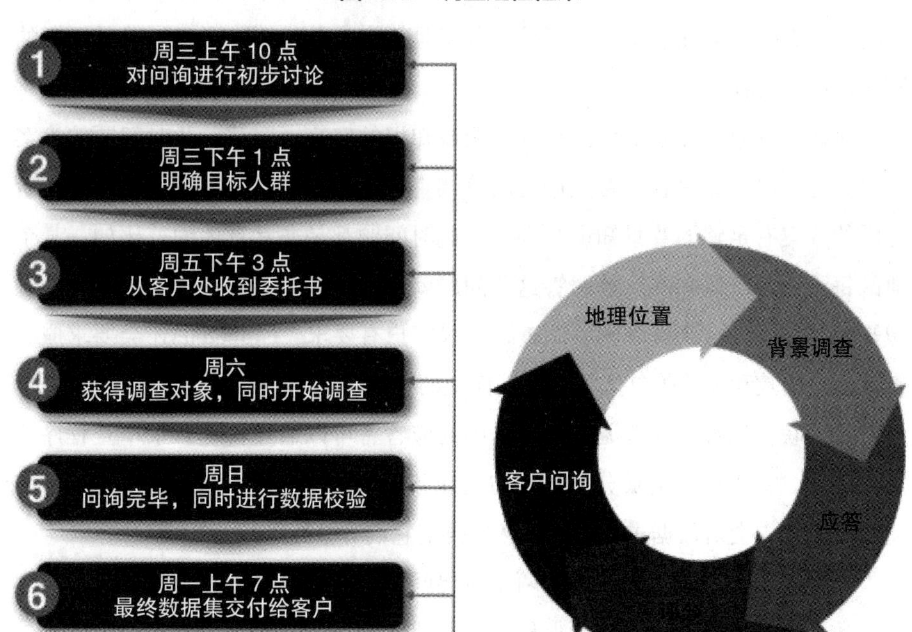

A. 调查时间轴　　B. 调查过程饼图

资料来源：Denev/Amen（2020）。

Grapedata通过线上平台所做的地理定位调查是完全通过数字化的方式进行的，其中通过三种方式和应答者进行互动：

- 联合调查（pooled surveys）
- 问答调查（Q&A surveys）
- 报告（reports）

在不需要专业知识的领域，Grapedata雇佣侦探在联合调查中收集信息。比如购物中心的顾客可以充当侦探的角色，他们需要对商场的客流量发表意见。为了得到更好的见解，这些调查数据可以用来补充使用其他方法获取的客流量数据，亦或者是进行交叉验证。当然在某些情况下，联合调查数据可能是获取某些信息的唯一途径。例如，投资者可能希望了解连锁超市的客流量及其销售额的变化，但是卫星图像或者手机定位数据服务商可能不会关注到这些小型超市。在联合调查中提出的问题是具体的，但是这些问题通常不需要特别的专业知识以及详尽的答案。比如说问题可以设定为：过去半年销售额有什么变化？问题的答案是：上涨、不变或下跌。或者是：客户数量下降了吗？然后问答的答案是：对或者不对。

问答调查通常针对少数具有专业领域知识的应答者展开。此时问题的答案可以更为详尽。如果客户希望进行问答调查，那么他们就会要求应答者对于所提供的答案有足够的背景知识和理由。此时问题都是非常具体的，比如：某个地区每天石油产量多高？要回答这些问题就需要比联合调查更深入的专业和领域知识。除了联合调查和问答调查，如果客户有要求，Grapedata还会要求应答者就公司绩效和评估等具体问题撰写详细的报告。

除了联合调查，问答调查和报告中的应答者可以通过自动背景审查程序后加以录用。首先他们会被分配一些初级任务来测试专业知识，在这种情况下，Grapedata首先会对数据进行筛选，然后再把它们分享给客户。[48]

在开始调查之前必须要考虑两个重要问题。首先是根据样本规模、覆盖率和穿透性来选择样本，从而确保样本能够代表总体。在某些调查中需要做到这一点。这样在样本具有代表性的情况下，我们就可以计算在给定样本规模情况下的误差幅度。此时，客户就必须要根据对误差的容忍程度来选择样本规模。当然在某些情况下我们可以要求调查的样本不需要具有代表性，比如通过侦探来评估工厂或者其他固定资产的状况。

第二个问题是选择进行调查的时机。如果调查的目的是针对特定事件产生的影响，比如新品发布、公司财报等，此时就需要在事件发生之前进行调查。但是提前多少时间进行调查则需要慎重考虑。如果调查距离事件发生时间太近，那么可能就太晚了，因为有关调查的信息可能已经体现在市场定价中了。但是如果调查进行得太早，那么其他影响证券价格的重大事件就可能把事先收集到的信息完全稀释掉了。

1. 百家最佳职场

在这个小节中，我们将介绍一家调查服务商，这就是总部位于美国旧金山

48　在对监管合规比较敏感的案例中，Grapedata会首先和Optima Partners对数据进行筛选，其中Optima Partner是一家全球领先的金融监管合规咨询机构。

的卓越职场研究所（Great Place to Work® Institute/GPTWI），它是全球知名职场文化和人资管理咨询公司。早在1981年，一家杂志的编辑要求两位商业记者Robert Levering和Milton Moskwoitz调查美国的公司，从中挑选出一百家工作职场最佳的公司。虽然最初两位记者对能否找到一百家合格的公司表示怀疑，但是他们还是决定采用调查问卷的方式来完成这项工作。1984年，上述两位记者加上Michael Katz完成并出版了第一版的《美国百家最佳职场》（*100 Best Companies to Work for in America*）。通过他们设计的调查问卷，结果表明一个优秀工作职场的关键并非是事先制定一套让员工感到满意的福利计划，而是要在工作场所建立起高质量的关系，一种以信任、自豪和友情为特征的关系。这些关系并非只是定性的软活动，而是能够提升组织业务绩效的关键因素。

1991年，三位作者之一的Levering和组织发展学教授Amy Lyman以及一些组织和管理咨询顾问共同创立了卓越职场研究所（Great Place to Work®/GPTWI），目的是将《美国百家最佳职场》中的研究方法转化为一种理解和评估公司这种组织的简单方法。一开始，针对员工的调查问卷，也就是信任模型（Trust Model©）和信任指数（Trust Index©）是这家研究所提供的核心研究和咨询服务。[49]

卓越职场的理念很快被政府以及各个行业的领导人接受，认为这是改善工作环境以及改善公众形象和经营业绩的重要手段。后来这个理念从美国开始传播到全球。1997年，美国的《财富》（*Fortune*）开始和卓越职场研究所合作，并于1998年推出了全球首批百家最佳职场的公司名单。

经过三十多年的发展，卓越职场研究所在Levering et al.（1984）的基础上建立了一套比较完整和成熟的工作职场问卷调查体系。它由两个部分构成，第一部分是“信任指数”员工调查（Trust Index© Empolyee Survey/TIES）。根据名称，这个调查是针对公司员工进行的，其中员工可以只对整个公司组织进行回应，也可以对自己的工作部门以及整个公司进行回应。同时根据卓越职场研究所多年研究，信任是区分职场环境的最重要指标，因此这个调查将围绕信任覆盖五个维度的问题，这些维度包括：

49　有关卓越职场研究所的历史，读者可以参考Grudén/Griffin（2010）。

（1）员工对公司管理层的信任程度（credibility）；

（2）员工对公司管理层的尊重程度（respect）；

（3）员工眼里的公司管理层公正程度（fairness）；

（4）员工对自己工作的自豪程度（pride）；

（3）员工之间的友爱关系（camaraderie）。

图7.19的五角形反映了信任指数的分析框架。需要指出的是，信任指数调查并非是一个标准化的问卷体系，卓越职场研究所在公司客户的要求下，可以在问卷中添加额外的问题，从而让客户获得针对特定问题的员工回应。同时根据客户需要，除类似年龄、性别、任职时长、地理位置、人种等常规性的人口统计信息之外，卓越职场研究所还可以增加客户感兴趣的其他统计类别。

图7.19　卓越职场研究所的信任指数调查框架

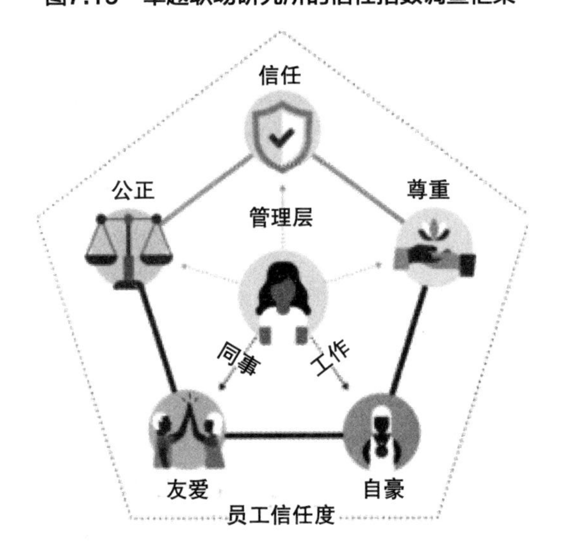

资料来源：www.greatplacetowork.in/gptw-model.

调查问卷的第二部分是公司的“文化评估”调查（Cultural Audit© Survey/CAS）。这个部分将收集有关“管理层如何构建好的职场环境”的信息。这个部分的调查将由公司的人力资源部门协助部分高管来填写。它将从九个方面来收集公司人力资源管理的政策、措施和流程，包括招聘（hiring）、分享

(sharing)、庆祝(celebrating)、激励(inspiring)、倾听(listening)、讲话(speaking)、感谢(thanking)、发展(developing)和关怀(caring)。

在卓越的工作职场，公司的相关政策是很重要的，它们是公司领导者和高管用来系统性地创建与组织经营活动目标保持一致的工具。但与此同时，政策的实际操作和选择也是不可或缺的。很多公司在文字上有着令人印象深刻的政策和项目，但是有时候在这些项目投入了很多钱，公司并没有看到投资的好处。卓越职场研究所就发现有五种特性可以让公司更有可能成为最佳的工作场所，它们分别是多样性(variety)、原创性(originality)、包容性(all-inclusiveness)、人性化程度(degree of human touch)以及与整体文化的融合程度(integration with the culture at large)。卓越职场研究所认为，伟大的公司组成会创造出一种文化，在这种文化中，每个人都会受到鼓舞，同时每个人都能贡献自己的才能，以及表现出最好的自己。这样在这些公司组织中，人和组织之间与其说是进行了一笔商业交易，不如说是在组织成员之间构建了礼尚往来的循环机制。应用这种方法是获得卓越职场称号的公司长期稳定和成功的秘诀。图7.20刻画了卓越职场研究所在文化评估调查中的框架。

图7.20　卓越职场研究所的文化评估调查框架

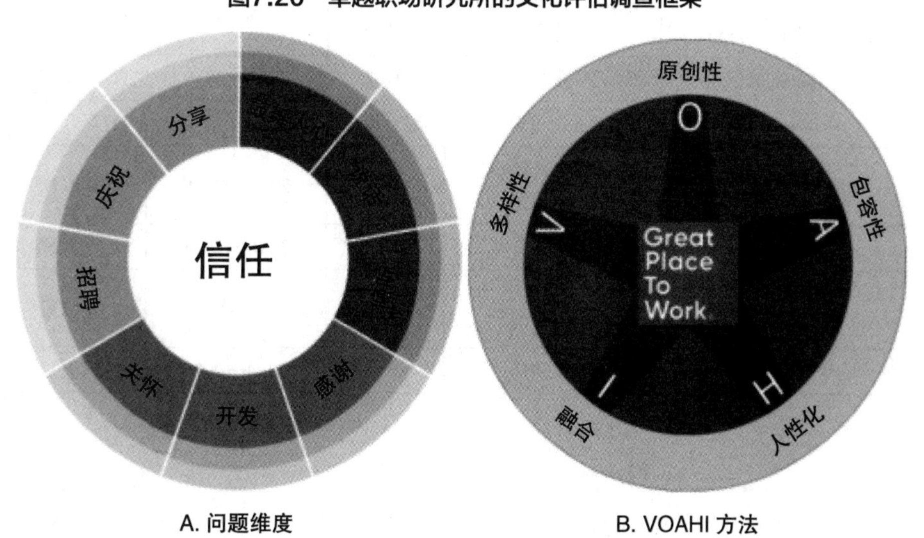

A. 问题维度　　B. VOAHI 方法

资料来源：www.greatplacetowork.in/gptw-model.

为了获得最佳职场的资格，候选公司需要至少有70%的员工参与信任指数调查，并且在这个调查中获得至少70分（满分100分），同时在文化评估调查中至少获得120分（满分250分）。

谷歌公司2006年首次登上美国百家最佳职场名单，到2021年已经有八次名列榜首，是名列榜首次数最多的公司。不过在2018年这家公司不在榜单上。而自从1998年《财富》杂志发布这个榜单以来，有14家公司至少上榜了17次。[50] 金融学教授Alex Edmans在2011年对上榜的上市公司绩效进行了研究，结果表明从1984年到2009年，美国百家最佳职场公司比同行企业的股票回报率高出2.1%~3.5%。

2012年以来，卓越职场研究所开始发布“大中华区最佳职场”（Best Workplaces in Greater China™）榜单，同时从2017年这个榜单开始由《商业周刊（中文版）》对外发布。2020年总计有38家公司上榜，见表7.3。

表7.3　2020年大中华区最佳职场榜单

公司英文名称	公司中文名称	总部	曾上榜年份	行业
American Express	美国运通	美国	首次	金融
Baxter（China）Investment Co., Ltd.	百特（中国）投资有限公司	美国	2019	医疗
Cadence	铿腾电子	美国	2015—2019	IT/互联网
Canva	Canva可画	澳大利亚	首次	IT/互联网
CI&T China, Inc.	宁波思艾特软件有限公司	巴西	2016—2019	IT/互联网
Cisco	思科	美国	2016—2018	IT/互联网
CNH Industrial China（wholly owned）	凯斯纽荷兰工业集团中国	英国	首次	工业服务
DHL Express	敦豪快递	德国	2014—2019	物流

50　这14家公司分别是Wegmans、SAS Institute、W. L. Gore、REI、Goldman Sachs、TDIndustries、Publix、Four Seasons、Whole Foods、The Container Store、Cisco、Marriott、Genentech和Nordstrom。

续表

公司英文名称	公司中文名称	总部	曾上榜年份	行业
Diageo（China）Limited	帝亚吉欧洋酒贸易（上海）有限公司	中国大陆	首次	餐饮
DISCO	迪斯科	中国大陆	首次	制造业
EY	安永	英国	2012，2016—2019	专业服务
Fonterra	恒天然	中国大陆	2019	制造业
General Mills Taiwan Limited	台湾通用磨坊股份有限公司	中国台湾	2019	制造业
Hilton	希尔顿集团	美国	2015—2019	酒店旅游
Ingram Micro China	英迈中国	中国大陆	首次	IT/互联网
Ipsen China	益普生中国	中国大陆	首次	生物科技
Johnson & Johnson	强生	美国	首次	医疗
Kimberly-Clark（China）Co., Ltd.	金佰利（中国）有限公司	美国	首次	专业服务
Mastercard	万事达卡	美国	2018—2019	金融
Meijer Trading Ltd.		美国	2019	零售
Micron Technology, Inc.	美光科技有限公司	美国	2018—2019	制造业
PageGroup	米高蒲志集团	英国	首次	专业服务
PayPal	贝宝	美国	2015—2018	金融
PetSafe Shenzhen Limited	瑞通宠物安全（深圳）有限公司	中国大陆	首次	制造业
PPD Pharmaceutical Development（Beijing）	百时益医药研发（北京）有限公司	中国大陆	首次	生物科技
Rackspace Technology		美国	首次	IT/互联网
Radio Flyer China Limited	瑞飞儿贸易（深圳）有限公司	中国大陆	2019	零售
Roche Diagnostics China	罗氏诊断中国	瑞士	2015—2019	医疗器械
Royal FrieslandCampina China	荷兰皇家菲仕兰	中国大陆	首次	制造业
SAP, Greater China	思爱普大中华区	德国	2014—2019	IT/互联网
S.C. Johnson	庄臣	中国大陆	2019	制造业
Stryker China Commercial	史塞克中国	中国大陆	2019	医疗器械

续表

公司英文名称	公司中文名称	总部	曾上榜年份	行业
STS Gems Ltd.		印度	2016—2019	制造业
Takeda China	武田中国	日本	2018—2019	制药
Teleperformance China	中国互联企信信息技术有限公司	中国大陆	2018—2019	专业服务
Unity	优美缔软件（上海）有限公司	美国	2019	IT/互联网
Worldline（China）Co.,Ltd	源讯科技（中国）有限公司	法国	首次	IT/互联网
Wyeth Nutrition（China）Co., Ltd	惠氏营养品（中国）有限公司	中国大陆	2018—2019	零售

资料来源：www.greatplacetowork.cn/lists和www.sohu.com/a/438764871_603201。

2. 采购经理人指数

在很多场景中，准确预测GDP这样关键的宏观经济变量是很重要的。比如，经济政策制定者可以通过GDP的预测来优化利率、汇率或者财政支出等重要宏观经济管理的杠杆指标变动。投资者和企业主可以更为确信地做出投资决策，并且很有可能获取更好的投资回报。近些年来，经济和市场主体越来越关注对GDP的实时预测（nowcasting），而不是等待官方在相当滞后的时点发布和更新这些数据。所谓实时预测，就是对当前、临近的未来或者相邻的过往时点进行的预测。为了进行实时预测，我们就需要使用其他的相对更为高频的数据集，通过后者来实时预测低频并且滞后发布的宏观经济变量。

在重要宏观经济指标的实时预测上，采购经理人（Purchasing Managers' Index/PMI）扮演着重要作用。PMI指数是通过调查问卷得出的，其中的调查对象是一组选定的制造业和服务业公司高管组成的专家小组。PMI指数数据集以月为频率，覆盖了产出、订单、就业、价格和库存等各种指标的信息。这样PMI指数就提供了公司高管对于各国当前和未来经济与商业活动水平的预判，从而可以用来预测未来短期内可能发生的经济繁荣或者衰退。

全球有很多编制PMI指数的服务商，在这个领域埃信华迈（IHS Markit）是最重要的一家，它给40多个国家编制了PMI指数。就埃信华迈的PMI指数来说，问卷调查一般是在每月中旬进行，然后在特定月份结束后很快发布。具体来说，制造业的PMI（manufacturing PMI）将在每月结束后的第一天发布，而服务业的PMI（services PMI）以及汇总两个部门的综合PMI（composite PMI）将在每月结束后的第三个工作日发布。另外，对于欧元区国家以及美英日澳四国来说，埃信华迈还会在正式发布PMI指数前10天左右公布所谓的PMI快报数据（flash data）。这些快报数据是根据最终收到的调查问卷中85%~90%的样本数据得出的，因此在PMI指数和PMI快报指数之间通常存在着差异，但是这种差异往往也很小。在欧元区国家中，埃信华迈还针对德国和法国提供了更为详细的PMI快报数据。

以2018年第二季度为例，图7.21显示了PMI指数的时间线（timeline）和它所即时预测的GDP增长率时间线。为了说明PMI指数的时间优势，在图7.21中还给出另外两个指标，一个是欧盟委员会公布的经济景气指数（Economic Sentiment Index/ESI），另外一个是欧盟统计局发布的工业产值（industrial production/IP）。ESI指数是由五个行业信心指标（sector confidence indicator）组成的综合指标，其中不同行业信心指标以及权重分别是工业信心指标（40%）、服务业信心指标（30%）、消费者信心指标（20%）、零售业信心指标（5%）以及建筑业信心指标（5%）。欧盟委员会每月公布一次ESI指数。这个指数也是来自于问卷调查，受访者需要评估当前经济形势，同时表达对未来经济发展的预期。[51]

图7.21　2018年第二季度欧元区（EZ）GDP增长率即时预测

到四月底	到五月底	到六月底	到七月底	
四月数据 欧元区 PMI（快报） 经济景气指数	→ 五月数据 欧元区 PMI（快报） 经济景气指数	→ 六月数据 欧元区 PMI（快报） 经济景气指数	→ 七月数据 欧元区 PMI（快报） 经济景气指数	➡ 七月末（最后一天） 第一次估算欧元区 GDP 增长率
		四月数据 工业产值	五月数据 工业产值	

资料来源：Denev/Amen（2020）。

51　有关ESI指数的详细信息，读者可以访问欧盟统计局网站：https://ec.europa.eu/eurostat/statistics-explained/index.php?title=Glossary:Economic_sentiment_indicator_（ESI）.

图7.21表明了数据可用性和即时预测的周期性关系。在某个季度的前两个月，我们只能获取“软”数据，也就是PMI指数和ESI指数，它们都是调查数据。在季度最后一个月的中期，我们才能得到官方公布的“硬”数据，也就是工业产值。这样政策制定者、经济学家以及投资者都要仰赖软数据来衡量经济表现。从中可以看到，基于调查形成的PMI指数（当然也包括EMI指数）在即时预测上有着独特的优势，我们在《另类数据：投资新动力》这本书中给出了一个针对GDP即时预测的用例。

众包数据

我们经常会通过调查形式来搜集人们对于政治、社会和经济议题的看法，但是调查也存在着不足，Shank （2014）就指出调查数据通常存在两大问题，就是应答不足（lack of response）和应答偏误（response bias）。

因为执行和成本的问题，大多数调查中不会使用随机样本。不使用随机样本会导致应答偏差，也就是说我们不知道那些应答者回答问题的方式是否会和随机样本的回答方式一样，同时我们也不知道非应答者会做什么回答。调查通常会忽略应答偏误，因为要校正这种偏误就需要调查非应答者，并且分析他们和应答者在回答中的差异，而让非应答者做出回应是很困难的。

即使不考虑随机样本的问题，有些人群也可能会比其他人群更愿意应答，比如女性通常比男性愿意应答。好的调查分析师会知道他们所面临的调查人群分布情况，比如做政治民意调查的分析师，然后对数据进行抽样和加权，由此来处理在特定人群分布上的偏误。

要解决上面的问题都不是很容易的事情。在实务中常见的解决方案就是让样本规模足够大，同时也希望这个样本能够很好地表征总体。但是做调查时分析师需要意识到，涉及自我报告的数据通常是很不可靠的，所以如果问题的答案可以观察到，那么从观察中得到的数据就是更好的数据，由此就引出了众包数据（crowdsourced data）的概念。简单地说，众包数据就是让一组参与者（比如工人或者客户等）观察正在发生的事情，然后返回观察结果的活动。众包数据是众包的一种活动形式，下面我们介绍众包这个概念。

根据维基百科的定义，[52]众包（crowdsourcing）是一种外包（outsourcing）模式，在这种模式中，个人或组织从一个庞大的相对开放且经常快速发展变化的参与者群体中获得相关商品、信息或服务，包括想法、投票、微任务和资金。到2021年，众包通常包括利用互联网吸引参与者，并且在参与者之间分配工作，以实现累积的结果。众包这个词本身是“大众”和“外包”的总称，大概是2005年创造出来的。

众包和外包的区别在于，前者来自一个不太具体、更公开的群体，而外包则是委托一个特定的、有名称的群体进行的，包括自下而上和自上而下的过程。根据Buettner（2015）Prpić et al.（2015）的讨论，相比于外包，众包的好处包括降低成本以及提高速度、质量、灵活性、可扩展性和多样性。

众包背后的想法就是Surowiecki（2005）提出的“群众智慧”（the wisdom of crowd），它指的是一群普通人的看法可以比某位专家的看法更为精确。Surowiecki列举了很多例子，由此强调了观点和意见的多样性与独立性的重要性。众包可以涵盖任何活动，无论是创建诸如维基百科和百度百科这样的分布式知识库还是众筹资金，亦或者是在IdeaScale这样的平台上进行的开放式创新活动，[53]在这些活动中，群体中的参与者可以提供建议或想法，然后社会和商业组织可以利用这些建议或想法来指导决策和工作。

需要指出的是，虽然众包这个概念兴起于互联网时代，但是根据Howe（2006）的分析，它在互联网走入家庭之前就已经存在了。随着互联网的兴起，Brabham et al.（2014）就指出互联网众包是“利用在线社区集体智能（collective intelligence）的分布式问题解决和生产模式”。和传统的数据收集想法相比，众包就提供了一种从线上应答者更快获取信息的有效方法。Bohannon（2016）就指出研究人员越来越多地使用众包数据，特别是在社会和行为科学领域。

当公司希望对问题寻找具体和明确的答案时，就可以采用调查的方式。就众包而言，互动交流可以是没有任何限制的，此时应答者可以回答很简单的问

---

52 参见https://en.wikipedia.org/wiki/Crowdsourcing。

53 参见https://ideascale.com/。

题，比如应该开发哪种口味的冰激凌，也可以回答更为复杂的问题，比如应该如何让蔬菜保持新鲜。在调查中，研究人员可以控制应答者反馈的方向，这有利于维持一致的信息体系结构。这一点对于统计分析很有帮助，但是这样做会削弱创造力或者新想法的激发。

从历史上看，了解市场对于诸如盈余发布这样特定事件的共识看法可以观察彭博或者路孚特等数据服务商做的调查。它们的调查不仅涵盖了宏观数据，而且也涉及股票、外汇和固定收益等金融资产的预测。其中经典的就是目前路孚特公司拥有的I/B/E/S数据集，它涵盖了超过22,000家公司的关键财务指标估计，包括盈余预估。[54]

传统上对公司盈余这样财务指标的预测是通过卖方机构分析师这样的群体做出的。现在开始有数据服务商把贡献者的群体进一步扩大，从而可以容纳更多不同背景的参与者。比如众测（Estimize）这个平台，它就从更为广泛的参与者群体中众包有关公司财务指标的估计，其中包括对冲基金、经纪商、独立分析师或者个人分析师的估计。Jame et al.（2016）发现，相比于I/B/E/S的盈余预测，众测的众包盈余预测可以提供额外的信息。同时他们还发现，众包的价值是人群规模的函数。在另外一项研究中，Banker et al.（2018）则发现众测的众包估计改变了卖方分析师参与I/B/E/S调查的行为，分析师会更早以及更为频繁地进行预测。

一些具有在线评论的社交媒体网站也具有众包数据的特性，[55]比如Green et al.（2019）和Moniz（2019）就使用我们在社交媒体小节中介绍的Glassdoor这个平台的数据讨论员工的众包评论对公司股价的影响；Chen et al.（2014）使

54　I/B/E/S是英文"Institutional Brokers' Estimate System"的简写，也就是机构经纪商预估系统。它最早是由位于纽约的经纪公司Lynch, Johns & Ryan和Technimetrics共同在1976年创立的数据服务。通过收集美国公司的盈余估计，这个数据集形成了所谓的一致盈余估计（consensus earnings estimates）。20世纪80年代中期，这个数据集扩展到美国以外的股票市场上。几经反复，目前这个数据集的拥有者是路孚特（Refinitiv）。

55　市场营销学科也开始使用线上评论来预测相关收入，比如Duan et al.（2008）使用线上影评的数据来预测电影院线放映的收入；Zhu/Zhang（2010）使用有关线上评论来预测电子游戏的收入。

用Seeking Alpha的数据发现投资者在社交媒体上的文章和评论有助于预测股票收益率；[56]Huang（2018）使用亚马逊的消费者产品评论来预测公司的股票收益。另外有关散户投资者的交易数据也具有众包的特点，在这方面Kelly/Tetlock（2013）就发现把这类投资者的交易数据进行汇总可以预测股票收益和公司的新闻。

五、投资者关注

诺贝尔奖得主Herbert Simon（1955）很早就提出了有限关注（limited attention）的概念。在Simon（1971）中，他指出："信息所消耗的是非常明显的，即接受者的关注。因此，信息的丰富造就了关注度的匮乏，因此就需要将关注在过多的信息源中进行有效的分配。"另外一位诺贝尔奖得主Daniel Kahneman（1973）则进一步指出，关注度是一种稀缺的认知资源，也是一个选择的过程。用他的话说就是："有机体看起来控制着刺激物的选择，而刺激物则被允许控制着有机物的行为"。这样，现实中人类做出的选择并非像经济学中所刻画的经济人是通过理性的偏好和判断做出的，而是通过分配关注度来决定行为的。按照Shinoda et al.（2001）的说法，关注这种行为会被指向突出的刺激物，这些刺激物会在运动、颜色、亮度或者诸如非预期性这样更高认知维度中凸显出来，这样凸显的刺激物就会对行为产生更大的影响力。

在大数据时代，投资者被各种各样的数据和信息所包围，但是人们只能使用有限的时间和资源来处理、消化、吸收或者说消费这些信息。这样对于投资者来说，他们必须对自身有限的关注度或者说注意力进行分配，因此并非所有的数据和信息都能够得到相同的关注度。在21世纪交替之际，诺贝尔奖得主Robert Shiller和Richard Thaler等人开创的行为金融开始在学术界大展身手，

---

56 Kommel et al.（2019）就Seeking Alpha数据的投资含义得出了负面的结论。他们分析了Seeking Alpha上的评论以及投行分析师提出的投资建议，结果表明这两类投资建议的表现都不如市场；而且如果投资者遵循Seeking Alpha上评论的情绪，那么相比遵循投行分析师的投资建议，将会得到一个更为负面的超额回报率。

其中Terrance Odean开创的投资者关注度是其中的一个重要研究方向。Odean（1998）就指出，相对于诸如盈余公告这样抽象的、统计的和基本比率的信息，投资者会更加重视类似极端回报这样显著的、轶事性的和极端的信息，因此就会导致系统性的市场过度反应和不足反应。在面对成千上万只股票进行选择的时候，Odean（1999）和Barber/Odean（2008）指出，大多数个人投资者是通过关注一小部分的股票，然后从中筛选出要投资的股票。如果投资者关注的股票中并不包含对其最优的选择，那么关注度就会极大影响投资决策。Sims（2003）、Hirshleifer/Teoh（2003）、Peng（2005）以及Peng/Xiong（2006）对投资者关注度及其和资产定价之间的关系进行了理论建模，他们的结论是有限关注会让投资者更加注重特定类别的信息，比如市场或者是某个板块信息，而非公司特定的信息，而且投资者对于特定事件的有限关注会降低市场融入和理解新信息的速度，由此投资者关注度就会和证券的市场收益之间存在着关联。按照诺贝尔奖得主Merton（1987）的观点，吸引较少投资者关注的公司必须要有更高的收益，以此来弥补不充分的分散化带来的风险。

和本章中其他各节讨论的数据有些不同，我们可以用很多不同的数据来度量和刻画投资者关注度，其中有些属于传统数据的范围，但是大部分是属于另类数据的范围。

间接指标

Da et al.（2011）把度量投资者关注的指标分为间接指标和直接指标两大类。就间接指标来说，度量投资者关注的数据集有：

- 金融交易数据，包括交易量、换手率、极端回报、历史高点、价格限制（涨跌停板）以及交易账户等；[57]
- 公司财务数据，包括广告收入、新股发行额、IPO数量、公司盈余公告发布

57　相关参考文献有Gervais et al.（2001）、Seasholes/Wu（2007）、Hou et al.（2009）、Barber/Odean（2008）、Kumar/Lee（2006）、Loh（2010）、Li/Yu（2012）、Yuan（2015）、Barber et al.（2019）等，其中Seasholes/Wu（2007）以中国上海证券交易所的涨跌停板作为投资者关注的度量指标。

日等；[58]

- 新闻媒体的数据，包括新闻媒体报道的数量以及新闻的版面位置等；[59]
- 专家股票推荐数据，包括财经频道、财经媒体的专家推荐量等；[60]
- 类似消费者信心指数这样的调查数据。[61]

使用上述数据集来度量投资者关注度的好处是它们比较容易获取，但是也都存在着缺陷。交易数据是从交易层面衡量投资者关注度，但是这些交易数据也可能是其他因素推动的，比如投资者的异质性信念等。而且一些指标具有顺周期的特性，例如更高的交易量会引起投资者的关注，结果就会导致更高的交易量，反过来会形成更大的投资者关注度。广告支出或者其他公司财务数据是引发投资者关注的因素，但是较难准确和全面衡量投资者关注这种行为。新闻媒体报道数量或版面位置作为媒体而非投资者关注指标更为恰当。最后就调查数据形成的投资者关注指标而言，这些数据的发布频率较低，同时调查中也较少有经济诱因激励应答者认真准确地回答各种问题。

从以上刻画投资者关注度的数据类型来看，类似交易量、换手率这样的金融交易数据以及广告收入这样的财务信息，属于传统数据的范畴，而其他的数据则可以归为另类数据。这里值得一提的是Odean数据集，这是一个覆盖了大约78,000名个人投资者账户的交易数据集，因为这是来自于某家美国大型证券经纪商（large discount broker）的数据集，所以它也简称为LDB数据集。Barber/

58　相关参考文献有Grullon et al.（2004）、Baker/Wurgler（2006, 2007）、Chemmanur/Yan（2019）、Lou（2014）、Focke et al.（2016）、Focke et al.（2020）、Mayer（2021）等。Hirshleifer et al.（2009）和Della Vigna/Pollet（2009）讨论在特定盈余公告日投资者不关注的情形。

59　相关参考文献有Barber/Odean（2008）、Fang/Peress（2009）、Bushee et al.（2010）、Engelberg/Parsons（2011）、Dougal et al.（2012）、Yuan（2015）、Ahern/Sosyura（2015）、Fedyk（2018）、Boudoukh et al.（2019）等。

60　相关参考文献有Pari（1987）、Barber/Loeffler（1993）、Metcalf/Malkiel（1994）、Beltz/Jennings（1997）、Liang（1999）、Huberman/Regev（2001）、Ferreira/Smith（2003）、Karniouchina et al.（2009）、Kessler/McNeil（2010）、Lim/Rosario（2010）、Engelberg et al.（2012）等。

61　相关参考文献有Brown/Cliff（2005）和Schmeling（2009）等。

Odean（2000）最早在金融研究中开始应用这个数据集，后来它在有关个人投资者和行为金融的相关研究中得到了广泛应用。

直接指标

互联网的迅速兴起让证券投资者成为网民中重要的群体。因此学术界和实务界就纷纷开始应用搜索引擎、社交媒体等渠道的网络数据来度量投资者关注度。这些网络数据能够很好地预测诸如收益率、交易量和波动率等金融市场指标。

相比于前面的间接指标，衡量投资者关注度的直接指标通常会领先资产价格变化，因此它们就较少受制于其他因素的影响。但是这些指标也存在着一些不足。首先，它们依然存在一定噪声，因为从搜索、发帖等行为到证券交易之间的逻辑链条较长；其次，通常难以从公开渠道获取这些数据；最后，因为这类数据往往涉及文本数据，因此对它们的分析就通常需要借助较为复杂的数据挖掘技术。

根据现有的文献，投资者关注直接指标的数据集包括：

- 谷歌、雅虎、百度等搜索引擎的搜索量；[62]
- 来自社交媒体和股票论坛的数据，这包括股票论坛发帖量、回复量、点击量

62 相关参考文献有Da et al.（2011, 2014）、Joseph（2011）、Preis et al.（2010）、Bordino et al.（2012）、Smith（2012）、Drake et al.（2012）、Vlastakis/Markellos（2012）、Preis et al.（2013）、Curme et al.（2014）、Vozlyublennaia（2014）、Andrei/Hasler（2014）、Hamid/Heiden（2015）、Dimpfl/Jank（2016）、Klemola et al.（2016）、Ben-Rephael et al.（2017）、Audrino et al.（2020）、Ben-Rephael et al.（2021）等。Ying et al.（2015）使用百度网分析了中国投资者的关注度。

等；微博、推特等自媒体的阅读量、转发量等；[63]

- 来自维基百科（Wikipedia）的数据，包括对特定名词的访问量和编辑频率；[64]
- 来自投资百科（Investopedia）的搜索量；[65]
- 美国证券交易委员会（SEC）的电子数据收集、分析和检索系统（EDGAR）搜索量；[66]
- 类似彭博终端这样的财经平台新闻点击量。[67]

有一些数据服务商会跟踪特定网站的数据。App Annie和Apptopia会记录手机移动应用程序在不同人群和地区的下载量、使用量和收入等方面的合并数据。Yipitdata则着重记录公司网页的数据，其中会同时涉及上市公司和非上市公司。Dataprovider则覆盖了范围广泛的网站，涉及50多个国家的4.5亿个网站，[68] 从中提供有关就业趋势和其他商业智能指标的数据。7Park则同时提供了跟踪手机移动应用和网页的商业智能指标，这些信息可以用来评估上市和非上市公司。

类似Alexa这样专门跟踪互联网流量的公司可以提供网络搜索趋势的数据。当然著名的谷歌趋势（Google Trends）也可以获取搜索趋势的数据。[69]Stephens-Davidowitz （2013）说明了谷歌趋势指数的构建方法，首先是将给定时段（例如一周）内使用特定关键字的搜索总数除以谷歌在这个时段内的搜索总数，然

63　相关参考文献有Gu et al.（2007）、Das-Chen（2007）、Antweiler-Frank （2004）、Zhang et al. （2011）、Bollen et al. （2011）、Karabulut （2013）、Sprenger et al.（2014）、Nasseri et al. （2014）、Ranco et al. （2015）、Gabrovšek et al. （2017）、Audrino et al. （2020）、Ballinari et al. （2020）、Lerman （2020）等。Huang et al.（2016）根据东方财富—股吧（Guba Eastmoney）的贴文数据分析了中国投资者的地域偏误（local bias）。Peterson （2016）对相关的文献做了总结。

64　基于维基百科访问量的分析有Moat et al. （2013）、Kristoufek （2013）；而基于维基百科编辑频率的分析有Rubin/Rubin （2010）、ElBahrawy et al.（2019）。

65　Amen（2016）对这个数据进行了分析。

66　相关参考文献有Drake et al.（2015, 2017）、Lee et al.（LMW, 2015）等。

67　相关参考文献有Ben-Rephael et al. （2017）、Ballinari et al.（2020）、Benamar et al.（2021）、Ben-Rephael et al.（2021）。

68　参见www.dataprovider.com/about，浏览日期是2021年4月21日。

69　参见https://trends.google.com。

后再将得到的比率除以一段时期内这个比率的最大值。如果是月（周、日）指数，那么取15年（5年、90天）的数据计算最大比率。由此得到的数值乘以100，就得到了相关关键字的趋势指数。图7.22表明了在美国“世界杯”（world cup）的搜索量，我们可以很清楚地看到每隔四年就有一个明显的峰值。这显然和国际足联世界杯的举办年份相吻合。谷歌趋势还会考虑搜索时的场景差异，比如把作为公司的苹果和作为水果的苹果区分开来。为了估计某家公司的搜索趋势，分析师就需要构建一个和该公司相关的名词或者短语列表，通常有20到25个这样的术语就够用了，然后从谷歌趋势中获取数据，接着针对异常值和时节性问题进行修正就可以了。

图7.22 “世界杯”在美国的搜索量

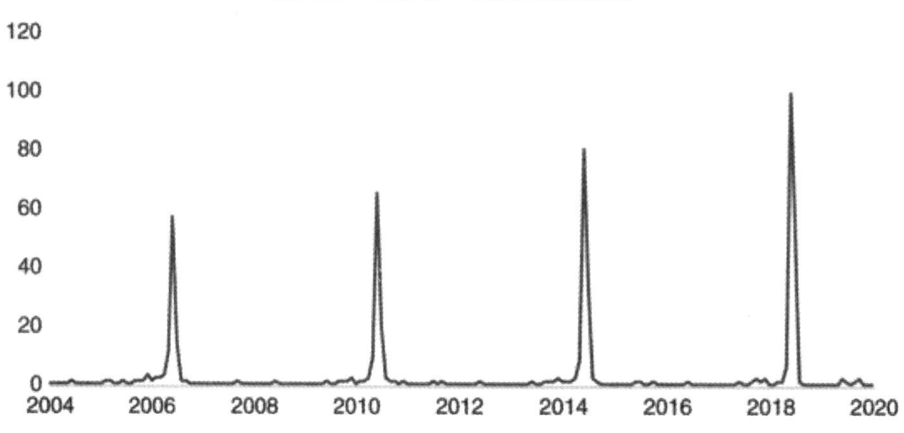

资料来源：Denev/Amen （2020）。

对于某些特定类型的投资者来说，他们需要分析特定的网站。例如美国的风险套利者会搜集证监会（SEC）和联邦贸易委员会（FTC）官网的数据，[70] 可选消费的分析师会阅览点评网站Yelp或者美团的数据，而科技行业的分析师则会查阅Glassdoor和领英（LinkedIn）上的帖子。

70　风险套利（risk-arbibrage），也称为并购套利（merger arbitrage），是一种推测成功并购的投资策略。风险套利是一种事件驱动的投资，它试图从公司事件导致的无效定价中获利。

我们上面讨论的都是影响投资者关注的经济因素。此外，还有一些非经济因素会影响投资者关注度，下面是一些相关的分析：

- 诸如体育比赛、航空灾难等非经济事件数据；[71]
- 诸如天气、月相、地磁活动等外在环境数据。[72]

就这些数据来说，它们应该看作是衡量投资者关注度的补充数据，而非独立的数据。

我们可以看到，这个小节所讨论的另类数据可以通过对投资者兴趣的跟踪，从而更好地了解驱动市场的力量所在。

六、消费者交易和商业交易

很多公司是以最终消费者为客户的，它们主要分布在零售、科技、休闲娱乐等行业中。因此如果我们能够了解消费者对这些公司产品或服务的支出，那么就可以用相对高频的方式来了解它们的经营以及财务健康程度，这就可以补充或者在一定程度上替代相对低频的公司财报信息。此外，挖掘消费交易数据可以让我们更好地了解消费行为，从而获得有关公司的见解。当然如果一家公司的主要客户也是公司而非消费者，那么消费者交易数据的投资含义就比较少了。

通过消费支出数据，我们可以比较某个行业中不同公司的消费支出模式，亦或者通过汇总消费支出数据来更好地了解宏观经济运行情况。当然任何消费者交易数据集都不可能包含所有相关的消费者，这一点同样适合于度量其他消费活动的另类数据集，例如有关客流量的数据。这样消费者交易数据集覆盖的人群就只是一个样本，我们需要尽量保证它可以代表更广泛的人群总体。举例来说，如果我们要衡量中国的消费者支出，但是调查的人群主要由东部沿海地

---

71 相关参考文献有Edmans et al.（2007）、Kaplanski/Levy（2010）等。

72 相关参考文献有Hirshleifer/Shumway（2003）、Dichev/Janes（2003）、Cao/Wei（2005）、Krivelyova/ Robotti（2003）等。

区组成，那么这样的数据集就不大可能代表整个中国。除地区分布之外，我们所抽取的人群样本还需要考虑在年龄、性别和收入上存在的偏误。因为消费者交易数据集是一个同时覆盖截面和时序的面板数据，所以我们还需要花费时间来维护面板的平衡。如果无法做到这一点，那么面板数据中存在的偏误就会让得到的结果无法推广到更多的人群中。

和许多另类数据集一样，消费者交易数据集中也存在着实体匹配问题。尤其是当我们把这个数据集中的公司名称映射到金融资产上的时候。在许多行业这个问题特别困难，因为一个公司可能会有好几个品牌。另外随着时间推移，实体匹配中的映射关系也会发生显著变化，这样就需要不断地维护。

通常消费者支出数据来自于通过银行信用卡或借记卡完成的交易，它们可以让研究人员充分了解消费模式及其随时间的动态变化趋势。为了更细致地了解消费者的支出，这样消费收据或者发票数据就会很有用。这些数据可以通过电子邮件方式获取。此外，零售商的销售终端（POS）还可以跟踪到线下交易的数据。

有些公司发布移动应用程序来帮助消费者管理自身的财务，这些应用程序可以记录用户的消费模式，并且给用户提供财务建议。这些应用程序可以访问到用户的银行、投资理财、退休金、贷款、保险以及消费支付数据。数据中介会将这些数据进行匿名化和汇总处理，然后出售给投资者。这类公司通常不希望照射在媒体的聚光灯之下，比如和美国20家最大银行中的12家展开合作的Yodlee公司。华尔街日报记者Hope在2015年发表的一篇文章，其中就指出Yodlee收集有关信用卡和借记卡交易的数据，然后将这些数据出售给投资者和研究机构，以供后者从中挖掘出影响股价走势的信息。汇总消费者交易数据的服务商还有Second Measure、Earnest、Eagle Alpha、Quandl和1010数据。有些公司在给消费者提供各种服务的时候也会收集相关的交易数据，比如提供税务筹划的Intuit、用于分析个人支出行为的Digit、提供小企业计账服务的Xero以及为商业交替提供支付服务的Squareup和贝宝（PayPal）。FiServ和Plaid则提供账户汇总后的财务数据。

市场中还存在着一些跟踪记录商业交易数据的服务商。比如Nielsen就记录了零售连锁商店的POS数据；BuidFax记录了商业地产和住宅地产的建筑许可数据；Eagle Alpha通过汇总不同港口的航船货物收据提供了提单数据；Cignifi根据移动手机数据对个人信用进行评分，从而在另类信贷（alternative credit）行业中扮演着重要功能；Dun&Bradstreet通过分析公司发票数据来分析公司之间的应收和应付账款，包括这些账款的金额、账龄、逾期和违约等方面的信息；[73] Slice Intelligence则跟踪记录了亚马逊这样线上零售商的订单或者发货信息，同时它还搜集了用户在电子邮件和社交媒体中提供的信息。

银行卡交易数据

当前在中国通过手机完成交易已经成为小额零售交易的主流模式。但是在美国情况并非如此。根据美国美联储专家Gerdes et al.（2018）对非现金支付的分析，美国刷卡完成的交易笔数和交易额过去几年都在上升。个人刷卡支付占据的交易笔数是75.3%，但是从价值来看，这个比例只有53.7%，比一半稍高一些。这就表明消费者远程支付中单笔平均金额会更高。这里远程支付包括电话支付、线上支付以及手机支付。美联储旧金山银行学者Kumar et al.（2018）对美国消费者的支付方式进行了更加全面的分析。结果表明从交易笔数来看，现金支付的方式最多，当然从历史来看也是一向如此。但是现金支付往往用于价值较低的交易：在金额不超过9.99美金的交易中，超过55%的交易是通过现金完成的；但是对于价值较大的交易来说，现金支付的比例就快速下降了。比如当交易金额超过100美金的时候，现金支付的占比就只占7%。这样在2017年，从交易金额来看，现金支付的比例只有银行卡支付金额的一半。Colye et al.（2021）更新了Kumar et al.（2018）的报告，结果表明从2018年到2020年，美国消费支付金额中现金所占比例减少了5%，而信用卡支付比例则提升了4%，如图7.23所示。

---

73 有了这样的数据之后我们就可以考虑构造一个多空组合，因为公司逾期账款金额的突然增加预示着公司会陷入财务困境中。

图7.23 美国支付金额的方式

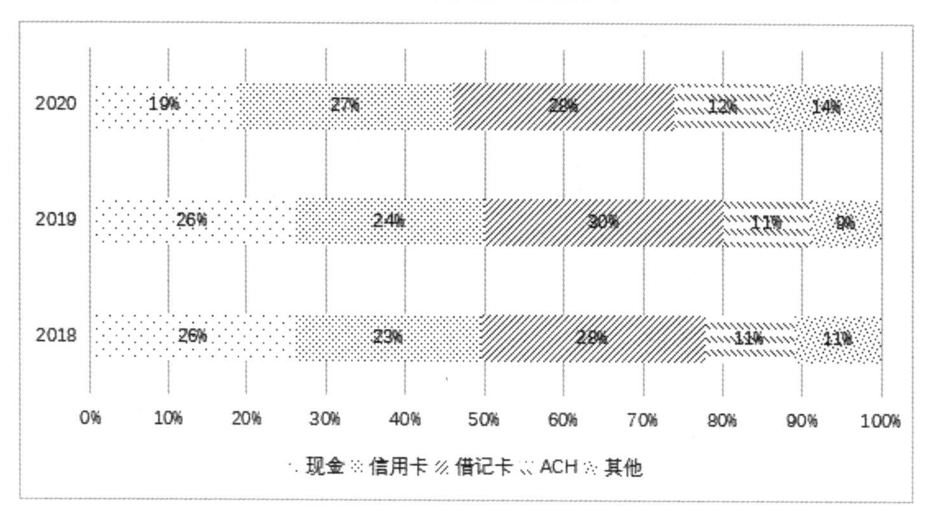

资料来源：Coyle et al.（2021）。[74]

上述报告表明就美国而言，刷卡支付（包括信用卡和借记卡）在美国的消费者交易中已经占有很大的比例，因此利用消费者在银行卡支付上的数据来了解整个经济活动以及公司的绩效是合理的。而且和现金交易相比，通过银行卡支付完成的交易更容易记录和跟踪。当然上面数据也表明，如果我们关注的是单品金额较高的交易，那么忽略现金交易是可行的；但是如果还需要了解金额较低的交易，比如了解糖果公司的销售状况，那么银行卡支付的交易所具有的代表性就存疑了。

在基于银行卡的交易数据中，相比通过各自银行发行的借记卡完成的交易，通过信用卡完成的交易数据因为存在着万事达（MasterCard）或者VISA这样的信用卡公司，所以相对数据获取比较容易。这些信用卡公司本身就可以发布一些针对消费者交易的数据产品，例如万事达卡公司发布的支出脉动指数

---

74 ACH是自动清算所（Automatic Clearning House）的意思。它是美国支付体系中最主要的支付网络之一，ACH是一个批量处理、存储和转发的电子支付系统，并且大量应用于如工资发放、社保养老金和政府福利发放以及税金返还、水电气等公共事业类使用费的收取、贷款和按揭偿付以及保险金支付等场景上。

（SpendingPlus index）。还有就是一些数据公司可以从不同的第三方收集银行卡交易的数据，进而创建数据集以及相关的数据产品。

下面我们简单介绍一下支出脉动指数。这个指数针对不同的国家或者地区汇总了和信用卡交易相关的零售统计数据，考虑到官方公布相关产业的数据在时间上会比较滞后，这样这个指标就可以让使用者更好地了解零售产业的变动情况。

当前支出脉动指数覆盖的国家和地区包括美国、澳大利亚、巴西、加拿大、中国香港、日本、南非和英国等，同时它还可以针对杂货或者服装这样的特定产业提供更为细致的数据集。作为一个例证，图7.24刻画了巴西零售业销售年增长率和巴西零售业支出脉动指数年增长率的变动情况，从中可以看出，长期而言这两个指标具有很强的相关性，而且与官方公布的数据相比，支出脉动指数更加稳定。

图7.24　巴西零售业销售额年增长率和支出脉动年增长率

资料来源：Denev/Amen（2020）。

电邮收据数据

信用卡交易数据一般只能记录交易发生的商店名称和金额，但是无法记录交易的商品细节。与之相比，收据可以提供更多有关消费交易的信息，例如商品的名称和品级等。

通常情况下，当我们在线上完成一笔交易之后，就会收到一封电子邮件作为交易的收据。在某些情况下，电子邮件服务商可以读取电子邮件。用户可以选择向第三方加载选项，赋予后者“读取”电子邮件的权限，从而获得更多的功能。比如一些记账工具可以通过电子邮件阅读购物的收据，从而可以给用户提供生活支出的概览。电邮收据不一定能够抓取到线下交易的数据。因为在这种情况下，消费者往往收到的是纸质收据。当然有些时候的线下交易也是可以收取电子邮件的，比如通过苹果商店购买的商品。把匿名的电邮收据汇总起来可以帮助我们了解从具体商品到公司层面的销售情况。

在电邮收据数据方面，Quandl是一个重要的服务商。[75]通过和诸多能够收集到消费者匿名电子邮件的公司建立合伙关系，Quandl就在自己的数据平台收集了大量的电邮收据数据。具体而言，Quandl可以每周扫描电邮用户的收件箱，从中确认来自类似亚马逊、沃尔玛这样零售商的电子收据，图7.25描述了数据处理过程：扫描左图的电子收据，然后把它转化为一系列的记录，每一条记录都针对购买的一种产品。在当前的案例中，客户总计购买了三种不同的产品，但是产品数量是四件，因为购买了两件线跟踪传感器（line tracking sensor）。在Quandl数据集中，这笔交易由图7.25右侧的三行来表示。需要指出的是，真实的Quandl数据表包含了50列的特征，图7.25仅仅列出了少数几列的信息。

75　这个小节讨论的电邮收据数据集只是Quandl的一部分另类数据产品。Quandl还提供了其他类型的另类数据产品，包括物联网设备获取的数据、农田传感器获取的农作物数据、来自物流和建筑行业的数据等。

图7.25　从电邮收据到购买记录

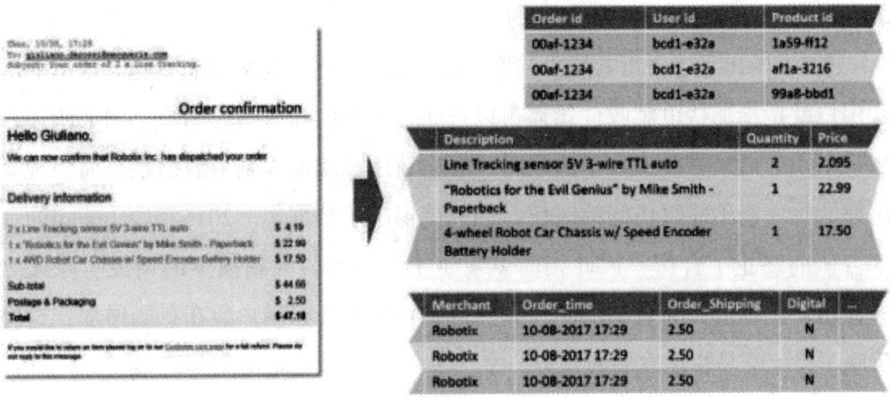

Order confirmation

Hello Giuliano,

We can now confirm that Robotix Inc. has dispatched your order

Delivery information

Sub-total $44.68

Postage & Packaging $ 2.50

Total $47.18

Order id	User id	Product id
00af-1234	bcd1-e32a	1a59-ff12
00af-1234	bcd1-e32a	af1a-3216
00af-1234	bcd1-e32a	99a8-bbd1

Description	Quantity	Price
Line Tracking sensor 5V 3-wire TTL auto	2	2.095
"Robotics for the Evil Genius" by Mike Smith - Paperback	1	22.99
4-wheel Robot Car Chassis w/ Speed Encoder Battery Holder	1	17.50

Merchant	Order_time	Order_Shipping	Digital	...
Robotix	10-08-2017 17:29	2.50	N	
Robotix	10-08-2017 17:29	2.50	N	
Robotix	10-08-2017 17:29	2.50	N	

资料来源：De Rossi et al.（2019）。

显然Quandl电邮收据数据集中提供原始数据的用户是匿名的。这个数据集中只能看到每个用户的标识符（User id），用户的姓名、电邮地址以及支付方式都隐去了。用户标识符可以在另外一个独立的表格中查询邮政编码、用户进入和退出数据样本的日期、最后一次采购日期等方面的信息。需要指出的是，每个用户标识符都是唯一和永久的，因此我们可以基于这个用户标识符来重构其在不同平台上的历史采购信息。图7.25中也显示了Quandl提供的数据字段中小部分的信息，包括每笔交易记录的订单标识符、产品标识符和用户标识符。同时该图也显示了每种产品名称、数量、价格，以及很多其他方面有用的信息，例如税、交付成本、折扣，等等。其中一些字段会指向具体的产品，例如产品价格和名称等，而另外一些字段则指向整个订单，例如订单的运费和时间戳等。

需要指出的是，每当有新的用户加入到数据集时，Quandl的伙伴商就会扫描用户的收件箱，从而可以搜寻到在电子邮件中尚且保存的电子收据。例如，如果2017年9月份有一个新用户加入，但是他的邮箱所保留的亿客行（Expedia）收据可以回溯到2007年9月份，那么他在这10年内亿客行的账单就可以立刻纳入到数据集中。这样，这个数据集就包含了少量在数据收集工作开始之前的交易记录。虽然我们没有什么明显的理由会认为这种数据回填的方法会在统计分析中带来偏误，但是显然当在某个特定时点使用数据的时候，回填的观测值在当时还是不可以获取的。

图7.26给出了Quandl电邮数据集所覆盖的活跃用户总数动态变化。这里的活跃用户就是指那些电邮收件箱还可以被Quandl合伙商访问的用户。如上所述，当某个人选择接受数据共享协议时，那么新用户就加入到了数据集，而当现有用户的收件箱不能再访问的时候，他们就退出了数据集。2015年底Quandl的一个合伙商终止了合作，因此当时就发生了用户数量大幅减少的情况。除此之外，用户数量都是显著增加的，并且从2016年中开始用户数在急剧增加，这也反映了线上交易快速发展的趋势。

图7.26　活跃用户数量的动态趋势

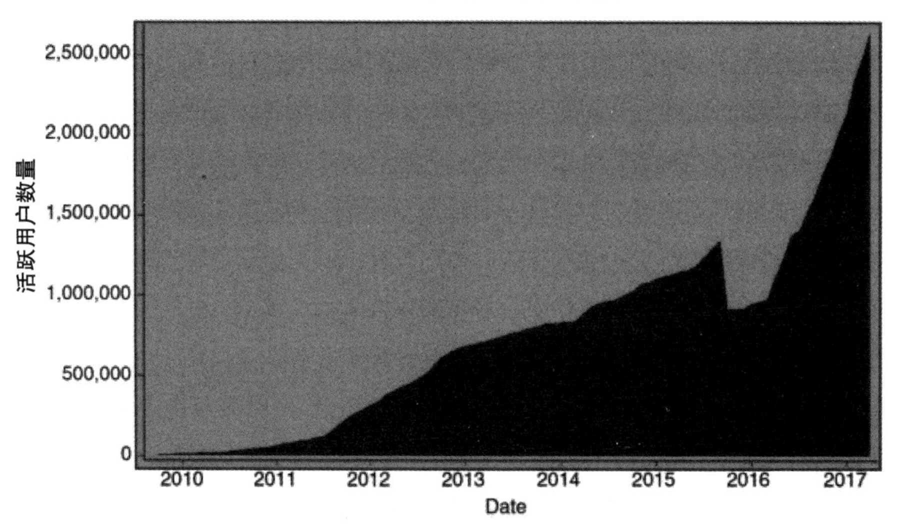

资料来源：De Rossi et al.（2019）。

显然Quandl的电邮数据适合于分析以消费者为客户而非以企业为客户的公司绩效。下面我们就来看两家公司的具体例子。

达美乐披萨（Domino's Pizza）是一家总部在美国的跨国披萨外卖连锁店，它是同时在纽约和伦敦证券交易所上市的公司，两市的股票代码分别是DPZ和DOM。到2018年，它成为全球销量最大的披萨销售商。图7.27给出了基于

Quandl电邮收据数据的达美乐披萨销售模式。其中的A图表明了这家披萨销售商在每周内的销售模式，结果表明周末的销售最多。B图给出了每日的销售模式，显然下单的高峰期是午餐时间的中午12点到下午2点，而晚上的订餐会减少很多。而且B图还表明如果按照尺寸进行细分，那么中号披萨的需求量最大。最后，C图表明了需求排在前30名的配料，芝士、浓番茄酱和意大利辣香肠是最受欢迎的配料。

图7.27　达美乐披萨

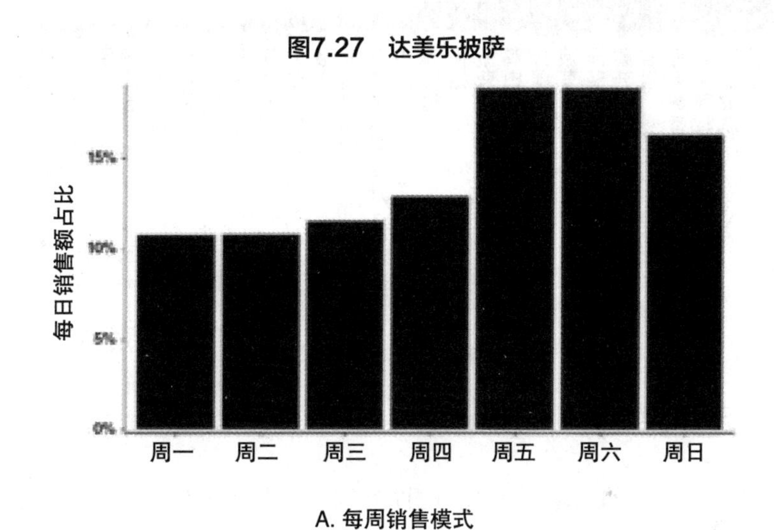

A. 每周销售模式

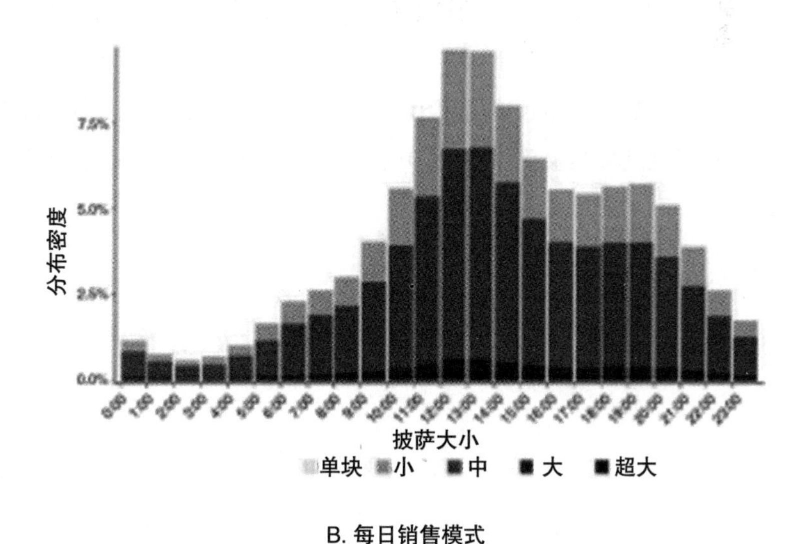

B. 每日销售模式

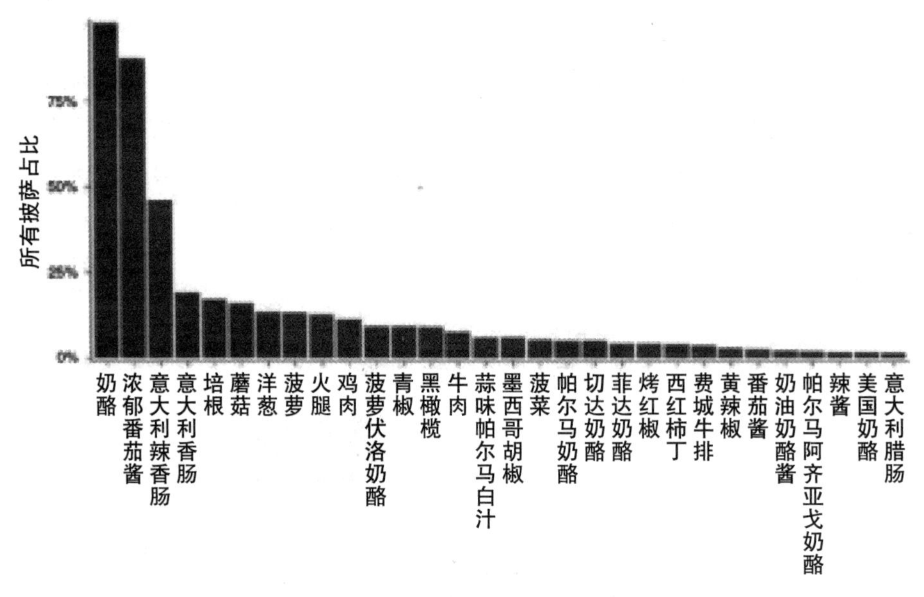

C. 披萨配料的销售模式

资料来源：De Rossi et al.（2019）。

与图7.27中的达美乐披萨相比，图7.28则显示出完全不同的模式。A图表明从周一到周六，用户在亚马逊上的订单数量逐步在减少。而B图则表明周日的订单模式和其他日期有着明显不同。在早上10点之前，周日的订单量都是最少的，但是之后订单数量的增长速度超出了其他日期，而且在其他日期订单都会减少的下午还会继续增长。到了晚上10点，周日的订单量成为一周内排名第三的日期。

图7.28　亚马逊公司

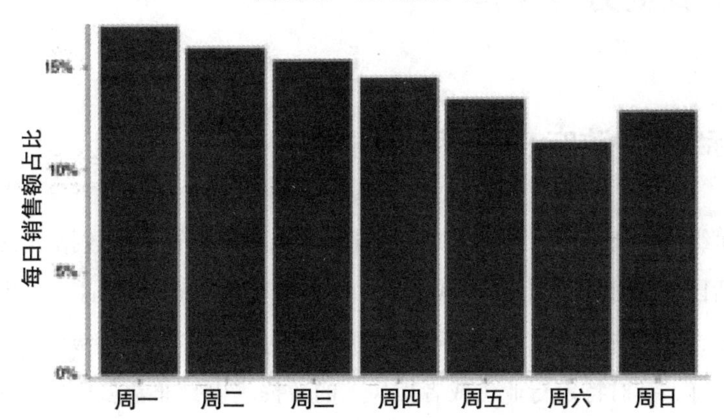

A. 每周销售模式

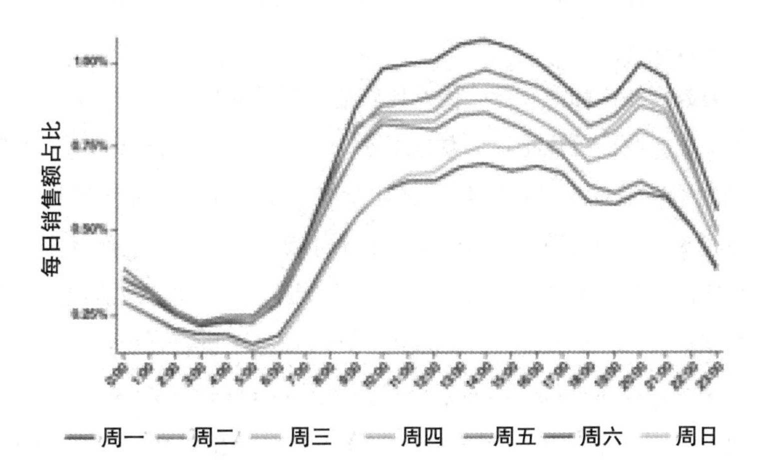

B. 每日销售模式

资料来源：De Rossi et al.（2019）。

七、其他另类数据

国际组织、政府、行业和企业数据

国际组织、政府、行业组织和企业都会定期发布一些数据，其中国际组织包括国际货币基金组织（IMF）、世界银行（World Bank）、世贸组织（WTO）、国际清算银行（BIS等），政府包括中央或者联邦层级的政府机构以及地方政府。针对特定行业（或者板块）的数据集也是非常多样的，比如针对可选消费和必要消费行业的AROQ、针对汽车行业的Edmunds、针对酒店行业的Smith Travel （STR）、针对零售业的Sensormatic和Redbook Research、针对医药销售的M Science等。

这一类数据往往频率较低，因此比较适合于长期投资者和低频交易策略。在某种意义上，我们可以把这些数据看作是政府、行业、企业或者个人日常活动中得到的遗存数据。有些数据，比如政府发布的就业、经济增长、通货膨胀、贸易收支等方面的数据以及公司发布的季度财报，因为已经为金融市场投资者广泛使用，所以通常就不被认为是另类数据。但是这些政府或者企业发布的常用数据集通常频率很低，比如国内生产总值这个重要宏观经济指标，很多国家是每个季度发布一次，而对于公司的季报来说，通常是在3月、4月、7月和10月这几个月份发布的。有些数据的发布频率会相对高一些，比如以月甚至是以周为发布周期，比如在美国失业救济申请数据就是每周发布的。当然政府和公司还存在着一些供内部使用的数据集，而这些数据通常无法在外部获取到。

考虑到这一类数据种类和形式都很多，因此在投资实务中，其中的很多数据并没有得到充分地使用。比如很多国家的央行都会发布货币政策报告，很多时候投资者就是阅览一下标题或者摘要/总结，而对其中的细节性数据不会关注太多，这样就可能忽略了很多有用的信息。这样我们可以把政府、企业以及行业组织发布的不大常用的统计数据看作是另类数据，另外我们还可以把这样的数据集加以汇总，从而形成一些新的指标，后者也可以看作是另类数据。

需要注意的是，对于政府、行业和公司而言，很多时候会在相关网站上发布细粒程度或者频率更高的公开数据，从投资者的角度来看，这些数据可能具有投资含义，比如公司网站上发布的招聘信息。当然这些信息不仅适合于上市公司的分析，同样也适用于非上市公司的分析，特别是那些发行债券但是没有股票交易的公司。

市场数据

一般意义上我们会把市场数据看作是传统数据，但是有些时候市场数据也可以看作是另类数据。我们在本章第五小节中讨论的Odean数据集，也就是个人投资者的交易账户数据，就是典型的另类数据案例。[76]

如果是考虑每日收盘价这样的数据，投资者很容易通过谷歌金融、雅虎金融或者新浪财经这样的网站免费获取。但是如果我们要深入分析就会发现，不同资产类别在数据频率和细粒程度方面之间存在着很大的差异。比如说，如果我们希望了解和不同下单量对应的报价数据，以此来了解和分析诸如市场深度这样的微观结构问题，那么获取这些数据就要花费很高的成本。同时，这类数据往往规模很大，因此也让针对它们的细致分析和应用变得比较困难。有些资产的流动性很差，比如一些公司债券。而对于流动性很强的资产来说，数据的广度上也存在着差异，比如在股票市场成交量的数据就很容易获取，但是对于外汇这样主要是场外交易的市场，成交量的数据就比较难以获得。在这个时候，场外交易的成交量数据就可以看作是另类数据。Tick Data和Quant Connect就针对股票、外汇、固收和大宗商品这些不同类型的资产提供了交易分笔数据（tick data）。

76 基于交易账户数据的文献还有Boehmer et al.（2008）、Kaniel et al.（2008）、Kelly/Tetlock（2013）以及Barrot et al.（2013）。

第八章

环境-社会-治理

环境-社会-治理（ESG）是最近十多年来兴起的投资理念，它包含了衡量投资可持续性和社会价值内涵的三个核心要素或者说支柱（pillars），也就是环境（Environmental）、社会（Social）和治理（Governance），ESG就是这三个英文单词的首字母。在本章中，我们将详细介绍这个投资理念以及与其相关的数据。在理解ESG数据方面，可能我们特别需要记住爱因斯坦当年在黑板上随手写下的名言："不是所有有价值的事物都可以被计算，当然也不是所有可以计算的事物都值得去计算"。

一、历史回顾[1]

ESG这个概念最早是联合国在2004年发布的《有心者胜》（*Who cares wins*）这篇报告中出现的。当然这个概念背后的思想起源可以说是源远流长了。在远古时代，不同的宗教和文明都鼓励人们在商业和理财活动中关注伦理道德。基督教中要求人们规避罪恶的或不神圣的商业行为；伊斯兰教法（Shariah）要求在商业活动中禁止收取利息，同时也禁止对武器进行投资；犹太教则认为投资可以成为增加社会福利的驱动力。在古代中国的商业活动中，人们并不讳言经商的目的是取利，但是也强调不能为了逐利而不惜手段，要重义轻利。在这方面，《易传・乾文言》中的名言"利者，义之和也"就充分体现了这个思想，这句话的意思是真正的利是建立在道义的基础上，合作共赢对大家都有利，才是真正利益。

在地理大发现时代之后，投资中的社会道德标准往往和宗教活动有关。

1 本小节的主要内容参考了Styrmoe （2020）、Liu （2021）以及维基百科ESG的词条（参见https://en.wikipedia.org/wiki/Environmental,_social_and_corporate_governance）。

早在美国建国前的1758年，贵格会（Quaker）领袖就禁止成员从奴隶贸易中获利，因为奴隶贸易在道德上是不可行的行业。Styrmoe （2020）就指出，在对这个议题的讨论中首次出现了投资的社会责任这个术语。1872年，卫理公会（Methodist Church）的牧师John Wesley发表了《使用金钱》（*The Use of Money*）的演讲，其中就讲道："我们可以获得所有我们能够得到的，但是我们肯定不应该这样做，我们不应该以牺牲生命和健康为代价获取金钱。"卫理公会教徒和贵格会教徒还分别在美国和英国推出首个道德单位信托（ethnical unit trust），其中建立了负面投资工具清单，避免投资从事烟酒和赌博的企业。

进入近现代社会以后，投资的社会价值讨论在更广泛的群体中展开。在二十世纪五六十年代，英国工会通过管理养老基金认识到了利用资本性资产来影响社会环境的机会；[2] 而在美国，国际电气工人兄弟会（International Brotherhood of Electrical Workers/IBEW）将其大量资本用于开发经济适用房项目，而联合矿工工会（United Mine Workers of America/UMWA）则对医疗设施进行了投资。[3]

从二十世纪六十年代末开始，投资活动和越战、民权运动、妇女平权和种族隔离等社会议题产生了关联。1971年，泛世（Pax World）推出了全球首个可持续的共同基金PAXWX，时至今日它仍然是一个可投资的基金。泛世基金是由卫理公会的两位牧师Luther Tyson和Jack Corbett创立的，他们的目的是避免教会资金投入到那些给越战服务的公司中，由此让投资和自身价值观保持一致。同时他们还敦促上市公司努力遵守社会和环境责任的标准。

二十世纪七十年代对南非种族隔离制度的批判成为了基于道德标准投资的经典范例。为了制裁南非政府，通用汽车董事Leon Sullivan就在1971年起草了一份与南非开展商务的行为准则，后来这份名为Sullivan的准则引起了广泛的关注。这些准则的目的是推动公司社会责任（corporate social responsibility/CSR），并且对南非政府施加经济压力，敦促其放弃种族隔离制度。

二十个世纪六七十年代，诺贝尔奖得主Milton Friedman就认为，企业承担社会责任会对财务业绩产生不利影响，因此对公司或者资产的估值应该基于纯粹

2 参见Roberts（1958）。

3 参见Gray（1983）。

的市场价值进行。[4] Friedman的思想流传甚广，但是进入到二十世纪末，一股相反的思潮开始出现了。Coleman （1988）就挑战了经济学中“自利”这个占据统治地位的术语，同时将社会资本引入到公司价值的度量中。

大致在相同时期，为了应对化石燃料和气候变暖带来的环境问题，环保组织开始要求公司和资本市场把在环保和社会方面遇到的挑战融入日常的投资决策中。1989年，埃克森公司瓦尔德斯号油轮在美国阿拉斯加州普拉德霍湾发生漏油事件，在这个背景下成立了环境责任经济联盟（Coalition of Environmentally Responsible Economies/Ceres），它将投资者、商界领袖和公共利益组织聚集在一起，以加快实施可持续的商业活动以及低碳经济。Elkington （1997）在其名著《餐叉食人族：21世纪商业的三重底线》中提出了投资中需要考虑的非财务因素。他使用了“三重底线”（triple bottom lines）这个术语，用来描述在公司或者股票估值中需要考虑的财务、环境和社会因素。

在第七章第四小节调查数据的讨论中，我们讨论了卓越职场研究所发布的百家最佳职场榜单。这个由两位记者Levering和Moskowitz在二十世纪八十年代针对美国公司开启的研究，在公众和媒体更多关注环境和社会问题的时候，把诸如公司是如何管理的、股东关系如何以及公司如何对待员工这些公司治理的议题带到了聚光灯之下。后来在一篇学术文章中，Edmans （2011）就分析了财富杂志历年来这份榜单上的公司，结果表明这些公司的股票收益率超过了同行，而且它们的盈利也系统性地超出了分析师预期。

2004年1月，时任联合国秘书长Kofi Annan致信给50多家大型金融机构的首席执行官，邀请他们参加在联合国全球契约组织（UN Global Compact/UNGC）、国际金融公司（IFC）和瑞士政府支持下的联合倡议，目标是寻找将环境、社会和公司治理融入资本市场的方法，不久之后就产生了前文所称的《有心者胜》这篇报告。[5]一年之后，联合国规划署可持续金融（UNEP FI）倡议发布了一份Freshfield报告，其中指出ESG和财务估值有关。[6]这两份报告成为了2006年推出的负责任投资原则组织（Principles for Responsible Investment/

---

4 相关论述参考Friedman/Friedman（1980）。

5 参见United Nations（2004）。

6 参见UNEP Financial Initiative（2005）。

PRI）以及2007年推出的可持续证券交易所倡议组织（Sustainable Stock Exchange Initiative/ SSEI）的支柱。

受到Friedman学说的影响，起初机构投资者并不愿意接受ESG的理念，它们会认为自己的受托责任仅限于让股东价值最大化，而无需考虑环境或者社会影响，同时也不需要考虑诸如腐败这样的公司治理问题。但是潮流慢慢在改变。越来越多的证据表明ESG投资会具有更好的财务表现，比如Eccles et al.（2014）就表明ESG对于评估企业风险、战略和经营绩效是非常重要的，图8.1对比了可持续能力强的公司和能力弱的公司，结果表明前者具有更好的财务绩效。而在Friede et al.（2015）对超过2,200篇学术论文做的广泛分析中，作者发现90%的研究表明ESG和公司财务绩效之间存在着非负相关关系，而其中的大部分研究结果是正向的。当然我们会在本章第二小节中看到，当前有关ESG投资绩效的分析尚未得出一致和清晰的结论。

图8.1 期初在市值加权组合投资1美元的市值变化

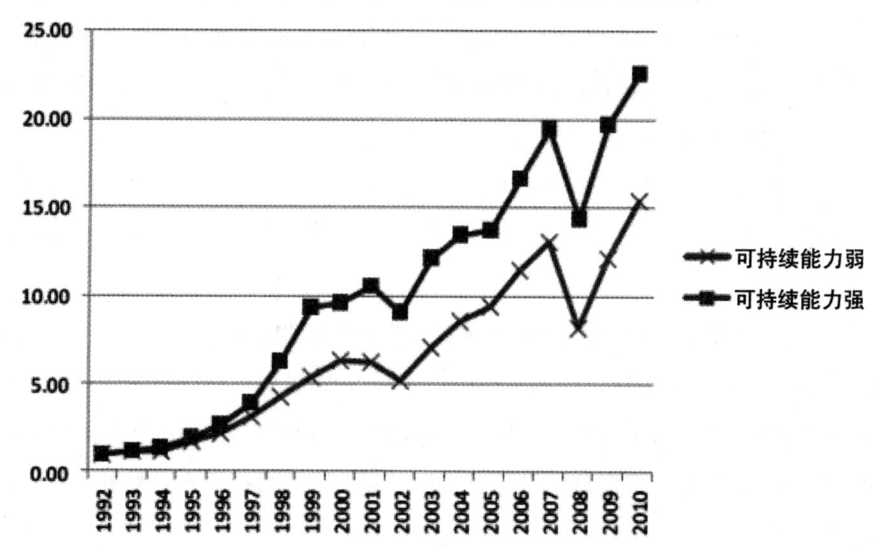

资料来源：Eccles et al.（2014）。[7]

7 这张图并没有出现在Eccles et al.（2014）在正式期刊发表的论文中，但是发表在2014年的同名工作论文中。这篇工作论文的网址是：https://papers.ssrn.com/sol3/papers.cfm?abstract_id=1964011。

2015年9月，联合国全球契约组织（UNGC）联合其他三家机构一起发布了《21世纪的信托责任》报告。[8] 这份报告指出："未能考虑所有长期投资价值驱动因素，包括ESG问题，是对信托责任的失职"。同时这份报告还指出，尽管ESG在投资业界取得了重大进展，但是依然有很多投资者尚未将ESG完全纳入到投资过程中。

二、行业概览

投资光谱

在上一节中我们看到投资的目的是多种多样的。在光谱的一端是纯粹的金融投资，其目标就是通过获取绝对意义或者风险调整的财务回报（financial return）来最大化股东和债权人的价值。根据Friedman这样的市场原教旨主义学者的观点，资本市场可以有效地将资源分配到最大化经济体系福利的经济主体，从而可以服务于经济发展。而在光谱的另外一端，一些社会性"投资"，例如慈善活动，它们只是要寻求社会回报（social return），此时投资者的目标只是让社会某些特定阶层或者社会整体受益，特别是和环境以及社会福利相关的目标。

在这个投资光谱两端之间还存在着一些投资思想，包括社会投资（social investing）、影响力投资（impact investing）和ESG投资。社会投资和影响力投资会同时兼顾社会回报和财务回报，但是社会回报和财务回报的优先顺序则取决于投资者的偏好和投资总体目标，相对而言，影响力投资会对财务回报要求更高一些。

在影响力投资这个术语中，"影响力"可以理解为投资者通过持有的投资组合给现实世界带来的变化。根据全球影响力投资网络（Global Impact

---

8 参见 UNGC et al.（2015）。

Investment Network/GIIN, 2017）的报告，影响力投资是指“对公司、（非营利）组织和基金进行的投资，旨在产生可度量的有益的社会或环境影响以及财务回报”。影响力投资投向的行业包括可再生能源以及住房、医疗、教育、小额信贷和可持续农业这些基本服务。Firzli（2017）指出，开发性金融机构、养老基金和捐赠基金（endowments）在影响力投资中发挥了主导作用。影响力投资可以出现在私募股权、风险投资、固定收益等不同的资产类别上，并且按照影响力投资政策合作组织（Impact Investing Policy Collaborative/IIPC, 2013）的说法，基于投资者的目标，影响力投资可以“涵盖从低于市场到高于市场的一系列不同的收益率”。

与社会投资和影响力投资两种投资理念相比，ESG投资会聚焦于最大化财务回报，同时会用ESG因素来评估相对中长期的风险和机遇。和纯粹的金融投资相比，ESG投资中不会考虑短期性的财务绩效和风险。因此ESG投资的核心就是将长期性的环境、社会和治理挑战中的风险评估纳入考量，在此基础上讨论财务回报。同时它还考虑了在相关领域的正面积极行为，包括保护环境、负责任的商业行为以及良好的公司治理机制等。ESG基金和社会影响力基金之间的区别还不是很清晰，市场对此还存在着模糊的地方。比如ESG评级（ESG rating）就可以服务于不同的投资者，ESG投资者会使用这个评级作为风险管理的工具，而社会影响力的投资者就可能用它来改进在可持续金融工具上的仓位，以此来满足在社会以及影响力方面的目标。

近年来，市场对ESG投资产品的需求反映了投资者希望把长期的财务价值和社会价值协调起来。伴随着这一趋势，美国投资公司协会（Investment Company Institute/ICI, 2020）就指出可持续金融基金的谱系就包括了根据ESG标准进行负面排除、正面纳入以及影响力投资等各种类型。ESG投资和影响力投资都是可持续金融的形式，因为它们都要求获得正面的社会回报和财务回报。就此而言，强调长期收益的负责任ESG投资和同时兼顾社会回报与财务回报的可持续影响力投资之间的区别就依然存在着模糊的地方，这就会导致ESG的指标和方法论会继续服务于这双重目标。[9] 表8.1对上述投资谱系做了总结。

表8.1　投资光谱

	慈善		社会影响力投资		可持续和负责任投资	常规金融投资
类型	传统慈善	公益创投	社会投资	影响力投资	ESG投资	纯粹商业化投资
焦点	通过提供捐款应对社会挑战	通过风投方法应对社会挑战	以社会和环境后果以及一些预期财务回报为目标	旨在获得可度量的环境和社会回报的投资	通过使用ESG因子来降低风险和寻找成长机会，以增加长期投资价值	很少关注甚至是不考虑环境、社会或者治理议题
使用ESG指标或者方法论						
回报预期	仅考虑社会回报	以社会回报为重点	兼顾社会回报和财务回报	社会回报和适当的财务回报	注重长期价值的财务回报	仅考虑财务回报
	社会影响←→社会和财务回报			←→	财务回报	

资料来源：Organization for Economic Cooperaiton and Development（OECD, 2019）。

整合和融入

在这个小节中我们将说明ESG投资的“风格”（styles），其中涉及两个在ESG投资业界常用的概念，这就是整合（integration）和融入（incorporation）。对于ESG整合而言，负责任投资原则组织（PRI）对此有较为明确的定义，也就是“明确且系统性地把ESG议题包容在投资分析和投资决策中”。[10] 对于从业者来说，这样就意味着：

- 分析财务信息和ESG信息；
- 识别重大财务因素和ESG因素；
- 评估重大财务因素和ESG因素对经济、国家、行业和公司绩效的潜在影响；

在考量包括ESG因素在内所有重大因素的基础上做出投资决策。

9　需要指出的是，即使在名词上也存在着一定的歧义。纳入ESG指标以便强化风险管理和增强长期价值的可持续和负责任投资（sustainable and responsible investing），以及将道德和社会关注因素纳入到投资组合中的社会责任投资（socially responsible investing），二者的英文缩写恰好都是SRI。

10　参见PRI and CFA Institute（2018）。

但是这个概念并不涉及以下的含义：

- 禁止对某些公司、行业或者国家进行投资；
- 忽略传统的财务因素，例如信用分析中的利率风险因素；
- 必须对每个公司或者发行人评估所有的环境/社会/治理议题；
- 所有投资决策都受到ESG议题的影响；
- 必须对投资过程进行重大调整；
- 为了实施ESG集成而要牺牲组合收益率。

显然在上述ESG整合不涉及的含义中，最后一点是最为重要的，因为ESG整合的一个关键元素就是要降低风险或者是产生收益。现在许多投资者将ESG因素作为发现或者规避某个公司或者某个板块风险的一种方式，亦或者是从使用ESG数据中寻找投资机会。例如，一些投资者在对汽车公司进行分析的时候会评估它们对电动化趋势的策略，同时会将这种评估纳入到对营收的预测中。另外，还有一些投资者会投资那些在ESG方面拥有强大管理能力的基金，因为后者从长远的角度来看很可能会带来优秀的业绩。

ESG整合中的另外一个关键元素是重要性或者说实质性（materiality）。换句话说，就是在ESG整合中仅仅需要整合那些有极大可能对公司业绩和投资绩效产生影响的重大环境/社会/治理问题。对重要性的评估就需要了解影响某个特定国家、行业或者公司的首要ESG问题。就此而言，投资者可以从包括公司财报、公告、网站、互联网以及ESG服务商那里收集ESG的信息，以此要确定对于公司或者行业来说最重要的ESG议题。接下来就要对每项投资列出重要ESG议题清单，然后定期对这个清单进行审核和调整。

相比于ESG整合，ESG融入是更为广义的ESG投资理念。按照美国可持续和负责任投资论坛（Forum for Sustainable and Responsible Investing/US SIF）的说法，ESG融入是一种可持续和负责任投资的关键策略，其要点就是“把ESG标准纳入一系列不同资产大类的投资分析和投资组合构建中”。[11] 比如在ESG融入的一个重要组成部分就是所谓的社区投资（commnuity investment），也就是给贫困或者缺乏服务的社区提供服务的项目或者机构提供资金。

---

11 参见www.ussif.org/esg。

在ESG融入中，投资机构会通过对ESG政策、绩效、实操和影响进行定性和定量的分析，由此就对传统意义上财务风险和收益的定量分析做了补充。投资经理和资产所有者可以通过多种方式将ESG议题融入投资过程中。一些投资者可能会在投资组合中纳入在ESG政策和实务方面表现优秀的公司，也可能会排除那些在ESG上表现不佳的公司。有些投资者则会把ESG因素纳入到和业绩比较的基准中，亦或者是基于ESG议题寻找同类最优的投资机会。还有一些责任投资者会将ESG因素用于评估风险和收益，从而将ESG因素融入投资过程中。

简单来说，公司可能会主动寻求在投资组合中纳入具有更强有力的ESG政策和实践的公司，或者排除或避免那些ESG记录不佳的公司。其他人可能会将ESG因素纳入公司与同行的基准，或根据ESG问题确定“同类最佳”投资机会。还有一些负责任的投资者将ESG因素纳入投资过程，作为更广泛的风险和收益评估的一部分。

就ESG融入策略而言，现在业界大体上认同有下面几种方式：

（1）正面/同类最优筛选（Positive/Best-in-Class Screening）

这种方式也称作是基于规范或者包容性筛选（norm-based/inclusionary sceening）。正如名称所示，它的含义就是选取那些符合国际组织定义的规范或者标准的证券发行人，或者是选择在ESG绩效方面相对于同行表现更好的发行人，亦或者是投资ESG评分高于一定阈值的公司。

（2）负面/排除性筛选（Negative/Exclusionary Screening）

这种方式意味着要排除行为不符合基本社会价值观的公司、行业或者政府。排除的标准包括但是不限于下面的列项：

- 制造有争议的武器；
- 不符合道德标准的活动，比如烟草、酒精和赌场；
- 违反联合国全球契约原则；[12]
- 从化石燃料开采或者其他对社会价值产生负面影响的活动中获得收入超过一定比例的公司。

---

12 联合国全球契约要求公司在其影响范围内，在人权、劳工和环境标准以及反腐败等领域接受、支持和颁布一套核心价值。

（3）ESG再平衡或倾斜（ESG Rebalancing/Tilt）

这种方式通常在根据ESG标准选定投资范围之后所采用。具体来说就是根据ESG评分对投资组合进行再平衡，从而让投资组合的风险敞口向ESG评分较高的发行人倾斜，由此在ESG评分较低的发行人上只是持有较小的仓位。此时，投资基金可以相对于所谓的ESG倾斜指数（ESG tilted index）进行被动投资，也可以相对于这个指数进行主动投资，从而可以依据ESG评分在投资组合中实施更大程度的倾斜。当然如果投资基金具有专门的ESG研究团队，那么就可以在根据定量或者定性的评估的基础上，让投资组合更倾向于可以创造额外价值的投资标的。

1. 主题投资（Thematic Investing）

这种投资方式是至少专注于环境、社会或者公司治理中的某个领域。主题投资主要的驱动力来自于财务因素。这些类型的投资可能也会根据ESG分数进行再平衡，但是它们往往会关注三大支柱中的某一个以及相关的度量指标，比如关注环境评分以及碳排放的强度。主题投资可能会符合某些社会标准。在这方面财务和社会投资目标可能会变得模糊，因为主题投资的目标通常并不是最大化长期财务价值的。

2. 影响力投资（impact investing）

从上个小节有关影响力投资的描述中可以看出，影响力投资者往往会偏向于追求社会影响力。在这方面，ESG影响力投资和一般的影响力投资是相似的，但是也有一些差异。其中关键的区别在于，ESG影响力基金会在改进证券发行人ESG表现的时候要寻求有利的财务回报。例如通过改善发行人在公司治理或者气候风险的管理，抑或剥离在道德层面有问题的资产，这样ESG影响力投资者就可以提高发行人的市场估值和财务绩效。此外，投资经理还可以通过公司接触（corporate action）或股东行动（shareholder action）尝试改变公司行为。就此而言，ESG投资可以面向那些ESG得分较低的公司，只要这些公司有潜力可以获得更好的ESG评分。这种方法可以横跨ESG所有的三大支柱，也可以以某个主题为焦点。就后者而言，ESG投资经理可能在某个主题领域拥有专业知识，比如绿色金融，此时ESG影响力投资者就可以通过绿色金融债券来最大化财务回报。

3. ESG整合

前面所讲的ESG整合也是一种ESG融入的方式。和上述这些方法不同的是，ESG整合并不一定需要进行同行基准比较，也不一定需要重视ESG评分高的领先者以及轻视ESG评分低的落后者，因为对于ESG整合来说，相关因素需要在整个资产选择、投资组合平衡和风险管理过程中进行评估。一般来说，某个投资机构采用ESG整合方式的迹象有：有专门的治理架构来监督ESG整合；给予大量的资源对ESG因素进行评估；制定明确的排除政策以避免得分非常低的公司；清晰的公司接触政策，从而帮助那些得分相对较低但是改进机会很大的发行人提升影响力；以及评估相关绩效的定量研究方法和工具。

表8.2对上述ESG投资风格进行了总结。

表8.2　ESG投资风格

项目	筛选式排除或筛选式规范	ESG再平衡	主题焦点	影响力
目标	移除有不良活动的特定公司	根据ESG评分和评级系统进行投资	根据特定E、S或G议题进行重点投资	财务回报和特定的非财务结果
关键考虑因素	标准/筛选标准的财务影响	ESG数据源，愿意承担的风险	广义风险敞口对比特定风险敞口	影响力结果的进展情况
案例	筛选并排除武器、化石燃料等的生产商，或筛选并纳入符合适当国际准则的生产商。	优化ESG基准、主动策略等	以低碳排放为焦点的环保投资	特定的绿色债券

资料来源：Boffo et al.（2020）。

市场规模和驱动因素

在过去的10年间，ESG融入的资产管理规模（asset under management/AUM）增长非常迅速。根据全球可持续投资联盟（Global Sustainable Investment Alliance/GSIA, 2019）的调查数据，截至2018年初，在欧洲、美国、日本、加拿大和澳新（澳大利亚+新西兰）这五大主要市场中，全球可持续投资的规模达到了30.7万亿美元。图8.2刻画了这五个市场的可持续投资情况。

图8.2　全球ESG投资概览

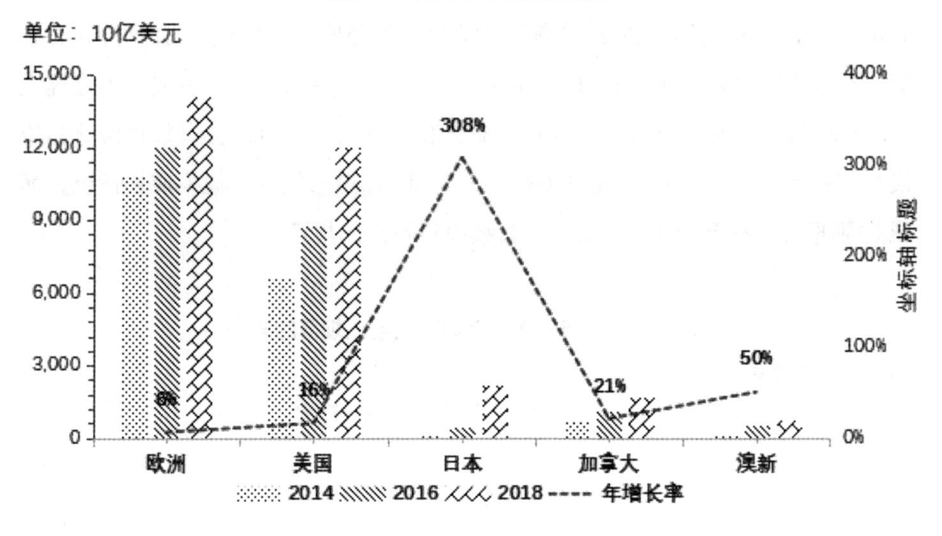

A.2014—2018 年五大市场可持续投资总额

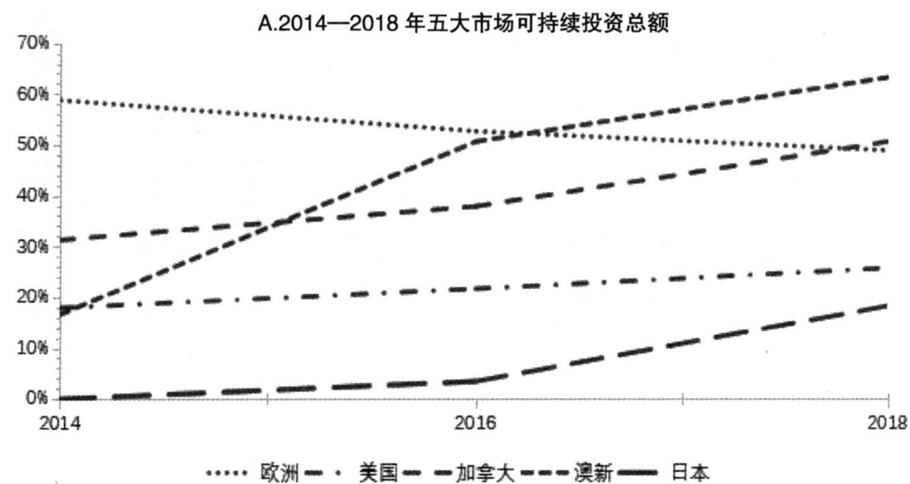

B.2014—2018 年五大市场可持续投资占管理资产总额的比率

资料来源：Global Sustainable Investment Alliance（GSIA, 2017, 2019）。

另外，根据美国可持续和负责任投资论坛（Forum for Sustainable and Responsible Investing/US SIF, 2021）发布的最新报告，截至2020年初，在美国注册的可持续投资资产规模达到了17万亿。它们可以分为两大类，第一类是

ESG融入，就是指机构投资者（insitutional investors）或者货币经理人（money manger）在投资分析和投资组合选择中应用各种环境、社会和公司治理标准。[13] 第二类是股东决议（shareholder filing），其含义是指机构投资者或货币经理人就ESG问题向美国公司提交或者共同提交股东决议，每年都会有数百份此类协议参与投票。图8.3反映了过去10多年间美国ESG融入的资产规模成长情况，而图8.4则报告了截至2020年初美国可持续投资资产的规模。

图8.3　2005—2020年ESG融入规模的增长

单位：10亿美元

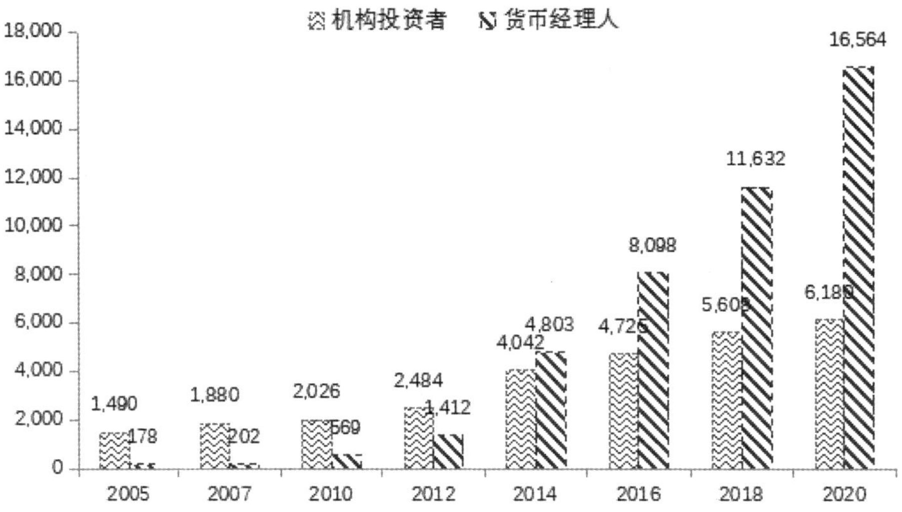

资料来源：US SIF（2021）。

13　根据US SIF（2021）中的定义，机构投资者包括公共基金（public fund）、保险公司（insurance company）、教育基金（education fund）、基金会（foundation）、捐赠基金（endowment）、家族办公室（family office）、健保基金（healthcare fund）、宗教机构（religious/faith-based institution）和其他的非营利组织。而货币经理人则包括共同基金（mutual fund）、可变年金（variable annuity）、ETF、封闭式基金（closed-end fund）、另类基金（alternative fund）、社区投资机构（commnity investment institution）、未披露投资工具（undisclosed investment vehicle）以及其他混合基金（commingled fund）。这种机构投资者和货币经理人的分类和当前业界的用法并不完全一致。

图8.4　2020年美国可持续投资资产规模

资料来源：US SIF （2021）。

近些年来，一些机构针对投资者进行的调查反映了针对ESG投资的态度。摩根斯坦利（Morgan Stanley, 2018）对120家机构投资者进行的调查表明，70%的机构投资者已将可持续投资标准纳入其决策，另有14%的机构投资者正在积极考虑这一标准。法国巴黎银行 （BNP Paribus, 2019）做的另外一项针对机构投资者和资产管理公司的调查指出，有超过一半的受访者会出于提升长期收益率的考虑将ESG整合到投资过程中，接下来驱动ESG投资的因素是公司的品牌和声誉，而只有不到30%的受访者出于利他主义或者产品多样化原因而考虑ESG，图8.5A报告了这份调查的结果。而美银美林（Bank of America Merrill Lynch/BAML, 2018）的调查结果则显示，从纯粹的金融投资转向ESG投资的主要推手是投资者希望增强证券发行人对社会或道德因素的考虑，而只有不到20%的受访者认为采用ESG投资的目的是获取财务回报或者降低风险，图8.5B则给出了这项调查的结果。

图8.5　ESG投资的驱动力

提高长期回报 52%
有助于品牌形象和声誉 47%
降低投资风险 37%
满足监管 / 披露要求 33%
外部利益相关者要求 32%
吸引新人才 27%
利他主义价值观 27%
董事会 / 积极投资者压力 26%
产品供应多样化* 20%

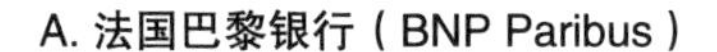

A. 法国巴黎银行（BNP Paribus）

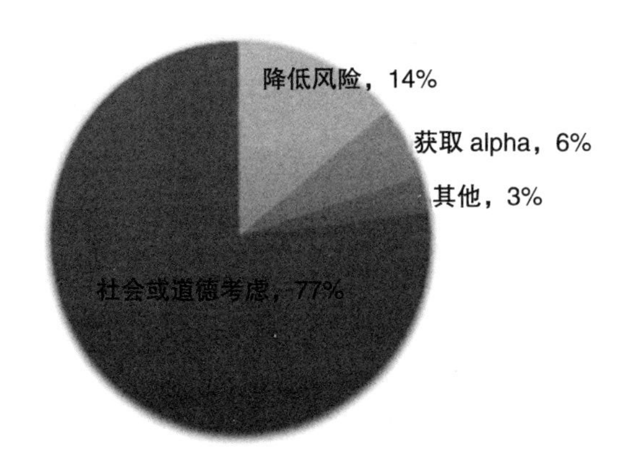

B. 美银美林（BOAM）

注释：图A中“*”号问题仅适用于资产经理受访者。
资料来源：BNP Paribus（2019）和BOAM（2018）。

ESG生态系统

在ESG投资快速发展的背后是一套动态变化的生态系统，其基本架构如图8.6所示。在这个小节中我们将分析这个系统的关键参与者以及它们所发挥的功能。

图8.6　ESG生态系统

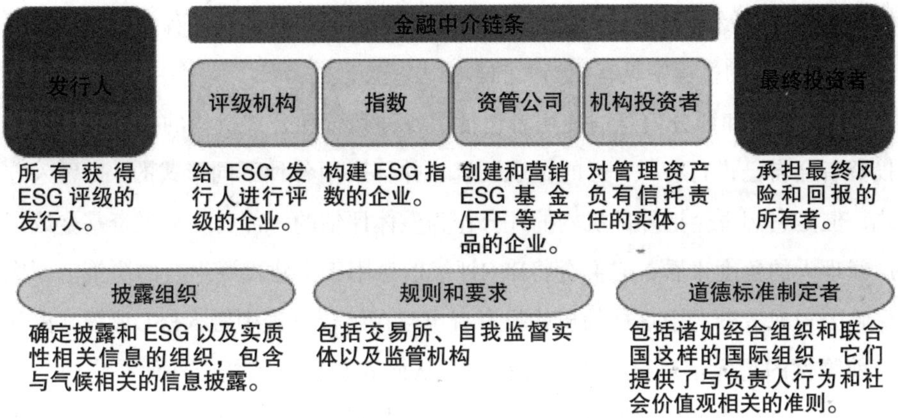

金融中介链条

发行人

所有获得ESG评级的发行人。

评级机构

给ESG发行人进行评级的企业。

指数

构建ESG指数的企业。

资管公司

创建和营销ESG基金/ETF等产品的企业。

机构投资者

对管理资产负有信托责任的实体。

最终投资者

承担最终风险和回报的所有者。

披露组织

确定披露和ESG以及实质性相关信息的组织，包含与气候相关的信息披露。

规则和要求

包括交易所、自我监督实体以及监管机构

道德标准制定者

包括诸如经合组织和联合国这样的国际组织，它们提供了与负责人行为和社会价值观相关的准则。

资料来源：Boffo et al.（2020）。

在ESG生态系统中，第一个参与方是发行人（issuer），也就是向金融市场通过公开或者私下方式发行股票或者债券，以此从投资者那里获取资金的经济主体。在投资者、ESG评级机构、信用评级机构以及其他利益相关者的要求下，从主权国家到中小企业，发行人开始向外界发布越来越多有关环境、社会和公司治理的信息。在一般意义上，我们可以把所有证券发行人都看作是ESG生态系统的一部分，因为现在越来越多的投资者要求进行ESG评估。

接下来是ESG评级机构（ESG rating provider）和ESG指数服务商（ESG indice provider）。ESG评级机构是指通过发行披露的信息评估ESG的公司。一些评级机构会采用非常量化的方法，其中会利用各种量化数据对各个子指标进行加权处理。当前主要的ESG评级机构包括明晟（MSCI）、彭博（Bloomberg）、汤森路透（Thomes Reuters）、续思（Sustainalytics）、路孚特（Refinitiv）、荷宝可续（RobecoSAM）等，此外，穆迪（Moody's）、标准普尔（Standard & Poor/S&P）和惠誉（Fitch）等传统信用评级机构也有提供ESG评级。

很多ESG评级机构同时也是ESG指数服务商，比如明晟、彭博、汤森路透、富时罗素（FTSE Russell）、维易（Vigeo Eiris）等。现在ESG指数在业界的应用在快速扩散，它们成为各种ESG倾斜组合（ESG titled portfolio）的业绩比较基准。在这些指数基础上出现了一系列用于主动和被动投资的ESG基金和ETF产品。当前这些指数的创建方式，包括负面排除标准、面向更高ESG得分发行人倾斜的程度以及对于环境、社会或公司治理等不同主题强调的程度，都在指引ESG组合管理的过程中具有相当大的影响力。

ESG评级和评分信息的使用者包括了各种私营和公共机构的投资者。很多投资者会自己进行有关ESG的尽职调查，并且采用各种不同形式的ESG融入方式，但是它们也会把外部机构的评分作为整体评估的一部分。从投资基金或资产经理人的角度来看，它们会将ESG评级信息用于构建投资组合的决策。而像保险公司或者养老金这样的机构投资者也会在组合管理中融入ESG评级，由此把前瞻性的重大信息融入投资过程中，从而和自身的信托责任保持一致。最后，对于央行或者公债发行人这样的公营机构而言，它们也开始关注ESG投资的重要性。其中一个关键原因是央行储备管理会越来越多地寻求投资组合在财务上的长期可持续性，并且会尽力评估气候风险以及转向低碳经济产生的市场影响。[14]

在ESG生态系统中，最后是一系列ESG标准制定、框架开发、报告指南和监管机构。第一类机构是负责任和可持续投资标准制定机构（standard setters），它们都是国际组织，为负责任和可持续投资设定有关社会和环境方面的标准和指导原则，其中包括联合国、经合组织（OECD）以及国际标准化组织（International Organization for Standaardization/ISO），有些国际的非政府组织也在某些方面扮演着标准制定者的角色。

第二类是框架开发机构（framework developer）。基于前述机构设定的标准，它们给ESG的披露规则搭建框架，根据SSEI （2021）的数据，这一类的机构主要有：

- 全球报告倡议组织（Global Reporting Initiative, GRI）；
- 可持续会计准则委员会（Sustainability Accounting Standards Board, SASB）；
- 国际综合报告委员会（International Integrated Reporting Council, IIRC）；
- 碳披露项目（Carbon Disclosure Project, CDB）；

14 央行和监管机构绿色金融网络（Network of Central Banks and Supervisors for Greening the Financial System/NGFS, 2019）发布的报告讨论了这个议题。

- 气候变化相关财务信息披露工作组（Task Force on Climate-related Financial Disclosures, TCFD）；
- 气候披露标准委员会（Climate Disclosures Standards Board, CDSB）。

这些框架开发机构的侧重点有所不同，比如SASB就注重财务重要性因素，而TCFD和CDSB则更关注于气候风险。

第三类机构是金融机构和金融市场的监管者、交易所以及自律监管机构，这些机构会开发和执行正式的规则和要求。根据欧洲证券和市场管理局（European Securities and Markets Authority/ESMA）、欧洲银行管理局（European Banking Authority/EBA）、欧洲保险和职业养老金监管局（European Insurance and Occupational Pensions Authority/EIOPA）这三大欧洲金融监管局（European Supervisory Authorities/ESAs）在2020年发布的有关ESG联合咨询报告就指出，监管机构正在越来越多地参与到ESG分类和披露的评估中。[15] 尽管很多市场监管者认为自己所赋予的监管权限中并不涉及ESG的议题，但是很多人会认为这些议题和自身的监管工作有关，这是因为ESG相关的市场产品会影响到投资者保护和金融稳定。根据国际证监会组织（International Organization of Securities Commissions/IOSCO）在2020年发布的报告，有超过一半的证券监管机构负责提供ESG产品的投资公司注册和业务许可。[16] 交易所、市场自律监管组织和其他的金融行业组织也对评估ESG的良好实践活动做出了贡献。

当前有众多区域和国际性组织尝试协调证券发行人有关ESG信息披露的报告体系，因此形成一套一致的并且在财务上重大的ESG信息报告体系尚未完成。除在标准框架和指导原则上存在众多来源之外，当前融入ESG投资中的信息披露方式和指标也对ESG的投资造成了很大的挑战。在下一节中我们会对此做更进一步的讨论。

---

15 参见ESMA et al.（2020）。

16 参见IOSCO（2020）。

ESG基金

在讨论ESG整合融入的概念时，我们介绍了不同的ESG投资方式。这些方式会根据投资主体是为散户承担信托责任的基金经理还是机构投资者而存在着差异。

在这些不同类型的投资方式中，投资者可以通过ESG实施某些策略。当然就和传统的金融投资策略千差万别一样，这些ESG策略也是差异很大的。

当前市场中很多机构发布ESG评级，而这些评级之间差异甚大，下一节中我们将讨论这一点。这种ESG评级的差异性就孕育了很多不同的ESG策略来获取投资价值。第一个策略是所谓的ESG动量（ESG momentum）策略，其思想是投资ESG评分未来会有大幅提升的证券发行人。就此而言，影响力投资者会通过接触公司高管的方式，促进公司积极变革以提高ESG评分，进而从动量策略中获利。接下来是将ESG和基本面投资框架相结合形成的混合策略，这会有助于改进风险调整的收益率。另外，基于ESG排除筛选，一些基金经理会做空他们认为业务存在道德瑕疵的发行人，然后将从中得到的资金投入到ESG评分高的发行人，由此形成ESG多空组合（long/short portfolio）策略。

ESG还可以应用到alpha投资和因子投资上。就alpha投资而言，现在它正在朝着全面的ESG整合的方向发展，其中资产管理人会使用各种公司基本面、市场技术指标、ESG信息以及其他领域内所有相关的定性和定量信息构建投资组合。而在因子投资中，ESG排除或者ESG倾斜也成为策略的考虑因素。

当前全世界向低碳经济转型的趋势愈加明显，由此就产生了“搁浅资产”（stranded assets）的概念。[17] 这些搁浅资产在未来将面临较大的下行风险和估值损失，这样投资者就对在搁浅资产上较少涉足同时在可再生能源等绿色科技更多倾斜的基金产生了更大的需求。这些基金可以说是采用了碳转型（carbon

17 根据维基百科（https://en.wikipedia.org/wiki/Stranded_asset）的定义，搁浅资产就是遭受意外或过早减记、贬值或转为负债的资产。搁浅资产可以由多种因素引起，并且是经济增长、转型和创新的“创造性破坏”所固有的现象。因此，它们会给个人和公司带来风险，并可能产生系统性影响。该术语对于财务风险管理很重要，以避免资产转换为负债后的经济损失。

transition）的策略。

当前对冲基金越来越多地参与到ESG投资中，它们的投资策略也是千差万别。对此Cerulli/UN PRI（2019）进行了一项调查，图8.7给出的结果表明在股市多空组合策略中，有46%的受访者现在就已经采用了负责任的投资标准，而有高达65%比例的受访者计划在两年内这样做。图8.7给出了调查结果。

图8.7 不同类型对冲基金经理对ESG融入的占比

	未来1–2年	当前
股票多空组合（equity long/short）	65%	46%
股票市场中性（equity market neutral）	35%	19%
多策略（multistrategy）	32%	19%
其他（other）	27%	22%
替代风险溢价（alternative risk premia）	27%	14%
事件驱动（event driven）	24%	14%
全球宏观（global macro）	22%	11%
相对价值（relative value）	22%	8%
管理型期货（managed futures）	19%	14%
固收套利（fixed-income arbitrage）	14%	5%
可转债套利（covertible bond arbitrage）	11%	3%
波动率套利（volatility arbitrage）	8%	5%

资料来源：Cerulli/UN PRI（2019）。

ESG投资绩效

就ESG投资绩效，从买方的投资公司到卖方的券商进行的行业研究，通常会在市场或者财务绩效方面得到正面结果，比如摩根大通（JP Morgan, 2016）和美银美林（BAML, 2019）的报告。与之相比，学术研究的结果就比较模糊不清了。当然这种结论上的差异会受制于不同的ESG评级、时间选择、策略选择以及其他影响研究的因素。

考虑到不同ESG评级的差异，我们就需要了解这些评级背后的影响因素以及它们会如何影响投资绩效。Berg et al.（2020）就首先分析了评级差异的原因。结果表明不同评级机构会因为评级范围、衡量标准和类别权重而产生差异，其中评级范围和衡量标准是导致ESG评级差异的原因，而权重差异对评级差异的影响则不是很大。衡量指标上的差异让投资者很难确定在ESG实务方面的绩效领先者和落后者。Khan et al.（2017）通过对重要性（materiality）的分析加深了对这个问题的理解。他们给每个行业就可持续投资而言开发了具备重要性的数据集，结果表明在重要可持续议题上评级强的公司在未来的表现会好于那些在相同议题上评级弱的公司。这就说明ESG评级上的差异主要是源于对重要性的理解以及度量方式的差异。

接下来就是ESG评级差异对股票收益率的影响。Gibson（2021）以标准普尔500指数的成分公司作为样本进行了分析，结果表明ESG评级的分散程度和股票收益率之间是负相关的，换句话说，不同机构的ESG评级差异越大，其股票估值就越高，由此收益率就越低。

明晟（MSCI）公司的分析师Giese et al.（2018, 2019a, 2019b, 2019c）分四篇论文以明晟公司的数据、ESG评级和ESG指数对ESG投资进行了全面的分析。[18]在这一系列的文章中，他们分析了ESG会如何影响公司估值、风险和业绩，以及如何将ESG纳入市场基准并且应用到主动和被动投资组合中。第一篇研究表明ESG指标和公司的财务绩效之间的确存在着正向关系；第二篇报告中则分析了基于ESG标准的排除和倾斜风格的ESG基金，结果表明，ESG排除风格的基金通常总体风险会更高，但是对风险调整后的收益率则具有正向的影响。

Auer/Schuhmacher（2016）使用续思（Sustainalytics）的数据分析了2004年到2012年期间美国、欧洲和亚洲不同地区的ESG投资组合的表现。他们采用了不同的筛选标准来构建投资组合，结果表明相比于传统的被动策略，主动选择ESG股票并不能带来更高的风险调整收益，同时欧洲的投资者还需要为可持续投资支付更高的价格，因此ESG投资组合相比于非ESG投资组合就表现不佳。

Serafeim（2020）通过明晟公司和路维实验室（TruValue Lab/TVL）的数据

18　这几篇论文是《ESG投资基础》（*Foundations of ESG Investing*）的系列报告。其中Giese et al.（2019a, 2019b, 2019c）是这个系列的前三篇报告，而Giese et al.（2018）则是第四篇报告。前三篇报告已经刊载为期刊论文，所以在时间上晚于尚未刊载为期刊论文的第四篇报告。

分析了ESG标准和公众舆论之间的关系，以及这种关系带来的后果。结果表明通过正向ESG动量和负向公众情绪动量形成的投资组合可以产生明显的alpha。公众情绪会影响到投资者对于公司可持续性活动价值的看法，因此就会影响到投资者为公司可持续发展活动所支付的价格以及融入ESG数据的投资组合收益。

Bannier et al.（2019）分析了基于ESG评分的多空组合策略。结果表明，做空ESG评分最低的股票加上做多ESG评分做高的股票所形成的多空组合会产生明显为负的alpha。但是他们的研究也发现，ESG评分高的投资组合风险较小，因此绩效不佳主要是出自做空ESG评分低的股票上。

通过上述文献我们可以看到，当前有关ESG投资的实证证据是混杂和不清晰的。当然这是一系列因素导致的。另外对于行业研究中得到的较为积极的结果大多是基于过去10多年股票市场收益进行讨论的，因此这就可能存在一些偏误（bias）。首先，这10多年样本时段通常对应了从美联储开头到全球各地区央行货币宽松的年代，显然央行的货币政策会影响到资产价格。虽然我们很难确认政策环境是否会相对有利于ESG评分高的公司，但是有可能货币环境推高了这些公司的股价。第二个偏误和规模有关，提供可靠ESG信息的公司平均规模会更大，因此企业规模的大小就可能影响到ESG评分。第三个偏误是随着投资者对ESG的兴趣越来越大，流入到ESG高评级公司的资金量也就越来越大。JP Morgan（2016）的研究在控制这个因素后发现，从2014年到2017年，ESG评级较高的股票获得的ROE要远远高于评级低的股票。尽管如此，有证据表明ESG高评级的股票相对于低评级股票的市值有所上升，特别是在市场中新增大量ESG基金的时候。因此，一些ESG高评级的工具估值过高的看法是有道理的。最后一个偏误和评级机构的选择有关，因为不同机构会给出不同的ESG评级，这样输入不同的评级就会导致不同的结果。因为现在各家机构对有关ESG评级方法论的披露并不是很完整，这样就难以判断这些评级背后特定的定性驱动因素是什么。

当前围绕ESG评级的问题可能会让投资者感到困扰。ESG报告缺乏标准化、衡量每个行业重要ESG议题的不同方法以及不同评级机构方法论之间无法比较这些问题都促使未来要对ESG评级和评分进行更为深入的分析。显然ESG评级是有用的分析工具，它可以用来描述和刻画可持续性这样相对复杂的维度。但是当前在相关议题上的挑战也是巨大的。很多资产管理公司将ESG评级作为投资的关键决定因素，这可能有些简单化了。[19]

三、评级和指数

评级机构发布的ESG评级是投资者和其他市场参与者利用ESG信息的一种主要方式。在本节中我们讨论的重点是ESG以及将评级转化为指数的方式，通过ESG评级和指数，证券发行人最初披露的有关ESG信息就转化为可供投资者选择的投资产品。考虑到ESG评级目前得到了广泛的应用，下面的分析将侧重于评级使用的数据和方法。

在ESG评级中需要考虑诸多问题，包括要采用哪些数据，如何根据重要性来给指标赋权，以及在行业内部和行业之间的绝对和相对分数之间进行主观判断。就这些问题而言评级实务中存在着较大的差异。虽然当前关于ESG评级和投资绩效之间已经做了很多的回测，但是ESG评级依然还在发展的过程中。

从投资产品的角度来看，ESG投资主要体现为ESG基金和ESG ETF，而这两类产品都需要以某种ESG指数为基础，由此开发出主动投资和被动投资的产品。如前所述，现在有很多机构在开发ESG的评级和指数，并且在细分领域不断开拓这一类的业务。这些机构既有类似彭博、汤森路透和晨星这样传统的数据服务商，也有类似明晟这样专注于金融服务的公司。

这些ESG信息服务商采用的方法有着很大的差异，但是市场投资者使用评级的目标却是相同的，这就是寻找在ESG表现良好的公司。下面的分析将有助于了解究竟哪些因素在ESG评级中扮演了关键的角色。

19　根据Verrecchia（1983）和Dye（1985）早先提出的自愿披露理论，大量参与可持续发展活动的公司将广泛报告相关信息，而和这类活动无关的公司将只会按照合规性要求报告最少的信息。.

ESG评级：关键指标

考虑到评级机构对市场的影响，它们在评级方法上的差异对于了解ESG在金融决策中的作用就变得非常重要。每个评级机构会对其评估的公司可持续性不同维度进行排序，然后把这些维度进行汇总从而构造出关键指标，由此可以定义环境、社会和公司治理三个支柱中的某个标准。

在几家主要的ESG评级机构中，明晟和续思表明它们的服务旨在帮助投资者识别和了解在财务上重大的ESG风险和机遇，从而可以把这些因素整合到构建和管理投资组合的过程中。汤森路透则使用了超过400种不同的ESG指标，其中选取了186个历史可以回溯到2002年的关键指标，然后将这些指标分为十大类，进而将这些指标组合起来，从而形成在环境、社会和治理三大支柱上的评分。

彭博有自己专门的ESG数据，在此基础上选取的指标会特别关注环境和社会影响力指标。在这种情况下，彭博社出于选取指标的目的会对所有行业进行广义的分组，就此形成高/中/低三档环境影响力指标，以及高/低两档社会影响力指标，而治理指标则对于每个行业是一样的。表8.3给出了汤森路透、明晟和彭博三大ESG评级机构的主要评级因素。

表8.3　三大ESG评级机构的标准

支柱	汤森路透	明晟	彭博
环境	资源利用 排放 创新	气候变化 自然资源 污染/废弃物 环境机会	碳排放 气候变化效应 污染 废物处理 可再生能源 资源枯竭
社会	劳动力 人权 共同体 产品责任	人权 产品责任 利益相关者反对 社会责任	供应链 歧视 政治捐助 多元性 人权 社区关系

续表

支柱	汤森路透	明晟	彭博
公司治理	管理层 股东 公司社会责任策略	公司治理 公司行为	累积投票制 管理层薪酬 股东权利 并购防御 分期分级董事会 独立董事
关键指标和子指标	186	34	>120

资料来源：Boffo et al.（2020）

考虑到在有关可持续性的报告指标上存在着困难，所以很多不同的利益相关者就要求制定更为标准化的报告指南。在这方面，根据世界交易所联合会（World Federation of Exchange/ WFE, 2020）的调查报告，参与调查的55个交易所中有31个发布了报告指南（reporting guidance），另外15个交易所推荐或者参考使用现有的指南，还有一个交易所计划在未来发布ESG指南。在新兴市场，交易所倾向于参考由监管者发布的报告指南。以纳斯达克（Nasdaq）为例，它在2019年发布了一份帮助企业报告ESG的指引，其中针对E、S和G这三个支柱各自确定了10个指标（metric），如表8.4所示。在谈及这些指标的时候，报告特别强调并非仅仅是指标，而是涉及一系列相关的洞见：

- 为什么衡量这些指标？
- 如何衡量这些指标？
- 为什么披露这些指标？
- 如何披露这些指标？

纳斯达克的这份报告是特别有用的，因为它整合了现有指南和准则中的指标，并且针对每个指标围绕上述四个问题做了分析。

表8.4　纳斯达克ESG指标体系

环境	社会	公司治理
E1. 温室气体（EHG）排放	S1. 首席执行官薪酬比	G1. 董事会多元性
E2. 排放强度	S2. 性别薪酬比	G2. 董事会独立性
E3. 能源利用	S3. 员工离职率	G3. 激励性薪酬
E4. 能源强度	S4. 性别多样性	G4. 集体谈判
E5. 能源构成	S5. 临时供比率	G5. 供应商行为准则
E6. 用水	S6. 非歧视	G6. 道德与反腐败
E7. 环境处理	S7. 工伤率	G7. 数据隐私
E8. 气候监督/委员会	S8. 全球健康与安全	G8. ESG报告
E7. 气候监督/管理	S7. 童工和强迫劳动	G7. 披露实践
E8. 气候风险缓释	S8. 人权	G8. 外部保障

资料来源：Nasdaq（2019）。

需要指出的是，当前不同的交易所会纳入不同机构开发的框架，而这些框架在财务重要性和道德标准方面都具有不同的目标。根据可持续证券交易所倡议组织（SSEI）在2021年3月的统计数据，全球总计有56家证券交易所在指南文件中采用了不同框架机构发布的报告工具（reporting instruments），具体情况如图8.8所示。我们可以看到，交易所采用的ESG标准和格式在全球范围内依然没有趋同的趋势，因此参照WFE（2020）报告的说法，全球在ESG标准和实践上的分歧是可持续性行动中的新问题。

图8.8 全球证券交易所ESG指南中引用的ESG报告框架

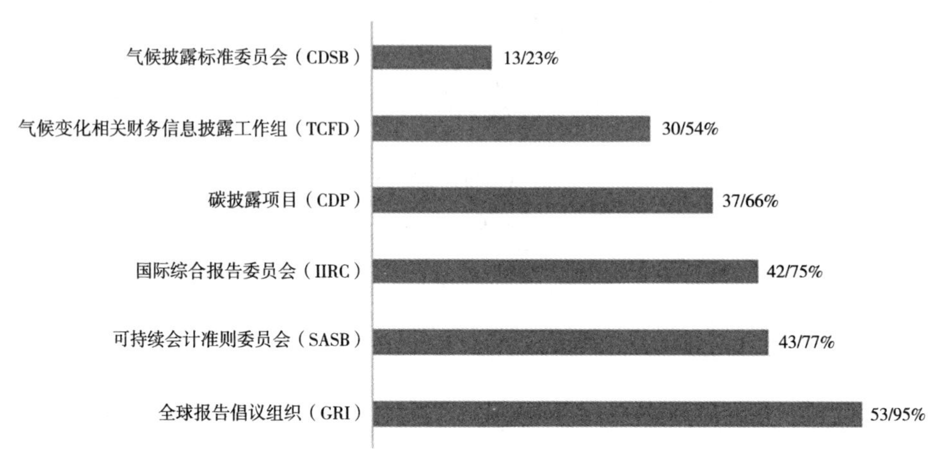

注释：斜线前的数字表明采用相关机构报告工具的交易所数量，斜线后的数字是占56个交易所的百分比。

资料来源：Sustainable Stock Exchange Initiative （SSEI, 2021）。

重要性因素

我们希望证券发行人披露的指标和财务重要性（financial materiality）有关，这样就会涉及投资者以及诸如交易所和监管者这样的利益相关者。但是在ESG框架内探讨财务重要性时，这个概念的内涵就会拓展从而触及非财务类信息的披露。到目前为止还没有充分探讨的一个问题是，财务报告和非财务性的ESG报告在财务重要性的汇合点在哪里，当然这样的汇合点会随着时间的推移而变化，因此也需要对汇合点的这种时变特性有所预期。虽然某些因素对于关注财务回报的投资者来说具有直接的意义，但是其他的一些因素只是在长期内具有间接影响。

数十年来公司治理的议题一直是和财务重要性有关的，特别是治理流程、风险管理、高管薪酬等相关的议题。二十世纪九十年代经合组织评估了公司治理对公司的重要性，并且制定了经合组织国家的公司治理原则，相关内容发表在经合组织经济学家Maher/Andersson （2000）的工作论文中。二十一世纪初美国先后爆发了安然、世通欺诈案，这暴露了在公司治理披露方面的弱点，从此之后投资者开始关注对于公司治理的评估，与此同时评级机构则采用了更透明的方式来评价公司治理及其对评级的影响，在这方面作为全球三大信评机构的穆迪公司，其分析师Bertsch/Watson（2006）发表了相关经验教训的报告。

随着气候变化对人类生产和生活的影响日渐增加以及由此带来的不良后果，人们开始关注企业的气候风险管理和财务重要性之间的关联，特别是气候变化带来的自然风险（physical risks），以及搁浅资产对金融行业的资产负债表带来的风险。越来越多有关气候变化风险的研究表明了这些风险会通过哪些渠道影响经济、商业和金融部门，其中包括飓风、洪水、火灾等自然灾害给产业链或者金融市场造成的负面冲击。人们已经充分意识到气候相关的因素会对财务重要性产生越来越大的影响，特别是那些因为化石燃料需求下降而产生大量搁置资产的行业以及容易遭受自然风向影响的行业。正如标普旗下路科（Trucost）首席执行官Mattison（2020）在达沃斯世界经济论坛上发表的演说中指出，在标普500指数成分股中，有超过60%的公司（市值超过了18万亿美元）持有的资产中至少涉及一种气候变化引致的自然风险。关于气候风险和财务重要性之间关系的评估，可以参考气候披露标准委员会（CDSB）在2018年发布的《意见书》（*Position Paper*）。

在三大支柱中，社会因素对财务重要性的直接影响的证据可能是最少的，但是更好的品牌、客户忠诚度以及员工留存度都可以在长期内带来好处，而这些因素通常和企业的社会责任有关。有些机构投资者认为，社会支柱是三大支柱中最具挑战性的，因为各国对于哪些因素是重要的以及在诸如如何对待员工这样的标准上几乎没有什么共识。相关讨论可以参考BNP Paribus（2019）。另外在新冠肺炎散布全球的背景下，景顺基金（Invesco, 2020）和富兰克林邓普顿基金（Franklin Templeton, 2020）就指出出现了新的社会因素会影响到公司声誉和绩效。与此同时投资者还需要面对一个朝向多方利益相关者管理的模式，因为后者可以更好地应对前所未有的社会挑战。

就框架开发和报告标准而言，财务顾问和机构投资者已经看到不同机构之间存在着差异，这样它们就寻找方法来区分对于投资来说财务重要和财务不重要的报告工具。罗素投资（Russell Investments, 2018）就开发了一种方法，以此来区别在财务重要的ESG议题上得到高分的公司和在财务不重要的ESG议题上得到高分的公司，进而提升投资组合的构建效率和投资业界。在这方面，来自哈佛大学的Khan et al.（2015）构建了一个数据集，其中的重点就是不同行业的重要性，并且发现在重要议题上评分高的企业会比那些评分低的企业具有更好的业绩。区分财务重要和财务不重要的ESG议题表明了当前投资行业对于ESG信息披露和评级现状并没有充分的信任，因此在讨论ESG投资的时候，对于那些关注绝对收益或者风险调整收益的投资者来说，他们更需要考虑和财务重要性相关的信息。

当前很多国际机构呼吁提升在ESG信息披露上的一致性和内涵，从而可以和重要性以及可持续性的联结是清晰和一致的。在这方面，来自联合国负责任投资原则组织和国际公司治理网络（International Corporate Governance Network/ICGN）的两位学者Douma/Dallas（2018）就指出，虽然没有一套指标或者单一框架能够满足所有ESG数据的使用者，但是考虑到这些使用者之间的差异，公司可以披露标准化的ESG信息作为基础，然后再补充披露更多定制化的ESG报告。此外，达沃斯世界经济论坛（WFE, 2019）发布了一份有关ESG报告的评估文章，其中强调了投资者和公司希望解决在ESG披露的内容和一致性上存在的问题和挑战，其中需要解决的关键问题包括：

- ESG报告的复杂性和成本负担；
- 因为行业、地理位置和其他因素的影响而导致无法比较公司的ESG数据；
- 对于不同ESG评级机构之间的关系缺乏了解，特别是对ESG评级在所评估事项的清晰度方面存在着困难。

评级结果的差异

尽管ESG信息的使用者主要从证券发行人披露的信息中获取信息，然后对于相同的信息源进行分析和打分，但是主要的ESG评级机构给出的ESG评分却是差异很大的。ESG评级之所以受到一定的批评，就是因为不同的方法论会导致有些证券发行人得到的评级结果差异巨大。因此，如果投资者使用不同的ESG评级应用到证券选择和组合权重上，那么就会产生不同的投资结果。换句话说，两个都是投资ESG高评级的投资组合完全会产生不同的收益和风险敞口，由此就会让人对整个投资过程产生怀疑。

根据全球可持续性评级倡议组织（Global Initiative for Sustainability Ratings/GISR）的报道，截至2016年全球总计有125家ESG数据服务商，这些机构通常有着自己的数据来源以及数据分析和研究方法。因此证券发行人的ESG评级就会因为评级机构的不同而产生差异。就这个问题，道富环球投顾（State Street Global Advisors/SSGA, 2019）就针对续思、明晟、荷宝可续和彭博ESG这四大评级机构的结果做了相关性的分析，结果如表8.5所示。结果表明，这四家机构ESG评级之间的两两相关系数有三个在0.5左右，剩下的相对高一些。

表8.5　主要ESG评级机构的相关系数

机构	续思 Sustainalytics	明晟 MSCI	荷宝可续 RobecoSAM	彭博ESG Bloomberg ESG
续思	1	0.53	0.76	0.66
明晟		1	0.48	0.47
荷宝可续			1	0.68
彭博ESG				1

注释：该表的计算结果是明晟世界指数（MSCI Worlde Index）成分股在ESG评级上的截面相关系数。

资料来源：State Street Global Advisors （SSGA, 2019）。

经合组织两位学者Boffo et al.（2020）的报告对比了彭博、明晟和路孚特这三家主要评级机构在标准普尔500指数（S&P500）和泛欧斯托克600指数（STOXX600）成分股上的ESG评级，结果表明，无论是美国还是欧洲的主要上市公司，三家机构给出的ESG评级结果差异巨大。这个结果同样也被新闻媒体注意到了。《华尔街日报》的记者James MacKintosh就在2018年的一篇报道中指出，究竟特斯拉还是埃克森哪家公司更具有可持续性取决于提问者查阅哪家机构的ESG评级。不同评级机构在ESG评级上的巨大差异有很多的原因，比如ESG框架、衡量方式、关键指标、使用的数据、专家的定性判断，以及类别和指标加权方式等。虽然不同的方法论、判断方式和数据源可以丰富投资者获取的信息，但是在ESG评级上的巨大差异也减弱了这些评级对于ESG投资的含义。关于ESG评级差异原因的详细讨论超出了本书的范围，对此感兴趣的读者可以参考

Berg et al.（2020）和Boffo et al.（2020）这两篇文章。

除ESG评级之外，对于证券发行人还存在着信用评级（credit rating）。图8.9刻画了不同的评级机构对美国2019年十个行业最大上市公司给出的ESG评级和信用评级，其中发行人的信用评级从字母转换为从0到20的数值刻度：0表示极大可能违约以及违约的评级（C或者D），而20则表示最高的信用等级（标普和惠誉的AAA以及穆迪的Aaa）。图8.9清晰地表明虽然针对同一个主体的ESG评级差异很大，但是信用评级上的差异就会小很多。因此相较于分析公司的财务健康程度，当前投资界对于公司在环境、社会和公司治理上的表现还存在着巨大的分歧。

图8.9　ESG评级和信用评级

ESG 评级
信用评级
◇评级机构 1 ○评级机构 2 △评级机构 3 □评级机构 4 ×评级机构 5
◇穆迪 ×惠誉 ○标普
基本材料：艺康 (Econlab)
周期性消费：亚马逊(Amazon)
非周期性消费：沃尔玛(Walmart)
能源：埃克森美孚(Exxon Mobil)
金融：伯克希尔 (Berkshire H.)
医疗保健：强生(Johnson& J.)
制造业：波音(Boeing)
科技：微软(Microsoft)
电信：威瑞森(Verizon)
能源：新世代能源(Nextera Engergy)

资料来源：Boffo et al.（2020）。

从评级到指数

在开发出ESG评级之后，接下来指数服务商就可以基于这些评级开发ESG指数，并且提供给机构投资者、面向散户的公募基金和ETF基金服务。基于评级开发指数常用的方法是我们前面看到的排除（或者说负面筛选）以及倾斜（或者说再平衡）。就排除指数而言，筛选标准取决于不同的因素，这包括客户对ESG评分的容忍限度以及指数服务商从社会角度判断为负面的行业，当然后面这个因素可能会因为不同的国家和地区而产生差异。在ESG指数中经常被排除的行业包括烟草、酒类、化石燃料（特别是煤炭）、毛皮、赌博、核武器、色情等。这样，不同指数服务商的不同筛选标准也会对投资组合的构成和投资结果产生重大影响，而且还会导致ESG指数相对于传统的广基市场指数产生出跟踪误差。投资组合倾向于更高ESG评分的加权方法至少会取决于下面的因素：

- ESG评级机构如何在不同行业对“同类最优”进行重新调整；
- ESG指数相对于更高ESG评级的倾斜程度；
- ESG评分。

这样，如果一个评级机构更重视负面排除，允许更强程度的倾斜以及在大盘股公司上的评级和其他评级机构差异很大，那么基于这种评级得到的指数加权方式就会和传统指数产生明显的差异。

四、ESG数据特征体系

当前越来越多的投资者对另类数据表现出兴趣，其背后的推动力是投资者相信另类数据可以有助于更好地管理风险，以及实现更高的风险调整收益。新的数据技术扩大了可用数据的范围，提升了数据处理能力。这些新的技术、工具和方法削弱了投资对于传统数据集的依赖，减少了这些数据集的价值，这让另类数据对投资者就产生了很大的吸引力。

另一方面，就ESG而言，人们普遍会把它看作是潜在的风险来源，而要对这些风险明确进行管理可能会降低纯粹的投资回报。这样在数据类型上看，另类数据因为被看作是提升绩效的来源而在业界广泛应用，与之相比ESG数据则在一定程度上被看作是阻碍收益的动力，从而在业界的应用就比不上另类数据。实际上我们可以看到，ESG所涉及的数据基本上都是另类数据。之所以投资者对于另类数据和ESG数据之间存在着不同的看法可能是因为这两个概念产生的背景是不一样的。另类数据源于对冲基金行业，而ESG数据则兴起于对可持续观念的重视。但是实际上我们可以看到，如果从创新和新颖的角度来看，另类数据和ESG数据其实具有相似的特征。换句话说，这些数据不一定出现在公司的财报中，但是对公司价值却会有重大影响。正是在这个意义上，In et al.（2019）才认为“大部分另类数据是ESG数据，同时大部分ESG数据是另类的”。

我们可以用不同的方式来刻画另类数据，就像我们在第三章第三小节考虑的那样。不过考虑到不同投资者在做投资决策时会考虑不同的因素，因此我们要分析ESG数据就需要把数据本身的属性和投资决策中的驱动因素结合起来考虑。Monk et al.（2019）提出了通过六个属性来刻画另类数据的特征，考虑到另类数据和ESG数据之间的相似性，In et al.（2019）也用这六个属性来刻画ESG数据，然后将这些属性和投资决策中考虑的主要因素联系起来。

ESG数据的性质

Monk et al.（2019）提出刻画另类数据的六个属性或者说维度是：可靠性（reliability）、细粒度（granularity）、新近度（freshness）、全面性（comprehensiveness）、可操作性（actionability）和稀缺性（scarcity）。显然任意给定一个数据集，无论是传统数据集还是另类数据集，都不大可能在所有这些属性上获得高分。我们通常要面对的情况就是，当改进某个属性的质量从而超过预设的阈值，那么就需要在其他的属性上做出牺牲。下面讨论这六个属性及其和投资之间的关系：

1. 可靠性

可靠性涉及数据的准确度、精度和可验证性。实际上，数据集的可靠性意味着它是无错的、无偏的以及可检查的。从本质上说可靠性是指数据是值得信任的，从而可以让投资者对做出的投资决策有信心。

2. 细粒度

细粒度涉及数据集各个元素的覆盖范围，例如数据集是否提供公司或者行业级别的数字。细粒度反映了投资者基于数据集做出可以聚焦还是泛泛的投资决策。

3. 新近度

新近度涉及数据集相对于其所反映现象的历史长度。因此一个历史悠久的数据集并不表示其具有很强的新近度。一个数据集可以是多年以前就产生的，但是如果它涉及我们关心的事件，那么它就依然是新近的。以ESG数据为例，多年之前的环境案件记录，如果和最近某家公司污染活动的法律诉讼有关，那么这就是新的记录；而关于多年之前公司支付的股息可能就和这个法律诉讼无关，因此也就不具备很强的新近度了。[20]

4. 全面性

全面性意味着数据集的完整性，即它覆盖投资者感兴趣领域的程度。仅仅涵盖一两个省的公司碳排放数据集就不如覆盖全国所有省级行政区的公司碳排放量数据集来得全面。显然全面性对于投资来说是很重要的一个属性。

5. 可操作性

可操作性是指在拥有和分析相关数据集后，可以在多大程度上从中直接采取投资行为。从投资的角度来看，无法转化为投资行为的数据集，例如和公司领导或者董秘的沟通，其价值就会低于能够转化为投资行为的数据集。

6. 稀缺性

稀缺性涉及数据集的可用性。从投资角度看，拥有别人没有的数据可以带来竞争优势。就ESG数据来说，普遍的共识是这些数据应该是获取的范围很大，同时获取的成本也应该很低，这样数据的稀缺性就可能会给投资者造成一定的困难。

以上这六个数据集的属性可以作为确定其投资价值的基础。当然投资者在每个属性上究竟赋予多大的权重则需要视情况而定，同时要在很大程度上取决于在投资中应用ESG数据所需要强调的投资因素。

20　需要强调的是，新近度和延迟性（latency）这个概念是很密切的。从本质上说，低延迟的数据是新近的。但是在投资界中，低延迟数据往往等同于高频数据。但是对于某个特定的数据集，我们不能确定是生成数据的规律更重要还是生成数据的速度更重要。这样新近度似乎是更普适的概念。

投资决策因素

在投资世界中，投资者希望从数据中获取从下到上四个不同层次投资活动的洞见：

（1）通过持有金融资产获取某些风险的敞口，从而获取投资收益；

（2）通过购买金融产品触及这些金融资产以及相关的金融风险；

（3）通过持有分散化的资产和产品组合来实现某个总收益目标；

（4）和金融资产、金融产品及投资组合相关的度量指标，进而让投资者了解投资活动是否符合预设的目标。

在上述四个层次的投资活动中，投资者往往需要考虑如下的决策变量。

1. 常规风险（conventional risks）

如果不讨论投资风险，那么投资收益就没有意义。通常我们会用回报率的波动率（二阶矩）来衡量金融市场的风险，当然回报率的偏度（三阶矩）和峰度（四阶矩）这些指标也可以用来刻画风险行为。但是如果价格数据中存在着非平稳性，那么我们就很难在一个小规模的回报率数据集中获取传统风险的信息，这就意味着除资产价格和成交量以外，其他维度的信息有可能成为刻画资产、产品或者投资组合真正风险的钥匙。

2. 非常规风险（unconventional risks）

投资者希望击败市场进而获取alpha。随着ESG数据以及其他另类数据变得越来越普及，投资者就可以获得更多定制化的数据源。这些数据将会帮助投资者发现和自身投资活动相关的风险因素，进而可以做更好和更有效的风险管理。从ESG数据的角度来看，这些数据更多是从内部或者私有来源中获取的，它们能够给投资者带来新的见解。这些新的数据、新的信息、新的产品以及新的策略可以更好地匹配到长期投资者，进而助其获取alpha。

3. 成本（cost）

大多数投资者会认为风险调整收益是投资活动中最重要的指标。但是我们需要用生成投资业绩的成本，特别是优异业绩的成本，来判断是否通过了有效的方式来获取单位风险的收益。更重要的时候，详细的成本度量可以让长期投资者评估是否接收某种以更有效方式获取资产的创新。

4. 承诺（commitment）

对于像养老金或者主权基金这样的机构投资者来说，它们在全球金融市场中拥有的一种优势就是“时间”，也就是说长期投资者不仅可以投资短期投资者可以得到的资产，也可以投资短期投资者无法投资的资产，这样长期投资者就比短期投资者拥有更大的投资集，进而在风险—收益平衡中具有更大的优势。为了让投资者具有长期的视界，并且能够和长期经理以及服务供应商成为长期伙伴，ESG数据就可以帮助找到那些致力于长期利益的合作伙伴。

5. 影响（influence）

一些投资者可以通过各种方法来增加投资组合的价值，比如在公司治理中扮演某种角色，亦或者是作为股东对公司施加积极影响。这些投资者将会寻找增长的工具，而ESG数据作为创新的数据源可以作为联结公司的触点。

6. 建置（construction）

投资者有很多方式把投入元素（包括团队、流程和信息等）与可投资的金融资产和产品结合起来，从而形成一个投资组合。但是美国的盖茨基金会和中国的养老金构造的投资组合一定是天壤之别，但是它们的目标都是要努力最大化风险调整的收益。随着这些投入元素中数据和信息发生变化，那么投资组合及其构建方式也会发生变化。ESG数据将提供新的信息来源，进而可以在不断增加的可投资资产创设出新的投资产品。

这六个决策变量是投资者及其投资组合的中间目标，换句话说，投资者的最终目标是得到尽可能高的风险调整收益，但是为了实现这个目标，投资者的决策需要依赖于这六个变量。这样我们就可以把投资者最终得到的业绩分解为上述六个变量的贡献。把这六个变量和上个小节中谈到的ESG数据集的六个重要属性结合起来，这样投资者可以在决策和最终绩效之间建立起桥梁，特别是当投资者根据ESG数据进行投资决策的时候。这是一种以客户为中心来确定ESG数据集价值和质量的方法。

数据—决策矩阵

在前面我们讨论了ESG数据集的特征，分析了用来评估投资决策质量的因素。下面我们将分析ESG数据集中的特定属性会如何支持和影响投资决策过程，进而实现预定的投资目标。在本章第二、三小节中，我们的分析中把ESG绩效看作是最终产出，然后去检验它和投资结果之间的关系。这里我们把ESG看作是与投资决策的风格、流程和质量相关的关键指标，进而得到最终的投资结果。图8.10就刻画了这样的从ESG数据到投资结果的流程图。

图8.10　基于ESG数据的投资流程

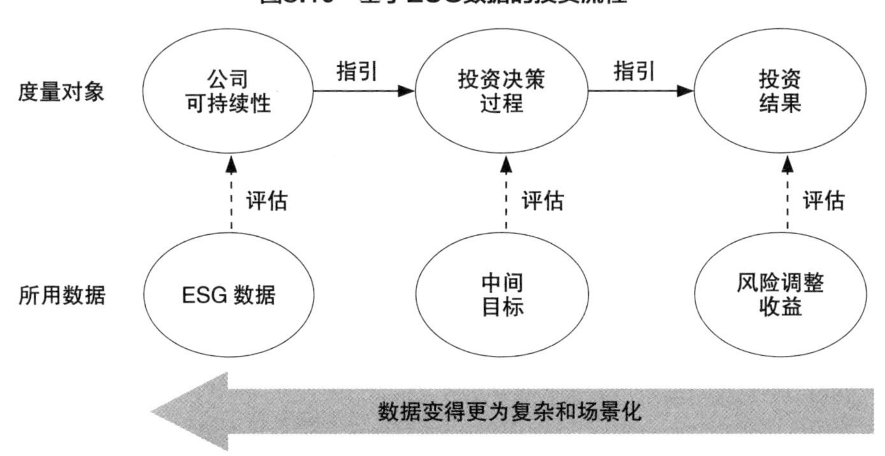

资料来源：In et al.（2019）。

不同的投资者会对刻画ESG数据质量的六个属性赋予不同的权重，而这些权重是投资者对于六个不同投资决策变量优先程度的函数。此外，这些权重不仅会引导投资者去获取哪些ESG数据集，而且也将决定最终的绩效。因此，我们就需要了解决定ESG数据质量的每个属性和决定投资结果的每个投资决策变量之间具有什么样的关系。显然每个属性对于决策变量的影响是不相同的。当然某个特定属性对于某个特定决策变量的影响取决于投资者及其在投资过程中所能得到的资源。不过不同的投资者就每个属性对每个变量产生的影响程度会有比较一致的看法，表8.6从数据到决策变量的矩阵刻画了前者对后者所具有的影响。

表8.6 数据—决策矩阵

数据性质 / 决策变量	可靠性	细粒度	新近度	全面性	可操作性	稀缺性
常规风险						
非常规风险						
成本						
承诺						
影响力						
建置						

注释：
- 黑色框格表示数据特征在产生相应的决策变量时特别重要。
- 灰色框格表示数据特征将会驱动相应的决策变量。

资料来源：In et al.（2019）

在表8.6中，第一行的常规风险和第二行的非常规风险可以生成beta和alpha，进而提供直接的投资收益，因此它们就成为影响投资结果的主要驱动因素。beta就是通过管理传统的风险而获得的投资收益。而就风险管理而言，最重要的数据属性就是全面性和新近度。一个更为全面的数据集可以为分析提供更多的素材，因此就可以产生更为细致的见解，从而可以更好地发现和管控风险。新近度就表明投资者对ESG数据频率的需求要和投资决策的频率保持一致。如果投资者每个月甚至是每周对投资组合进行再平衡，那么过时的数据就会妨碍投资者对风险的准确度量。此外，和ESG议题相关的挑战是不断变化的，这就让ESG数据集的新近度对于管控相关风险至关重要。

Alpha投资的目的是获取相对市场指数或者某个基准的超额收益。对于这种类型的投资而言，数据集的稀缺性和细粒度就非常重要。首先，获取优异业绩的方式通常需要建立别人无法获取的竞争优势，因此拥有稀缺并且独特的ESG数据就可以带来优势，从而提升业绩表现。其次，优异业绩通常来自于把资金集中投资在少数资产上，而不是被动式地分散投资，但是要从集中投资中获利，投资者就需要接触到足够详细的数据。

有些投资者担心是否值得把ESG数据整合到投资过程中，由此就产生了表8.6中第三行成本的概念。就当前的主流看法，作为另类数据的ESG数据可以给投资过程中的成本—收益提供很好的见解。就此而言，有效的成本管控意味着对于一笔交易、一笔投资或者一个基金的细节做到了完全的理解和掌控。这就意味着数据集的细粒程度对于成本而言是至关重要的。其次，一个全面的数据集可以帮助投资者对于投资策略在成本方面的竞争力提供更深入的见解。最后，数据集的新近度也可以给投资者带来成本方面的好处，因为投资的成本往往是随着时间的推移而发生变化的，特别是当某些金融产品的收益会随着时间推移而减少的时候更是如此。总而言之，对于那些关注成本的投资者来说，数据集的细粒度、全面性和新近度是重点考虑的属性。

我们已经看到，在ESG投资中，资产所有者和资产管理者会把追求长期绩效作为ESG整合的首要目标。当投资长期持有某种资产时，类似ESG这样的另类和创新数据源就可以帮助投资者坚守长期策略，这就是表8.6第四行“承诺”的含义。以这个角度看，数据首先必须是可靠的，这是让投资者可以长期有时甚至是不可逆地坚守某种决策。其次，数据要有充分细粒度，这样可以让投资者对所评估的风险有着详细的了解。同时这些数据也必须满足可操作性，从而可以让投资者有动力和压力坚守长期策略。简而言之，在让投资者更为成功和更为自信地坚守他们了解最深的资产方面，具有可靠性、细粒度和可操作性的ESG数据集是大有可为的。

现在越来越多的投资者会通过公司接触和股东行动来影响投资组合中成分公司的行文，进而影响投资组合的绩效，这就是表8.6第五行“影响”的含义。在这方面，ESG数据是特别有用的。为了对标的公司产生影响，投资者必须要有充分的理由要求公司采取行动，这就意味着数据集具有可靠性、细粒度、新近性、全面性和可操作性。在这个决策变量中，唯一不相关的属性就是稀缺性。实际上，当某个数据集的可得性越是广泛的时候，投资者就越有可能基于这个数据集来影响公司行为。

现在我们到了表8.6的最后一行，也就是投资组合的构建。不同的投资者在进行投资活动时有着不同的资源禀赋。通常投资者在治理结构、文化和技术方面存在着差异，因此它们就会使用不同的流程、团队和信息进行投资。我们把这些生产要素结合在一起的方式称为建置，也就是汇集不同的要素来构建投资组合的过程。为了能够用有效的方式做到这一点，投资者就必须要评估ESG数据在哪个属性上具有优势，然后利用这个优势来指导和影响投资组合的构建过程。这样就意味着就“建置”这个决策变量而言，它不会强调任何单一的数据属性，而是会根据数据的属性来决定如何构造投资组合，并且在其间利用数据的比较优势来获取投资收益。如果一个基金没有任何比较优势，那么它就变成一个被动而又简单的投资。如果某个基金有很多的优势，那么它就可以追逐更为主动和定制化的策略。这样数据的属性就极大地影响和改变了投资组合的构建过程。

参考文献

Ahern, K., and D. Sosyura, 2015, Rumor has it: sensationalism in financial media. *Review of Financial Studies* 28, 2050-2093.

Alternativedata.org, 2018, Buy-side alternative data employee analysis. Analysis Article (7 February 2018). Available at: https://alternativedata.org/buy-side-alternative-data-employee-analysis.

Amen, S., 2016, Trading anxiety. Available at *Investopedia*: https://i.investopedia.com/downloads/anxiety/20160921_cuemacro_trading_anxiety_index.pdf.

Andrei, D., and M. Hasler, 2014, Investor attention and stock market volatility. *Review of Financial Studies* 28, 33-72.

Antweiler, W., and M. Frank, 2004, Is all that talk just noise? The information content of internet stock message boards. *Journal of finance* 59, 1259-1294.

Arcadia Data, 2017, Arcadia Data announces initiative to accelerate regulatory compliance in the financial services industry. Press Release (28 June 2017). Available at: www.arcadiadata.com/press-release/arcadia-data-announces-initiative-accelerate-regulatory-compliance-financial-services-industry.

Audrino, F., F. Sigrist, and D. Ballinari, 2020, The impact of sentiment and attention measures on stock market volatility. *International Journal of Forecasting* 36, 334-357.

Auer, B. and F. Schuhmacher, 2016, Do socially (ir)responsible investments pay? New evidence from international ESG data. *Quarterly Review of Economics and Finance* 59, 51-62.

Bai, J., L. Ma, K. Mullally, and D. Solomon, 2019, What a difference a (birth) month makes: the relative age effect and fund manager performance. *Journal of Financial Economics* 132, 200-221.

Baker, M., and J. Wurgler, 2006, Investor sentiment and the cross-section of stock returns. *Journal of Finance* 61, 1645-1680.

Baker, M., and J. Wurgler, 2007, Investor sentiment in the stock market. *Journal of Economic Perspectives* 21, 129-152.

Balduzzi, P., E. J. Elton, and T. C. Green, 2001, Economic news and bond prices: evidence from the U.S. Treasury market. *Journal of Financial and Quantitative Analysis* 36, 523-543.

Ballinari, D., F. Audrino, and F. Sigrist, 2020, When does attention matter? The effect of investor attention on stock market volatility around news release. Available at *SSRN*: https://papers.ssrn.com/sol3/papers.cfm?abstract_id=3506720.

Bank of America Merrill Lynch (BAML), 2018, *Environmental, Social & Governance (ESG): The ABCs of ESG*. Available at: www.bofaml.com/content/dam/boamlimages/documents/articles/ID18_0970/abcs_of_esg.pdf.

Bank of America Merrill Lynch (BAML), 2019, *ESG from A to Z: A Global Primer*. Available at: www.bofaml.com/content/dam/boamlimages/documents/articles/ID19_12722/ESG_from_A_to_Z.pdf.

Banker, R., J. Khavis, and H. Park, 2018, Crowdsourced earnings forecasts: implications for analyst forecast timing and market efficiency. Available at *SSRN*: https://papers.ssrn.com/sol3/papers.cfm?abstract_id=3057388.

Bannier, C., Y. Bofinger and B. Rock, 2019, Doing safe by doing good : ESG investing and corporate social responsibility in the U.S. and Europe. *Center for Financial Studies* (CFS) *Working Paper Series* 621. Available at: www.econstor.eu/bitstream/10419/200161/1/1668853327.pdf.

Barber, B., and D. Loeffler, 1993, The"Dartboard"column: second-hand information and price pressure. *Journal of Financial and Quantitative Analysis* 28, 273-284.

Barber, B., S. Lin, and T. Odean, 2019, Mediating investor attention. Available at: https://faculty.haas.berkeley.edu/odean/papers/Merit%20Review%202019/Mediating%20Investor%20Attention.pdf.

Barber, B., and T. Odean, 2000, Trading is hazardous to your wealth: the common stock investment performance of individual investors. *Journal of Finance* 55, 773-806.

Barber, B., and T. Odean, 2008, All that glitters: the effect of attention and news on the buying behavior of individual and institutional Investors. *Review of Financial Studies* 21, 785-818.

Barrot, J., R. Kaniel, and D. Sraer, 2016, Are retail traders compensated for providing liquidity? *Journal of Financial Economics* 120, 146-168.

Bartov, E., L. Faurel and P. Mohanram, 2018, Can Twitter Help Predict Firm-Level Earnings and Stock Returns? *Accounting Review* 93, 25-57.

Basar, S., 2017, NN IP gains from sentiment analysis. *Markets Media* (January 12 2017). Available at: www.marketsmedia.com/nn-ip-gains-sentiment-analysis/.

Becker-Reshef, I., E. Vermote, M. Lindeman, and C. Justice, 2010, A generalized regression-based model for forecasting winter wheat yields in Kansas and Ukraine using MODIS data. *Remote Sensing of Environment* 114, 1312-1323.

Beckers, J., and M. Rixen, 2003, EOF calculations and data filling from incomplete oceanographic datasets. *Journal of Atmospheric and Oceanic Technology* 20, 1839-1856.

Beltz, J., and R. Jennings, 1997, "Wall street week with Louis Rukeyser" recommendations: trading activity and performance. *Review of Financial Economics* 6, 15-27.

Benamar, H., T. Foucault, and C. Vega, 2021, Demand for information, uncertainty, and the response of U.S. Treasury securities to news. *Review of Financial Studies* 34, 3403-3455.

Ben-Rephael, A., Z. Da, and R. Israelsen, 2017, It depends on where you search: institutional investor attention and underreaction to news. *Review of Financial Studies* 30, 3009-3047.

Ben-Rephael, A., B. Carlin, Z. Da, and R. Israelsen, 2021, Information consumption and asset pricing. *Journal of Finance* 76, 357-394.

Berg, F., J. Kölbel and R. Rigobon, 2020, Aggregate confusion: the divergence of ESG ratings. Available at *SSRN*: https://papers.ssrn.com/sol3/papers.cfm?abstract_id=3438533.

Bergman, M., 2015, The deep web: surfacing hidden value. *Journal of Electronic Publishing* 7, 1-25.

Bernanke, B., 2007, Federal Reserve Communications. Available at *Federal Reserve System*: https://www.federalreserve.gov/newsevents/speech/bernanke20071114a.htm.

Bernanke, B., 2015, *The Courage to Act: A Memoir of a Crisis and its Aftermath*. Norton, New York.

Bertsch, K., and M. Watson, 2006, Lessons Learned in Moody's Experience in Evaluating Corporate Governance at Major North American issuers. Available at *Moody's*: www.moodys.com/sites/products/AboutMoodysRatingsAttachments/2005500000428570.pdf.

von Beschwitz, B., D. Keim and M. Massa, 2013, Media-driven high frequency trading: evidence from news analytics. Available at *Wharton*: https://finance.wharton.upenn.edu/~keim/research/MediaDrivenHighFrequencyTrading_02Oct2013.pdf.

Blackshaw, P. and M. Nazzaro, 2006, *Consumer-Generated Media (CGM) 101: Word-Of mouth in the Age of the Web-Fortified Consumer*. New York: Nielsen BuzzMetrics.

Blakeslee, S., 1990, Lost on earth: wealth of data found in space. *The New York Times* (20 March 1990).

Bleakley, F., and J. Ostrowski, 2016, CargoMetrics cracks the code on shipping data. *Institutional Investor* (February 4, 2016). Available at: www.cargometrics.com/cargometrics-cracks-the-code-on-shipping-data.

Blei, D., A. Ng, and M. Jordan, 2003, Latent Dirichlet allocation. *Journal of machine Learning research* 3, 993-1022.

BNP Paribas, 2019, *The ESG Global Survey: Asset Owners and Managers Determine Their ESG Integration Strategies*. Available at: https://securities.bnpparibas.com/global-esg-survey.html.

BNP Paribus, 2019, *The 'S' of ESG—Part 1: A Challenging Factor*. Available at: https://securities.bnpparibas.com/insights/s-of-esg-part-1.html.

Bodnaruk, A., T. Loughran, and B. McDonald, 2015, Using 10-K text to gauge financial constraints. *Journal of Financial and Quantitative Analysis* 50, 623-646.

Boehmer, E., C. M. Jones, and X. Zhang, 2008, Which shorts are informed? *Journal of Finance* 63, 491-527.

Boffo, R., C. Marshall and R. Patalano, 2020, ESG Investing: Environmental Pillar Scoring and Reporting, OECD Paris. Available at *OECD*: www.oecd.org/finance/esg-investing-environmental-pillar-scoring-and-reporting.pdf.

Bohannon, J., 2016, Mechanical Turk upends social sciences. *Science* 352, 1263-1264.

Bollen, J., H. Mao, and X. Zeng, 2011, Twitter mood predicts the stock market. *Journal of*

Computational Science 2, 1-8.

Bollerslev, T., J. Li, and Y. Xue, 2018, Volume, volatility, and public news announcements. *Review of Economic Studies* 85, 2005-2041.

Bordino, I., S. Battiston, G. Caldarelli, M. Cristelli, A. Ukkonen and I. Weber, 2012, Web search queries can predict stock market volumes. *PLoS ONE* 7, 1-17.

Borgman, C., 2015, *Big Dat, Little Data, No Data: Scholarship in the Networked World*. MIT Press.

Boudoukh, J., R. Feldman, S. Kogan, and M. Richardson, 2019, Information, trading, and volatility: evidence from firm-specific news. *Review of Financial Studies* 32, 992-1033.

Brabham, D., K. Ribisl, T. Kirchner, Bernhardt, 2014, Crowdsourcing applications for public health. *American Journal of Preventive Medicine* 46, 179-187.

Bradley, D., D. Finer, M. Gustafson, and J. Williams, 2020, When banks go to hail: insights into Feb-Bank interactions from taxi data. Available at *SSRN*: https://papers.ssrn.com/sol3/papers.cfm?abstract_id=3141240.

Brown, G., and M. Cliff, 2005, Investor sentiment and asset valuation. *Journal of Business* 78, 405-440.

Brown, R., 2011, Incorporating news into algorithmic trading strategies: increasing the signal-to-noise ratio. In C. Mitra and L. Mitra (eds.) *The Handbook of News Analytics in Finance*. Wiley.

Bushee, B., J. Core, W. Guay, and S. Hamm, 2010, The role of the business press as an information intermediary. *Journal of Accounting Research* 48, 1-19

Buettner, R., 2015, A systematic literature review of crowdsourcing research from a human resource management perspective. 48th *Annual Hawaii International Conference on System Sciences*. Kauai, Hawaii: IEEE, 4609-4618.

Burke, C., 2018, Inside information from the Fed? follow that cab. Available at: www.chicagobooth.edu/review/inside-information-fed-follow-cab.

Button, S. , 2019, Freight trading with MarineTraffic. Available at *MarineTraffic*: www.marinetraffic.com/blog/freight-trading-with-marinetraffic.

Cao, M., and J. Wei, 2005, Stock market returns: A note on temperature anomaly. *Journal of*

Banking & Finance 29, 1559-1573.

Cao, S., J. Wei, J. Wang, and B. Yang, 2021, From man vs. machine to man+machine: the art and AI of stock analyses. Available at *NBER*: www.nber.org/system/files/working_papers/w28800/w28800.pdf.

CB Insights, 2016, Foursquare wants to be the Nielson of measuring the real world. *CB Insight Research Briefs* (8 June 2016). Available at: www.cbinsights.com/research/alternative-data-future-of-investing.

Cerulli and UN PRI, 2019, *Survey: Responsible Investment in Hedge Funds: The Growing Importance of Impact and Legacy*. Available at: https://info.cerulli.com/Cerulli-ESG-2017.html.

Chemmanur, T., and A. Yan, 2019, Advertising, attention, and stock returns. *Quarterly Journal of Finance* 7. Available at *SSRN*: https://papers.ssrn.com/sol3/papers.cfm?abstract_id=1572176.

Chen, H., P. De, Y. Hu, and B. Hwang, 2014, Wisdom of crowds: the value of stock opinions transmitted through social media. *Review of Financial Studies* 27, 1367-1403.

Chi, F., B. Hwang, and Y. Zheng, 2021, The use and usefulness of big data in finance: evidence from financial analyses. Available at: www.bhwang.com/pdf/14_big-data.pdf.

Christen, P., 2012, Data matching: concepts and techniques for record linkage, entity resolution, and duplicate detection. In M. Carey and S. Ceri (eds.) *Data-Centric Systems and Applications*. Springer.

Cieslak, A., A. Morse, and A. Vissing-Jorgensen, 2019, Stock returns over the FOMC cycle. *Journal of Finance* 74, 2201-2248.

Clark, I., and S. Amen, 2017, Implied distributions from GBPUSD risk-reversals and implication for Brexit scenarios. *Risks* 5, 35.

Climate Disclosures Standards Board (CDSB), 2018, *Position Paper: Materiality and Climate-Related Financial Disclosures*. Available at: www.jstor.org/stable/pdf/resrep16312.pdf?refreqid=excelsior%3Aa11cb36b6b3b75f6f86c636e15407fe1.

Cobb, J., 2018, People counting & customer tracking: counters vs Wi-fi vs apps. Available at *Crowd connected*: www.crowdconnected.com/blog/people-counting-customer-trackingcounters-vs-wifi-vs-apps.

Coleman, J., 1988, Social capital in the creation of human capital. *American Journal of Sociology* 94, S95-S120.

Colwell, R., 1956, Determining the prevalence of certain cereal crop diseases by means of aerial photography. *Hilgardia* 26, 223-286.

Cong, L., P. Foroughi, and N. Malenko, 2019, A Textual Factor Approach to Measuring Corporate Governance. Unpublished Working Paper.

Cong, L., T. Liang, and X. Zhang, 2019, Textual Factors: A Scalable, Interpretable, and Data-driven Approach to Analyzing Unstructured Information. Available at *SSRN*: https://papers.ssrn.com/sol3/papers.cfm?abstract_id=3307057.

Costinot, A., D. Donaldson, and C. Smith, 2016, Evolving comparative advantage and the impact of climate change in agricultural markets: evidence from 1.7 million fields around the world. *Journal of Political Economy* 124, 205-248.

Cowles, A., 1933, Can stock market forecasters forecast? *Econometrica* 1, 309-324.

Cox, M., and D. Ellsworth, 1997, Application-controlled demand paging for out-of-core visualization. The 8th *Conference on Visualization'97*. IEEE Press.

Coyle, K., L. Kim and S. O'Brien, 2021, Findings from the diary of consumer payment choice. *Cash Product Office of Federal Reserve System.* Available at: www.frbsf.org/cash/files/2021-findings-from-the-diary-of-consumer-payment-choice-may2021.pdf.

Curme, C., T. Preis, E. Stanley, and S. Moat, 2014, Quantifying the semantics of search behavior before stock market moves. *Proceedings of the National Academy of Sciences* 111, 11600-11605.

Da, Z., J. Engelberg, and P. Gao, 2011, In search of attention. *Journal of Finance* 66, 1461-1497.

Da, Z., J. Engelberg, and P. Gao, 2014, The sum of all FEARS investor sentiment and asset prices. *Review of Financial Studies* 28, 1-32.

Dannemiller, D., and R. Kataria, 2017, *Alternative Data for Investment Decisions: Today's Innovation Could Be Tomorrow's Requirement*. Deloitte Center for Financial Services.

Das, S., and M. Chen, 2007, Yahoo! for Amazon: sentiment extraction from small talk on the web. *Management Science* 53, 1375-1388.

DellaVigna, S., and J. Pollet, 2009, Investor inattention and Friday earnings announcements. *Journal of Finance* 64, 709-747.

Deloitte, 2020, *Maximising Data Value: A Vendor's Perspective*. Available at: https://www2.deloitte.com/uk/en/pages/financial-services/articles/maximising-data-value.html.

De Mauro, A., M. Greco, and M. Grimaldi, 2016, A formal definition of big data based on its essential features. *Library Review* 65, 122-125.

De Montjoye, Y., C. Hidalgo, M. Verleysen, and V. Blondel, 2013, Unique in the crowd: the privacy bounds of human mobility. *Scientific Reports* 3, no.1376.

DePalma, E., 2016, News and social media analytics for behavioral market mispricings. Available at: https://sanfrancisco.qwafafew.org/wp-content/uploads/sites/9/2016/07/QWAFAFEW.15Jun2016.ElijahDePalma.pdf.

Denev, A., and S. Amen, 2020, *The Book of Alternative Data*. John Wiley & Sons.

De Rossi, J. Kolodziej, and G. Brar, 2019, Big is beautiful: how email receipt data can help predict company sales. In T. Guida (ed.) *Big Data and Machine Learning in Quantitative Investment*. John Wiley & Sons.

Diebold, F., 2019, On the origin(s) and development of "big data": the phenomenon, the term and the discipline. Working Paper, University of Pennsylvania.

Dichev, I., and T. Janes, 2003, Lunar cycle effects in stock returns. *Journal of Private Equity* 6, 8-27. Available at: www.jstor.org/stable/43503349.

Dimpfl, T., and S. Jank, 2016, Can internet search queries help to predict stock market volatility? *European Financial Management* 22, 171-192.

DLA Piper, 2021, Data protection laws of the world. Available at: https://www.dlapiperdataprotection.com/system/modules/za.co.heliosdesign.dla.lotw.data_protection/functions/handbook.pdf?country-1=CN&country-2=IN.

Donaldson, D., and A. Storeygard, 2016, The view from the above: applications of satellite data in economics. *Journal of Economic Perspectives* 30, 171-198.

Doraiswamy, P., T. Sinclair, S. Hollinger, B. Akhmedov, A. Stern, and J. Prueger, 2005, Application of MODIS derived parameters for regional crop yield assessment. *Remote*

Sensing of Environment 97, 192-202.

Dougal, C., J. Engelberg, D. García, and C. Parsons, 2012, Journalists and the stock market. *Review of Financial Studies* 25, 639-677.

Douma, K., and G. Dallas, 2018, A discussion paper by global investor organisations on corporate ESG reporting. UN PRI and ICGN on *Investor Agenda For Corporate ESG Reporting*. Available at: www.unpri.org/download?ac=6181.

Drake, M., D. Roulstone, and J. Thornock, 2012, Investor information demand: evidence from Google Searches around earnings announcements. *Journal of Accounting Research* 50, 1001-1040.

Drake, M., D. Roulstone, and J. Thornock, 2015, The determinants and consequences of information acquisition via EDGAR. *Contemporary Accounting Research* 32, 1128-1161.

Drake, M., D. Roulstone, and J. Thornock, 2017. The comovement of investor attention. *Management Science* 63, 2847-2867.

Du, K., S. Huddart, L. Xue and Y. Zhang, 2020, Using a hidden Markov model to measure earning quality. *Journal of Accounting and Economics* 69, 1-26.

Duan, W., B. Gu, and A. Whinston, 2008, Do online reviews matter? an empirical investigation of panel data. *Decision Support System* 45, 1007-1016.

Dye, R., 1985, Disclosure of nonproprietary information. *Journal of Accounting Research* 23, 123-145.

Eagle Alpha, 2018, *Alternative Data Use Cases* (Edition 6). Available at: https://s3-eu-west-1.amazonaws.com/ea-pdf-items/Alternative+Data+Use+Cases_Edition6.pdf.

Edmans, A., 2011, Does the stock market fully value intangibles? employee satisfaction and equity prices. *Journal of Financial Economics* 101, 621-640.

Eccles, R., I. Ioannou, and G. Serafein, 2014, The impact of corporate sustainability on organizational processes and performance. *Management Science* 60, 2381-2617.

Economist, 2017, The word's most valuable resource is no longer oil, but data. (6 May, 2017)

Edmans, A., D. García, and Ø. Norli, 2007, Sports sentiment and stock returns. *Journal of Finance* 62, 1967-1998.

Ekster, G., 2014, Finding and using unique datasets by hedge funds. *Hedgeweek* (11 March

2014). Available at: www.hedgeweek.com/2014/11/03/212370/finding-and-using-unique-datasets-hedge-funds.

Ekster, G., and P. Kolm, 2020, Alternative data in investment management: usage, challenge and valuation. Available at *SSRN*: https://papers.ssrn.com/sol3/papers.cfm?abstract_id=3715828.

ElBahrawy, A., L. Alessandretti, and A. Baronchelli, 2019, Wikipedia and digital currencies: interplay between collective attention and market performance. *Front. Blockchain*, 07. Available at: www.frontiersin.org/articles/8.3389/fbloc.2017.00012/full.

Elkington, J., 1997, *Cannibals with Forks: the Triple Bottom Line of 21st Century Business*. Capstone Publishing.

Engelberg, J., and C. Parsons, 2011, The causal impact of media in financial markets. *Journal of Finance* 66, 67-97.

Engelberg, J., C. Sasseville, and J. Williams, 2012, Market madness? The case of Mad Money. *Management Science* 58, 351-364.

ESMA, EBA, and EIOPA, 2020, *Joint Consultation Paper: ESG Disclosure*. Available at: www.esma.europa.eu/sites/default/files/jc_2020_16_-_joint_consultation_paper_on_esg_disclosures.pdf.

Eurekahedge, 2017, *Artificial Intelligence: The New Frontier for Hedge Funds*. Available at: www.simplexasset.com/en/doc/news2017Jan20.pdf.

Evans, J., and P. Aceves, 2016, Machine translation: mining text for social theory. *Annual Review of Sociology* 42, 21-50.

Fama, E., 1970, Efficient capital market: a review of theory and empirical work. *Journal of Finance* 25, 383-417.

Fang, L., and J. Peress, 2009, Media coverage and the cross-section of stock returns. *Journal of Finance* 64, 2023-2052.

Faulkner, J., 2017, Secret formula: sequencing the genome of data scientists. *WatersTechnology* (31 July 2017). Available at: www.waterstechnology.com/organization-management/3398351/secret-formula-sequencing-the-genome-of-data-scientists.

Fedyk, A., 2018, Front page news: the effect of news positioning on financial markets. Available at: https://scholar.harvard.edu/files/fedyk/files/afedyk_frontpagenews.pdf.

Ferencz, C., P. Bognár, J. Lichtenberger, D. Hamar, Gy. Tarcsai, G. Timár, G. Molnár, S. Pásztor, P. Steinbach, B. Székely, O. E. Ferencz, and I. Ferencz-Árkos, 2004, Crop yield estimation by satellite remote sensing. *International Journal of Remote Sensing* 25, 4113-4149.

Ferreira, E., and S. Smith, 2003, 'Wall $treet Week': information or entertainment? *Financial Analysts Journal* 59, 45-53.

Finer, D., 2018, What insights do Taxi rides offer into Federal Reserve leakage. Available at *SSRN*: https://papers.ssrn.com/sol3/papers.cfm?abstract_id=3163211.

Firzli, M., 2017, G20 nations shifting the trillions: impact investing, green infrastructure and inclusive growth. *Analyse Financière* 64, 15-17.

Focke, F., A. Niessen-Ruenzi, and S. Ruenzi, 2016, A friendly turn: advertising bias in the news media. Available at *SSRN*: https://papers.ssrn.com/sol3/papers.cfm?abstract_id=2741613.

Focke, F., S. Ruenzi, and M. Ungeheuer, 2020, Advertising, attention, and financial markets. *Review of Financial Studies* 33, 4676-4720.

Fodor, A., K. Krieger and J. Doran, 2011, Do option open-interest changes foreshadow future equity returns? *Financial Market and Portfolio Management* 25, 265.

Fortado, L., R. Wigglesworth, and K. Scannell, 2017, Hedge funds see a gold rush in data mining. *Financial Times* (29 August 2017). Available at: www.ft.com/content/d86ad460-8802-11e7-bf50-e1c239b45787.

Foxman, S., and T. Hall, 2017, Acadian to use Microsoft's big data technology to help make bets. *Bloomberg Quint* (7 March 2017). Available at: www.bloombergquint.com/technology/acadian-to-use-microsoft-s-big-data-technology-to-help-make-bets.

Franklin Templeton, 2020, *"Build Back Better": COVID-19 Brings the"S"From ESG Into Focus*. Available at: www.franklintempleton.com/investor/article?contentPath=html/ftthinks/en-us-retail/blogs/build-back-better-esg-focus.html.

Friede, G., T. Busch and A. Bassen, 2015, ESG and financial performance: aggregated evidence from more than 2,000 empirical studies. *Journal of Sustainable Finance & Investment* 5, 210-233.

Friedman, M., and R. Friedman, 1980, *Free to Choose: A Personal Statement*. Harcout.

Gabrovšek, P., D. Aleksovski, I. Mozetič, and M. Grčar, 2017, Twitter sentiment around the earnings announcement events. *PLoS ONE* 12, 1-21.

Gaines-Ross, L., 2010, Reputation warfare. *Harvard Business Review* 88, 70-76.

García, D., 2013, *Sentiment during recessions*. Journal of Finance 68, 1267-1300.

Gault, R., 1907, A History of the questionnaire method of research in psychology. *Pedagogical Seminary* 14, 366-383.

Gentzkow, M., B. Kelly, and M. Taddy, 2019, Text as data. *Journal of Economic Literature* 57, 535-574.

Gerde, J., 2003, EDGAR-Analyzer: automating the analysis of corporate data contained by the SEC's EDGAR database. *Decision Support Systems* 35, 7-27.

Gerdes, G., C. Greene, and X. Liu, 2018, The Federal Reserve payment study annual supplement. Available at: www.federalreserve.gov/newsevents/pressreleases/files/2018-payment-systems-study-annual-supplement-20181220.pdf.

Gervais, S., R. Kaniel, and D. Mingelgrin, 2001, The high-volume return premium. *Journal of Finance* 56, 877-917.

Gibson, R., P. Krueger, and P. Schmidt, 2021, ESG rating disagreement and stock return. Available at *SSRN*: https://papers.ssrn.com/sol3/papers.cfm?abstract_id=3433728.

Giese, G., L. Lee, D. Melas, Z. Nagy, and L. Nishikawa, 2018, Integrating ESG into factor strategies and active portfolios (Part 4 of *MSCI Foundations of ESG Investing*). Available at: www.longfinance.net/media/documents/Research_Insight_Foundations_of_ESG_Investing_Part_4.pdf.

Giese, G., L. Lee, D. Melas, Z. Nagy, and L. Nishikawa, 2019a, How ESG affects equity valuation, risk and performance (Part 1 of *MSCI Foundations of ESG Investing*). *Journal of Portfolio Management* 45, 698-783.

Giese, G., L. Lee, D. Melas, Z. Nagy, and L. Nishikawa, 2019b, Consistent ESG through ESG benchmarks (Part 2 of *MSCI Foundations of ESG Investing*). *Journal of Index Investing* 10, 24-42.

Giese, G., L. Lee, D. Melas, Z. Nagy, and L. Nishikawa, 2019c, Performance and risk analysis of index-based ESG portfolio (Part 3 of *MSCI Foundations of ESG Investing*). *Journal of Index Investing* 9, 46-57.

Global Impact Investing Network (GIIN), 2017, *Annual Impact Investor Survey*. Available at: https://web.archive.org/web/20170708185027, https://thegiin.org/assets/GIIN_AnnualImpactInvestorSurvey_2017_Web_Final.pdf.

Global Sustainable Investment Alliance (GSIA), 2017, *2016 Global Sustainable Investment Review*. Available at: http://www.gsi-alliance.org/wp-content/uploads/2017/03/GSIR_Review2016.F.pdf.

Global Sustainable Investment Alliance (GSIA), 2019, *2018 Global Sustainable Investment Review*. Available at: http://www.gsi-alliance.org/trends-report-2018/.

Goldstein, I., C. Spatt, and M. Ye, 2021, Big data in finance. *Review of Financial Studies* 34, 3213-3225.

Grant, G. and S. Conlon, 2006, EDGAR extraction system: an approach to analyze employee stock option disclosures. *Journal of Information Systems* 20, 119-142.

Gray, H., 1983, *New Directions in the Investment and Control of Pension Funds*. Investor Responsibility Research Center.

Greenwich Associates, 2018, *Alternative Data Going Mainstream* (6 December 2018). Available at: www.greenwich.com/blog/alternative-data-going-mainstream.

Graham, J., C. Harvey, and M. Puri, 2016, A corporate beauty contest. *Management Science* 63, 3044-3056.

Grimmer, J., and B. Stewart, 2013, Text as data: The promise and pitfalls of automatic content analysis methods for political texts. *Political analysis* 21, 267-297.

Groß-Klußmann, A. and N. Hautsch, 2011, When machines read the news: using automated text analytics to quantify high frequency news-implied market reactions. *Journal of Empirical Finance* 18, 321-340.

Grudén, M., and T. Griffin, 2010, The history of Great Place to Work. Available at: www.mynewsdesk.com/se/greatplacetowork/news/the-history-of-great-place-to-work-7426.

Grullon, G., G. Kanatas, and J. Weston, 2004, Advertising, breadth of ownership, and liquidity. *Review of Financial Studies* 17, 439-461.

Gu, B., P. Konana, B. Rajagopalan, and H.Chen, 2007, Competition among virtual communities and user valuation: the case of investing-related communities. *Information System Research* 18, 68-85.

Hadlock, C. and J. Pierce, 2010, New evidence on measuring financial constraints: moving beyond the KZ index. *Review of Financial Studies* 23, 1909-1940.

Hamid, A., and M. Heiden, 2015, Forecasting volatility with empirical similarity and google trends. *Journal of Economic Behavior & Organization* 117 , 62-81.

Han, J., M. Kamber, and J. Pei, 2011, *Data Mining: Concepts and Techniques* (3rd edition). Morgan Kaufman.

Hanley, K., and G. Hoberg, 2010, The information content of IPO prospectuses. *Review of Financial Studies* 23, 2821-2864.

Hanley, K., and G. Hoberg, 2019, Dynamic interpretation of emerging risks in the financial sector. *Review of Financial Studies* 32, 4543-4603.

Harford, T., 2019, 'The devil's excrement': how did oil become so important?. Available at *BBC*: www.bbc.com/news/business-49499443.

Hart, B., 2014, Flight radar shows planes avoiding Ukraine in aftermath of Malaysia airlines crash. *Huffington Post*.

Hawkins, D., 1980, *Identification of Outliers*. Springer.

He, X., H. Yin, Y. Zeng, H. Zhang, and H. Zhao, 2019, Facial structure and achievement drive: evidence from financial analysts. *Journal of Accounting Research* 57, 1013-1057.

Healy, A., and A. Lo, 2011, Managing real-time risks and returns: the Thomson Reuters NewsScope Event Indices. In C. Mitra and L. Mitra (eds.) *The Handbook of News Analytics in Finance*. Wiley.

Heckman, J., E. Peters, N. Kurup, E. Boehmer, and M. Davaloo, 2015, A pricing model for data markets. *iConference 2015 Proceedings*.

Helm, B., 2020, Credit card companies are tracking shoppers like never before: inside the next phase of surveillance capitalism. *Fast Company* (12 May 2020). Available at: www.fastcompany.com/90490923/credit-card-companies-are-tracking-shoppers-like-never-before-inside-the-next-phase-of-surveillance-capitalism.

Henry, E., 2008, Are investors influenced by how earnings press release are written? *Journal of Business Communication* 45, 363-407.

Henry, P., and D. Dannemiller, 2018, *Alternative Data Adoption in Investing and Finance*. Available at: https://www2.deloitte.com/us/en/pages/financial-services/articles/infocus-adopting-alternative-data-investing.html.

Heston, S., and R. Sadka, 2008, Seasonality in the cross-section of stock returns. *Journal of Financial Economics* 87, 418-445.

Heston, S., and N. Sinha, 2017, News vs. sentiment: predicting stock returns from news stories. *Financial Analyst Journal* 73, 67-83.

Hirshleifer, D., S. Lim, and S. Teoh, 2009, Driven to distraction: extraneous events and underreaction to earnings news. *Journal of Finance* 64, 2289-2325.

Hirshleifer, D., and T. Shumway, 2003, Good day sunshine: stock returns and the weather. *Journal of Finance* 58, 1009-1032.

Hirshleifer, D., and S. Teoh, 2003, Limited attention, information disclosure, and financial reporting. *Journal of Accounting and Economics* 36, 337-386.

Hope, B., 2015, Provider of personal finance tools tracks bank cards, sells data to investors: Yodlee's side business show escalation in race among investor trying to turn data into profits. *The Wall Street Journal* (7 August 2015, Eastern Edition). Available at: www.wsj.com/articles/provider-of-personal-finance-tools-tracks-bank-cards-sells-data-to-investors-1438914620.

Hope, B., 2016, Tiny satellites: the latest innovation hedge funds are using to get a leg up. *The Wall Street Journal* (14 August 2016). Available at: www.wsj.com/articles/satellites-hedge-funds-eye-in-the-sky-1471207062.

Hou, K., W. Xiong, and L. Peng, 2009, A tale of two anomalies: The implications of investor attention for price and earnings momentum. Available at *SSRN*: https://papers.ssrn.com/sol3/papers.cfm?abstract_id=976394.

Howard, T., 2016, Why most mutual funds underperform and how to find ones that don't. *Forbes* (6 February 2016). Available at: www.forbes.com/sites/trangho/2016/02/06/why-most-mutual-funds-underperform-and-how-to-find-ones-that-dont/#3a9297cd7491.

Howe, J., 2006, The rise of crowdsourcing. Available at *Wired*: www.wired.com/2006/06/crowds/.

Huang, A., R. Lehavy, A. Zang, and R. Zheng, 2017, Analyst information discovery and interpretation roles: A topic modeling approach. *Management Science* 64, 2833-2855.

Huang, A., A. Zang, and R. Zheng, 2014, Evidence on the information content of text in analyst reports. *Accounting Review* 89, 2151-2180.

Huang, J., 2018. The customer knows best: the investment value of consumer opinions. *Journal of Financial Economic* 128, 164-182.

Huang, X., Z. Ivkovic, J. Jiang, and I. Wang, 2018, Swimming with the sharks: entrepreneurial investing decisions and first impression. Available at: https://web.stanford.edu/~rkatila/new/pdf/Katilasharks.pdf.

Huang, Y., H. Qiu, and Z. Wu, 2016, Local bias in investor attention: evidence from China's Internet stock message boards. *Journal of Empirical Finance* 38, 338-354.

Huber, P., 1974, *Robust Statistics*. Wiley.

Huberman, G., and T. Regev, 2001, Contagious speculation and a cure for cancer: a nonevent that made stock prices soar. *Journal of Finance* 56, 387-396.

IHS Markit, 2019, *Commodities at Sea: Crude Oil*. Available at: https://cdn.ihs.com/www/pdf/0319/CommoditiesAtSeaCrude-Brochure.pdf.

Ilut, C. L. and M. Schneider, 2014, Ambiguous business cycles. *American Economic Review* 104, 2368-2399.

Impact Investing Policy Collaborative (IIPC), 2013, Lessons learned from microfinance for the impact investing sector. Available at: https://web.archive.org/web/20131217035745/http://iipcollaborative.org/article/lessons-learned-from-microfinance-for-the-impact-investing-sector/.

In, S., D. Rook, and A. Monk, 2019, Integrating alternative data (also known as ESG data) in investment decision making. Stanford University Working Paper. Available at *SSRN*: https://papers.ssrn.com/sol3/papers.cfm?abstract_id=3380835.

International Organization of Securities Commission (IOSCO), 2020, *Sustainable Finance and the Role of Securities Regulators and IOSCO*: Final Report. Available at: www.iosco.org/

library/pubdocs/pdf/IOSCOPD652.pdf.

Invesco, 2020, *Covid-19: Why the"S"in ESG Matters*. Available at: https://blog.invesco.ca/covid-19-s-esg-matters/.

Investment Company Institute (ICI), 2020, *Funds' Use of ESG Integration and Sustainable Investing Strategies: An Introduction*. Available at *ICI*: www.ici.org/pdf/20_ppr_esg_integration.pdf.

Jagtiani, J., and C. Lemieux, 2019, The roles of alternative data and machine learning in fintech lending: evidence from the LendingClub Consume Platform. *Financial Management* 48, 1009-1027.

Jame, R., R. Johnston, S. Markov, M. Wolfe, 2016, The value of crowdsourced earnings forecasts. *Journal of Accounting Research* 54, 1077-118.

James, G, D. Witten, T. Hastie, and R. Tibshirani, 2013, *An Introduction to Statistical Learning*. Springer.

Jaquez, C., 2020, Mastercard spending pulse: estimated $53billion in additional US commerce sales as a pandemic drives consumers online in April and May. *Mastercard Newsroom* (10 June 2020). Available at: www.mastercard.com/news/press/press-releases/2020/june/mastercard-spendingpulse-estimated-53-billion-in-additional-us-e-commerce-sales-as-pandemic-drives-consumers-online-in-april-and-may.

Jeffries, A., 2017, J. C. Penny's troubles are reflected in satellite images of its parking lot. *The Outline* (28 February 2017). Available at: https://theoutline.com/post/1169/jc-penney-satellite-imaging.

Jegadeesh, N., and D. Wu, 2017, Deciphering fedspeak: The information content of FOMC meetings. Working Paper.

Jha, V., 2019a, Implementing alternative data in an investment process. In T. Guida (ed.) *Big Data and Machine Learning in Quantitative Investment*. John Wiley & Sons.

Jia, Y., L. Van Lent, and Y. Zeng, 2014, Masculinity, testosterone, and financial misreporting. *Journal of Accounting Research* 52, 1195-1246.

Jones, C., and C. Tonetti, 2019, Nonrivalry and the economics of data. Available at *NBER*: www.nber.org/papers/w26260.

Joseph, K., B. Wintoki, and Z. Zhang, 2011, Forecasting abnormal stock returns and trading volume using investor sentiment: evidence from online search. *International Journal of Forecasting* 27, 1116-1127.

JP Morgan, 2016, *ESG Investing: A Quantitative Perspective on How ESG Can Enhance Your Portfolio*. Available at: https://yoursri.be/media-new/download/jpm-esg-how-esg-can-enhance-your-portfolio.pdf.

Jung, M., Naughton, J., Tahoun, A., and Wang, C., 2015, Corporate Use of Social Media. Available at: www.rhsmith.umd.edu/files/JungMichael.pdf.

Kahneman, D., 1973, *Attention and Effort* (Vol. 1063). Prentice-Hall.

Kamel, T., 2016, Alternative data—the developing trend in financial data. *Quandl Blog* (12 April 2016). Available at: https://blog.quandl.com/alternative-data.

Kamel, T., 2018, Corporate aviation intelligence: the sky's the limit. *Quandl Blog* (24 April, 2016). Available at: https://blog.quandl.com/corporate-aviation-intelligence.

Kang, J., L. Stice-Lawrence, and Y. Wong, 2021, The firm next door: using satellite images to study local information advantage. *Journal of Accounting Research* 59, 713-750.

Kaniel, R., G. Saar, and S. Titman, 2008, Individual investor trading and stock returns. *Journal of Finance* 63, 273-338.

Kaplanski, G., and H. Levy, 2010, Sentiment and stock prices: The case of aviation disasters. *Journal of Financial Economics* 95, 174-201.

Karabulut, Y., 2013, Can Facebook predict stock market activity? Available at *SSRN*: https://papers.ssrn.com/sol3/papers.cfm?abstract_id=2017099.

Karniouchina, E., W. Moore, and K. Cooney, 2009, Impact of mad money stock recommendations: merging financial and marketing perspectives. *Journal of Marketing* 73, 244-266.

Katona, Z., M. Painter, P. Patatoukas, and J. Zeng, 2021, On the capital market consequences of alternative data: evidence from outer space. Available at *SSRN*: https://papers.ssrn.com/sol3/papers.cfm?abstract_id=3222741.

Kehoe, J., 2017, Millennials to drive huge passive funds management switch, threatening jobs. *Financial Review* (17 May 2017). Available at: http://www.afr.com/personal-finance/

managed-funds/millennials-to-drive-huge-passive-funds management-switch-threatening-jobs-20170516-gw6eqr.

Khan, M., G. Serafeim and A. Yoon, 2017, Corporate sustainability: first Evidence on materiality. Available at *SSRN*: https://papers.ssrn.com/sol3/papers.cfm?abstract_id=2575912.

Khan, M., G. Serafeim and A. Yoon, 2015, Corporate sustainability: first evidence on materiality. *Harvard Business School Working Paper* 15-073. Available at: https://dash.harvard.edu/bitstream/handle/1/14369106/15-073.pdf.

Khandani, A., and A. Lo, 2011, What happened to the quants in August 2007? Evidence from factors and transaction data. *Journal of Financial Market* 14, 1-46.

Kitchin, R., 2015, Big data and official statistics: opportunities, challenge and risks. *Statistical Journal of IAOS* 31, 471-481.

Kitchin, R., and G. McArdle, 2016, What makes big data, big data? Exploring the ontological characteristics of 26 datasets. *Big Data & Society*, January-June: 1-8.

Klemola A., J. Nikkinen, and J. Peltomäki, 2016, Changes in investors' market attention and near-term stock market returns. *Journal of Behavioral Finance* 17, 18-30.

Kofman, P., and I. Sharpe, 2003, Using multiple imputation in the analysis of incomplete observations in finance. *Journal of Financial Econometrics* 1, 216-247.

Kolanovic, M., and R. Krishnamachari, 2017, *Big Data and AI Strategies: Machine Learning and Alternative Data Approach to Investing*. JP Morgan Report.

Koller, D., and N. Friedman, 2009, *Probabilistic Graphical Model: Principles and Concepts*. MIT Press.

Komissarov, V., 2019, An applications for satellite imagery and satellite data. Available at *EMERJ*: https://emerj.com/ai-sector-overviews/ai-applications-for-satellite-imagery-and-data.

Kommel, K., M. Sillasoo, and Á. Lublóy, 2019, Could crowdsourced financial analysis replace the equity research by investment banks? *Finance Research Letter* 29, 280-284.

Kristoufek, L., 2013, BitCoin meets Google Trends and Wikipedia: quantifying the relationship between phenomena of the Internet era. *Scientific Reports* 3, no. 3415.

Krivelyova, A., and C. Robotti, 2003, Playing the field: geomagnetic storms and the stock market. *Federal Reserve Bank of Atlanta* Working Paper. Available at: https://papers.ssrn.com/sol3/papers.cfm?abstract_id=375702.

Kumar, A., and C. Lee, 2006, Retail investor sentiment and return comovements. *Journal of Finance* 61, 2451-2486.

Kumar, R., T. Makatabi, and S. O'Brien, 2018, Findings from the diary of consumer payment choice. *Cash Product Office of Federal Reserve System*. Available at: www.frbsf.org/cash/files/federal-reserve-cpo-2018-diary-of-consumer-payment-choice-110118.pdf.

Kumar, R. and L. Silva, 1973, Light ray tracing through a leaf cross section. *Applied Optics* 12, 2950-2954.

Landro, A., 2017, 5Web Technology Predictions for 2017. *Sencha*, 13 December 2016. Available at: www.sencha.com/blog/5-web-technology-predictions-for-2017.

Laney, D., 2001, 3D data management: controlling data volume, velocity and variety. *Meta Group Research Note* 6. Available at: http://blogs.gartner.com/doug-laney/files/2012/01/ad949-3D-Data-Management-Controlling-Data-Volume-Velocity-and-Variety.pdf.

Laney, D., 2018, *Infonomics: How to Monetize, Manage, and Measure Information As an Asset for Competitive Advantage*. Gartner.

LaPlanter, A. and T. Coleman, 2017, Teaching computers to understand human language: How NLP is reshaping the world of finance. Available at *Global Risk Institute*: https://globalriskinstitute.org/publications/natural-language-processing-reshaping-world-finance/.

Lassen, N., R. Madsen, and R. Vatrapu, 2014, Predicting iPhone sales from iPhone tweets. IEEE 18th *International Enterprise Distributed Object Computing Conference*.

Lerman, A., 2020, Individual investors' attention to accounting information: Evidence from online financial communities. *Contemporary Accounting Research* 37, 2020-2057.

Lee, C., P. Ma, and C. Wang, 2015, Search-based peer firms: aggregating investor perceptions through internet co-searches. *Journal of Financial Economics* 116, 410-431.

Lee, F., A. Hutton, and S. Shu, 2015, The role of social media in the capital market: evidence from consumer product recalls. *Journal of Accounting Research* 53, 367-404.

Lee, M., and M. Serota, 2017, *How Will You Embrace Innovation to Illuminate Competitive*

Advantages? 2017 Global Hedge Fund and Investor Survey. EY Report. Available at https://eyfinancialservicesthoughtgallery.ie/wp-content/uploads/2017/12/ey-how-will-you-embrace-innovation.pdf.

Levering, R., M. Moskowitz, and M. Katz, 1984, *The 100 Best Companies to Work for in America*. Addison-Wesley, Reading.

Levering, R., and M. Moskowitz, 1998, The 100 best companies to work for. Available at *Fortune*: https://archive.fortune.com/magazines/fortune/fortune_archive/1998/01/12/236444/index.htm.

Li, A., S. Liang, A. Wang, and J. Qin, (LLWQ), 2007, Estimating crop yield from multitemporal satellite data using multivariate regression and neural network techniques. *Photogrammetric Engineering & Remote Sensing* 73, 1149-1157.

Li, F., 2010, Textual analysis of corporate disclosures: a survey of the literature. *Journal of Accounting Literature* 29, 143-165.

Li, J., and J. Yu, 2012, Investor attention, psychological anchors, and stock return predictability. *Journal of Financial Economics* 104, 401-419.

Li, P., E. Stuart, and D. Allison, 2015, Multiple imputation: a flexible tool for handing missing data. *Journal of the American Medical Association* 314, 1966-1967.

Li, O., T. Adali, and V. Calhoun, (LAC), 2007, A multivariate model for comparison of two datasets and its application to FMRI analysis. *IEEE Workshop on Machine Learning for Signal Processing*, 217-222.

Liang, B., 1999, Price pressure: evidence from the "dartboard" column. *Journal of Business* 72, 119-134.

Lim, B., and J. Rosario, 2010, The performance and impact of stock picks mentioned on 'Mad Money'. *Applied Financial Economics* 20, 1113-1124.

Lipuš, R., and D. Smith, 2019, Taming big data. In T. Guida (ed.) *Big Data and Machine Learning in Quantitative Investment*. John Wiley & Sons.

Little, R., and D. Rubin, 2017, *Statistical Analysis with Missing Data* (3rd edition). John Wiley & Sons.

Liu, B. and J. McConnell, 2013, The role of the media in corporate governance: do the media influence managers' capital allocation decisions? *Journal of Financial Economics* 110, 1-17.

Liu, J., 2021, ESG investing comes of age: how religious conviction and changing public sentiment led to the rise of investing for values and what companies have done to keep up. Available at *Morningstar*: www.morningstar.com/features/esg-investing-history.

Lo, A., and J. Hasanhodzic, 2010, *The Evolution of Technical Analysis: Financial Prediction from Babylonian Tablets to Bloomberg Terminals*. Bloomberg Press.

Loh, R., 2010, Investor inattention and the under reaction to stock recommendations. *Financial Management* 39, 1223-1252.

Lou, D., 2014, Attracting investor attention through advertising. *Review of Financial Studies* 27, 1797-1827.

Loughran, T, and B. McDonald, 2011, When is a liability not a liability? Textual analysis, dictionaries, and 10-Ks. *Journal of Finance* 66, 35-65.

Loughran, T. and B. Mcdonald, 2016, Textual analysis in accounting and finance: a survey. *Journal of Accounting Research* 54, 1187-1230.

Lucking-Reiley, D., 2000, Vickrey auctions in practice: from nineteenth-century philately to twenty-first-century e-commerce. *Journal of Economic Perspectives* 14, 183-192.

Ma, B., L. Dwyer, C. Costa, E. Cober, and M. Morrison, 2001, Early prediction of soybean yield from canopy reflectance measurements. *Agronomy Journal* 93, 1227-1234.

MacKintosh J., 2018, Is Tesla or Exxon more sustainable? It depends whom you ask. *Wall Street Journal* (17 September, 2018). Available at: www.wsj.com/articles/is-tesla-or-exxon-more-sustainable-it-depends-whom-you-ask-1537199931.

Maher, M., and T. Andersson, 2000, Corporate governance: effects on firm performance and economic growth. Available at *SSRN*: https://papers.ssrn.com/sol3/papers.cfm?abstract_id=218490.

Markowitz, H., 1952, Portfolio selection. *Journal of Finance* 7, 77-91.

Matheson, R., 2018, Measuring the economy with location data. *MIT News* (27 March 2018). Available at: https://news.mit.edu/2018/startup-thasos-group-measuring-economy-smartphone-location-data-0328.

Marenzi, O., 2017, Alternative data: the frontier in asset management. *Opimas Report* (31

March, 2017). Available at: http://www.opimas.com/research/217/detail.

Mattison, R., 2020, *The Big Picture on Climate Risk*. Available at: www.spglobal.com/en/research-insights/featured/the-big-picture-on-climate-risk.

Mayer, E., 2021, Advertising, investor attention, and stock prices: evidence from a natural experiment. *Financial Management* 50, 281-314.

McPartland, L., 2017, *Alternative Data for Alpha*. Greenwich Associates Report. Available at: www.greenwich.com/equities/alternative-data-alpha.

McPartland, K., and D. Connell, 2017, *Putting Alternative Data to Use in Financial Markets*. Greenwich Associates Report.

Metcalf, G., and B. Malkiel, 1994, The Wall Street Journal contests: the experts, the darts, and the efficient market hypothesis. *Applied Financial Economics* 4, 371-374.

Merton, R., 1987, A simple model of capital market equilibrium with incomplete information. *Journal of Finance* 57, 1171-1200.

Meyer, L., 2004, *A Term at the Fed*. Harper-Collins Publishers.

Miller, R., 2014, Big data curation. In 20th *International Conference on Management of Data* (COMAD).

Mitra, L. and G. Mitra, 2011, Applications of news analytics in finance: a review. In L. Mitra and G. Mitra (eds.) *The Handbook of News Analytics in Finance*, 1-37. Wiley Finance.

Mitra, G., D. di Bartolomeo, A. Banerjee and X. Yu, 2015, Automated analysis of news to compute market sentiment-its impact on liquidity and trading. UK Government Office for Science. Available at *SSRN*: https://papers.ssrn.com/sol3/papers.cfm?abstract_id=2605049.

Mkhabela, M., P. Bullock, S. Raj, S. Wang, and Y. Yang, 2011, Crop yield forecasting on the Canadian Prairies using MODIS NDVI data. *Agricultural and Forest Meteorology* 151, 385-393.

Moat, H., C. Curme, A. Avakian, D. Kenett, E. Stanley, and T. Preis, 2013, Quantifying Wikipedia usage patterns before stock market moves. *Scientific Reports*. 3, no. 1801.

Moniz, A., 2019, A social media analysis of corporate culture. In T. Guida (ed.) *Big Data and Machine Learning in Quantitative Investment*. John Wiley & Sons.

Moniz, A., G. Brar, C. Davies, and A. Strudwick, 2011, The impact of news flow on asset returns: an empirical study. In C. Mitra and L. Mitra (eds.) *The Handbook of News Analytics in Finance*. Wiley.

Monk, A., M. Prins, and D. Rook, 2019, Rethinking alternative data in institutional investing, *Journal of Financial Data Science* 1, 14-31.

Monmonier, M., 2002, Aerial photography at the agricultural adjustment administration: acreage controls, conservation benefits, and overhead surveillance in the 1930s. *Photogrammetric Engineering and Remote Sensing* 76, 1257-1261.

Mooney, A., 2017, Fintech lures millennial investors away from asset managers. *Financial Times* (20 January 2017). Available at: www.ft.com/content/0bb9f8ce-d330-11e6-b06b-680c49b4b4c0.

Moore, G., 1991, *Crossing the Chasm: Marketing and Selling High-Tech Products to Mainstream Customers*. HarperBusiness Essentials.

Morgan Stanley, 2018, *Sustainable Signals: Asset Owners Embrace Sustainability*. Available at: www.morganstanley.com/assets/pdfs/sustainable-signals-asset-owners-2018-survey.pdf.

Muschalle, A., F. Stahl, A. Loser, and G. Vossen, 2012, Pricing approach for data markets. In M. Castellanos, U. Dayal and E. Rundensteiner (eds.) *Enabled Real-Time Business Intelligence*. Springer.

NASA, 2009, *First Picture from Explorer VI Satellite*. Available at: https://web.archive.org/web/20091130171224/http://grin.hq.nasa.gov/ABSTRACTS/GPN-2002-000200.html.

Nasdaq, 2019, ESG Reporting Guide 2.0: A Support Resource for Companies. Available at: www.nasdaq.com/docs/2019/11/26/2019-ESG-Reporting-Guide.pdf.

Nasseri, A., A. Tucker, S. de Cesare, 2014, Big data analysis of StockTwits to predict sentiments in the stock market. In S. Džeroski, P. Panov, D. Kocev, L. Todorovski (eds.) *Decision Science: Lecture Notes in Artificial Intelligence*. Springer International Publishing.

Nechio, F., and R. Regan, 2016, Fed communications: words and numbers. *FRBSF Economic Letter*, 2016-26.

Network of Central Banks and Supervisors for Greening the Financial System (NGFS), 2019, *A Sustainable and Responsible Investment Guide for Central Banks' Portfolio Management*. Available at: www.ngfs.net/sites/default/files/medias/documents/ngfs-a-sustainable-andresponsible-investment-guide.pdf.

Nobel Prize Organization, 2020a, The quest for the perfect auction, in the *Nobel Prize Release: The Prize in Economics Sciences 2020*. Available at: www.nobelprize.org/prizes/economic-sciences/2020/press-release.

Nobel Prize Organization, 2020b, Improvements to auction theory and inventions of new auction formats, in the *Nobel Prize Release: The Prize in Economics Sciences 2020*. Available at: www.nobelprize.org/prizes/economic-sciences/2020/press-release.

Northern Trust, 2018, *Operational Alpha™: It's All About Data*. Available at: www.northerntrust.com/ntlanding/CIS/2018/fos/images/OperationalAlpha.pdf.

Noyes, K., 2016, 5 things you need to know about data exhaust. *Computer World*.

Odean, T., 1998, Do investors trade too much? *American Economic Review* 89, 1279-1298.

Odean, T., 1999, Volume, volatility, price and profit when all traders are above average. *Journal of Finance* 53, 1887-1934.

Oey, P., 2017, Fund fees paid by investors continue to decline. *Morningstar* (23 May 2017). Available at: www.morningstar.com/articles/810017/fund-fees-paid-by-investors-continue-to-decline.

Olsen, M., and T. Fonseca, 2017, Investigating the predictive ability of AIS-data: the case of Arabian gulf tanker rates. Available at: https://openaccess.nhh.no/nhh-xmlui/bitstream/handle/11250/2454692/masterthesis.PDF?sequence=1&isAllowed=y.

Organization for Economic Cooperation and Development (OECD), 2019, *Social Impact Investment, the Impact Imperative for Sustainable Development*. Available at: https://read.oecd-ilibrary.org/development/social-impact-investment-2019_9789264311299-en#page32.

Pan, J., and A. Poteshman, 2006, The information in option volume for future stock prices. *Review of Financial Studies* 19, 871-908.

Pari, R., 1987, Wall Street week recommendations: yes or no? *Journal of Portfolio Management* 14, 74-76.

Passarella, R. 2019, If Data is the new oil—we should think about the industry as: upstream-exploration & production, mid-stream-transport & storage, & down stream-refining & the customer... this way we know where the players fit. (1 May 2019). Available at

Twitter: https://twitter.com/robpas/status/1123658427056705536?.

Peng, L., 2005, Learning with information capacity constraints. *Journal of Financial and Quantitative Analysis* 40, 307-327.

Peng, L., and W. Xiong, 2006, Investor attention, overconfidence and category learning. *Journal of Financial Economics* 80, 563-602.

Peterson, R., 2016, *Trading on Sentiment: The Power of Minds Over Markets*. John Wiley & Sons.

Poirier, R., and A. Soe, 2016, *Fleeting Alpha: Evidence From the SPIVA and Persistence Scorecard*. Available at: www.spglobal.com/spdji/en//documents/research/research-fleeting-alpha-evidence-from-the-spiva-and-persistence-scorecards.pdf.

Poirier, R., A. Soe, and H. Xie, 2017, *SPIVA ® Institutional Scorecard: How Much do Fees Affect the Active Versus Passive Debate*. Available at: www.spglobal.com/en/research-insights/articles/spiva-institutional-scorecard-how-much-do-fees-affect-the-active-versus-passive-debate.

Prasad, A., L. Chai, R. Singh, and M. Kafatos, 2006, Crop yield estimation model for Iowa using remote sensing and surface parameters. *International Journal of Applied Earth Observation and Geo-information* 8, 26-33.

Preis, T., H. Moat, and E. Stanley, 2013, Quantifying trading behavior in financial markets using Google Trends. *Scientific Reports* 3, no. 1684.

Preis, T., D. Reith, and H. Stanley, 2010, Complex dynamics of our economic life on different scales: insights from search engine query data. *Philosophical Transactions of the Royal Society of London A: Mathematical, Physical and Engineering Sciences* 368 (1933): 5707-5717.

PRI and CFA Institute, 2018, *ESG in Equity Analysis and Credit Analysis*. Available at: www.unpri.org/download?ac=4571.

Prpić, J., A. Taeihagh, J. Melton, 2015, The fundamentals of policy crowdsourcing. *Policy & Internet* 7, 340-361.

Purda, L. and D. Skillicorn, 2015, Accounting variables, deception, and a bag of words: assessing the tools of fraud detection. *Contemporary Accounting Research* 32, 1193-1223.

Quinlan, B., Y. Kwan, and H. Cheng, 2017, *Alternative Alpha: Unlocking Hidden Value in the Everyday*. Quinlan & Associate Report.

Quiñonero-Candela, J., M. Sugiyama, A. Schwaighofer and N. Lawrence, 2009, *The Dataset Shift in Machine Learning*. MIT Press.

Rana, A., and D. Sandberg, 2020, *Just the (Build)Fax: Property Intelligence from Building Permit Data*. Available at: www.spglobal.com/marketintelligence/en/news-insights/research/just-the-build-fax-property-intelligence-from-building-permit-data.

Ranco, G., D. Aleksovski, G. Caldarelli, M. Grčar, and I. Mozetič, 2015, The effects of twitter sentiment on stock price returns. *PLoS ONE* 10, e0138441.

Rasmussen, M., 1997, Operational yield forecast using AVHRR NDVI data: reduction of environmental and inter-annual variability. *International Journal of Remote Sensing* 18, 1059-1077.

Reinsel, D., J. Gantz, and J. Rydnig, 2017, Data Age 2025. IDC and Seagate Report. Available at *Seagate*: www.seagate.com/files/wwwcontent/our-story/trends/files/Seagate-WP-DataAge2025-March-2017.pdf.

Ren, J., Z. Chen, Q. Zhou, and H. Tang, 2008, Regional yield estimation for winter wheat with MODIS-NDVI data in Shandong, *China. International Journal of Applied Earth Observation and Geoinformation* 10, 403-413.

Rezvan, P., L. Katherine, and J. Simpson, 2015, The rise of multiple imputation-a review of the reporting and implementation of the method in medical research. *BMC Medical Research Methodology* 15, no. 30.

Roberts, B., 1958, *Trade Union Government and Administration in Great Britain*. Harvard University Press.

Rocher, L., J. Hendrickx, and Y. de Montjoye, 2019, Estimating the success of re-identifications in incomplete datasets using generative models. *Nature Communications* 10, no. 3067.

Rogers, E., 1962, *Diffusion of Innovations*. Free Press.

Rouse, J., R. Hass, J. Schell, and D. Deering, 1974, Monitoring vegetation systems in the Great Plains with ERTS. Available at *NASA*: https://ntrs.nasa.gov/api/citations/19740022614/

downloads/19740022614.pdf.

RS Metrics, 2018a, MetalSignals—tracking the world's "shadow" metal supply with satellite imagery. Available at *RS Metrics*: https://rsmetrics.medium.com/metalsignals-tracking-the-worlds-shadow-supply-with-satellite-imagery-f4f1c67717c8.

RS Metrics, 2018b, Generating alpha and insights from satellite imagery. Available at: http://rsmetrics.com/wp-content/uploads/2018/07/RS_Metrics_Space_Tech_Conference.pdf.

RS Metrics, 2018d, MetalSingals: monthly signals report, aluminum-Aug 2018. Available at: https://drive.google.com/file/d/19nzzFoZCMdByZ5l6oGE7_Fa5TXGdFj6h/view.

Rubin, A., and E. Rubin, 2010, Informed investors and the internet. *Journal of Business Finance & Accounting* 37, 841-865.

Russell Investments, 2018, *Materiality Matters: Targeting ESG Issues that Can Affect Performance: The Material ESG score*. Available at: https://russellinvestments.com/-/media/files/us/insights/institutions/governance/materiality-matters.pdf?la=en.

Saacks, B. (2019, March 14). Hedge funds closely watching LinkedIn lawsuit on web scraped data. *Business Insider* (14 March 2019). Available at: www.businessinsider.com/hedge-funds-watching-linkedin-lawsuit-on-web-scraped-data-2019-3.

Saklatvala, K., and G. Morgan, 2017, *Investment Management Fees: New Savings, New Challenges*. Available at *Bfinance*: www.bfinance.com/insights/investment-management-fees-new-savings-new-challenges.www.blackrock.com/institutions/en-axj/insights/finding-big-alpha-in-big-data.

Savi, R., J. Shen, B. Betts and B. MacCartney, 2015, The evolution of active investing: finding big alpha in big data. Available at *Blackrock*: www.blackrock.com/institutions/en-axj/insights/finding-big-alpha-in-big-data.

Schafer, J., 1997, *Analysis of Incomplete Multivariate Data*. CRC Press.

Schmeling, M., 2009, Investor sentiment and stock returns: some international evidence. *Journal of Empirical Finance* 16, 394-408.

Schneider, T., 2015, Analyzing 1.1 billion NYC taxi and Uber trips with a vengeance. Available at: https://toddwschneider.com/posts/analyzing-1-1-billion-nyc-taxi-and-uber-trips-with-a-vengeance/.

Schölkopf, B., J. Platt, J. Shawe-Taylor, A. Smola, and R. Williamson, 2001, Estimating the support of a high-dimensional distribution. *Neural Computation* 13, 1443-1471.

Schwenkler, G., and H. Zheng, 2019, The network of firms implied by the news. Available at *SSRN*: https://papers.ssrn.com/sol3/papers.cfm?abstract_id=3320859.

Seasholes, M., and G. Wu, 2007, Predictable behavior, profits, and attention. *Journal of Finance* 57, 1795-1828.

Serafeim, G., 2020, Public sentiment and the price of corporate sustainability. *Financial Analyst Journal* 76, 24-46.

Sesen, M., Y. Romahi, and V. Li., 2019, Natural language processing of financial news. In T. Guida (ed.) *Big Data and Machine Learning in Quantitative Investment*. John Wiley & Sons.

Shank, P., 2014, eLearning guild research: survey data vs. crowdsourcing data. Available at *Learning Solutions*: https://learningsolutionsmag.com/articles/1426/elearning-guild-research-survey-data-vs-crowdsourcing-data.

Sharpe, W., 1964, Capital asset prices: a theory market equilibrium about conditions of risk. *Journal of Finance* 19, 425-442.

Shiller, R., 2016, *Irrational Exuberance*. Princeton. Princeton University Press.

Shiller, R., 2017, Narrative economics. *American Economic Review* 107, 967-1004.

Shinoda, H., M. Hayhoe, and A. Shrivastava, 2001, What controls attention in natural environments? *Vision Research* 41, 3535-3545.

Short, J., and S. Todd, 2017, What's your data worth. *MIT Sloan Management Review*, Spring Issue.

Simon, H., 1955, A behavioral model of rational choice. *Quarterly Journal of Economics* 69, 99-118.

Simon, H., 1971, Designing organizations for an information-rich world. In M. Greenberger (ed.) *Computers, Communication, and the Public Interest*. The John Hopkins Press.

Sims, C., 2003, Implications of rational inattention. *Journal of Monetary Economics* 50, 665-690.

Skakun, S., E. Vermote, J. Roger, and F. Belen, 2017, Combined use of Landsat-8 and Sentinel-

2A images for winter crop mapping and winter wheat yield assessment at regional scale. *AIMS Geoscience* 3, 163-186.

Smith, G., 2012, Google Internet search activity and volatility prediction in the market for foreign currency. *Finance Research Letters* 9, 103-118.

Sprenger, T., A. Tumasjan, P. Sandner, and I. Welpe, 2014, Tweets and trades: the information content of stock microblogs. *European Financial Management* 20, 926-957.

SS&C, 2017, How to pull like an ox while looking like a racehorse-improving your operational alpha. Available at: www.ezesoft.com/apac/node/65.

Standage, T., 2014, *Writing on the Wall: The Intriguing History of Social Media, from Ancient Rome to the Present Day*. Paperbacks.

State Street Global Advisors (SSGA), 2019, The ESG data challenge. Available at *SSGA*: https://www.ssga.com/investment-topics/environmental-social-governance/2019/03/esg-data-challenge.pdf.

Stephens-Davidowitz, S., 2013, The cost of racial animus on a black presidential candidate: Using Google search data to find what surveys miss. Working Paper, Harvard University. Available at *SSRN*: https://papers.ssrn.com/sol3/papers.cfm?abstract_id=2238851.

Strohmeier, M., M. Smith, V. Lenders, and I. Martinovic, 2018, The real first class? Inferring confidential corporate mergers and government relations from air traffic communication. *IEEE European Symposium on Security and Privacy* 107-121.

Styrmoe, L., 2020, The history of ESG. Available at *TCI Wealth*: https://tciwealth.com/blog/the-history-of-esg.

Sustainable Stock Exchange Initiative (SSEI), 2021, *ESG Disclosure Guidance Database*. Retrieved from https://sseinitiative.org/esg-guidance-database at March 30, 2021.

Tan, P, M. Steinbach, and V. Kumar, 2006. *Introduction to Data Mining*. Pearson.

Teoh, S., L. Peng, Y. Wang, and J. Yun, 2019, Face value: do perceived-facial traits matter for sell-side analysts? Available at: https://charlesyan1.github.io/files/research/face_value/paper.pdf.

Tetlock, P., 2007, Giving content to investor sentiment: The role of media in the stock market. *Journal of finance* 62, 1139-1168.

Topham, G., 2014, Malaysian airlines plane mystery: how can a flight disappear off radar? *The Guardian*.

Tu, S., and M. Pinto, 2017, Passive investing to overtake active in just four to seven years in US; global traction to pick up. *Moody's Investors Service* (2 February 2017). Available at: www.moodys.com/research/Moodys-Passive-investing-to-overtake-active-in-just-four-to--PR_361541.

Turner, M., 2015, This is the future of investing, and you probably can't afford it. *Business Insider* (12 November 2015). Available at www.businessinsider.com/hedge-funds-are-analysing-data-to-get-an-edge-2015-8.

UNEP Financial Initiative, 2005, *A Legal Framework for the Integration of Environmental, Social and Governance Issues into Institutional Investment.* Available at: www.unepfi.org/fileadmin/documents/freshfields_legal_resp_20051123.pdf.

UNGC, UNEP FI, PRI, and UN Inquiry, 2015, *Fiduciary Duty in the 21st Century*. Available at: www.unepfi.org/fileadmin/documents/fiduciary_duty_21st_century.pdf.

United Nations, 2004, *Who Cares Wins: Connecting Financial Market to a Changing World.* Available at: www.unepfi.org/fileadmin/events/2004/stocks/who_cares_wins_global_compact_2004.pdf.

United Nations, 2015, Revision and Further Development of the Classification of Big Data. *Global Conference on Big Data for Official Statistics* at Abu Dhabi. Available at: https://unstats.un.org/unsd/trade/events/2015/abudhabi/gwg/GWG%202015%20-%20item%202%20(iv)%20-%20Big%20Data%20Classification.pdf.

US SIF, 2021, *Report on US Sustainable and Impact Investing Trends 2020.* Available at: www.ussif.org/files/Trends%20Report%202020%20Executive%20Summary.pdf.

Verrecchia, R., 1983, Discretionary disclosure. *Journal of Accounting and Economics* 5, 179-194.

Vickrey, W., 1961, Counterspeculation, auctions, and competitive sealed tenders. *Journal of Finance* 16, 8-37.

Vlastakis, N., and R. Markellos, 2012, Information demand and stock market volatility. *Journal of Banking & Finance* 36, 1808-1821.

Vozlyublennaia, N., 2014, Investor attention, index performance, and return predictability. *Journal of Banking & Finance* 41, 17-35.

Wesley, J., 1872, *The Use of Money*. Available at: www.umcdiscipleship.org/articles/the-use-of-money-by-john-wesley.

Wieczner, J., 2015, How investors are using social media to make money. *Fortune* (7 December 2015). Available at: https://fortune.com/2015/12/07/dataminr-hedge-funds-twitter-data.

Wigglesworth, R., 2017, Fidelity predicts wave of consolidation among asset managers. *Financial Times* (19 April 2017). Available at: www.ft.com/content/5dac3976-249d-11e7-8691-d5f7e0cd0a16.

Willis, J., and A. Todorov, 2006, First impressions: making up your mind after a 100-ms exposure to a face. *Psychological science* 17, 592-598.

Willmer, S., 2017, BlackRock's robot stock-pickers post record losses. *Bloomberg Markets* (9 January 2017). Available at: www.bloomberg.com/news/articles/2017-01-09/blackrock-quants-sustain-record-losses-in-setback-to-fink-plan.

Witten, I., E. Frank, and M. Hall, 2011, *Data Mining: Practical Machine Learning Tools and Techniques* (3rd edition). Morgan Kaufman.

World Economic Forum (WFE), 2019, *Seeking Return on ESG: Advancing the Reporting Ecosystem to Unlock Impact for Business and Society*. Available at: http://www3.weforum.org/docs/WEF_ESG_Report_digital_pages.pdf.

World Federation of Exchanges (WFE), 2020, Sixth Annual Sustainability Survey: Exchanges Advancing the Sustainable Finance Agenda. Available at: www.world-exchanges.org/storage/app/media/WFE%20Annual%20Sustainability%20Survey%202020%20150720.pdf.

Xing, Y., X. Zhang and R. Zhao, 2010, What does individual option volatility smirk tell us about future equity returns? *Journal of Financial and Quantitative Analysis* 45, 641-662.

Ye, M., 2018, Big data in finance. Keynote speech on the NBER Summer Institute 2018. Available at *NBER*: https://www2.nber.org/si2018_video/bigdatafinancialecon/MaoYefinal.pdf.

Ying, Q., D. Kong, and D. Luo, 2015, Investor attention, institutional ownership, and stock return: Empirical evidence from China. *Emerging Markets Finance and Trade* 51, 672-685.

Yu, H., and M. Zhang, 2017, Data pricing strategy based on data quality. *Computer & Industrial Engineering* 112, 1-8.

Yuan, Y., 2015, Market-wide attention, trading, and stock returns. *Journal of Financial Economics* 116, 548-564.

Zhang, H., H. Chen, and G. Zhou, 2012, The model of wheat yield forecast based on Modis-NDVI: a case study of Xinxiang. *ISPRES Annals of the Photogrammetry, Remote Sensing and Spatial Information Sciences* 1-7, 25-28.

Zhang, X., H. Fuehres, and P. Gloor, 2011, Predicting stock market indicators through Twitter"I hope it is not as bad as I fear". *Procedia-Social and Behavioral Sciences* 26, 55-62.

Zhu, C., 2019, Big data as a governance mechanism. *Review of Financial Studies* 32, 2021-2061.

Zhu, F., Zhang, X., 2010, Impact of online consumer reviews on sales: the moderating role of product and consumer characteristics. *Journal of Marketing* 74, 133-148.

Zuckman, G., 2019, *The Man Who Solved the Market: How Jim Simons Launched the Quant Revolution*. Penguin Books.

Zuckerman, G., and B. Hope, 2017, The quants run Wall Street now. *Wall Street Journal* (21 May 21 2017). Available at: www.wsj.com/articles/the-quants-run-wall-street-now-1495389108.

刘洋溢. 准另类数据与因子投资. BetaPlus小组, 2020. 网页地址: www.factorwar.com/research/anomaly/.

石川, 刘洋溢, 连祥斌. 因子投资: 方法与实践. 北京: 电子工业出版社, 2020.

王汉生. 数据思维: 从数据分析到商业价值. 北京: 中国人民大学出版社, 2017.

王宏志. 大数据清洗技术. 哈尔滨: 哈尔滨工业大学出版社, 2020.

朱扬勇. 数据自治. 北京: 人民邮电出版社, 2020.

朱扬勇, 熊赟. 大数据是数据、技术还是应用. 大数据, 2015, 1.